图1 印度杰普尔艺术中心水庭院

图2 澳大利亚墨尔本克朗娱乐城喷水景观

图3 泰国曼谷平克劳购物中心落水景观

图4 日本爱知县健康科学综合中心内庭绿化和水景

图5 美国波士顿科普利商业区中庭石景与小溪

图6 泰国曼谷塞利商业中心喷雾泉

图7 日本福冈博多水城 太阳广场

图8 日本福冈博多水城 地球运行雕塑与水景

图9 日本福冈博多水城 月亮运行雕塑与水景

图10 日本福冈博多水城 儿童戏水池

图 11 澳大利亚悉尼汉斯住宅

图 12 墨西哥城 GGG 住宅

图 13 澳大利亚墨尔本 K 住宅室内水池

图 14 上海四季大酒店前厅

图 15 上海四季大酒店大堂

图 16 上海万豪酒店中庭

图 17 英国伦敦议会大厦中心庭院

图 18 美国斯坦福大学临床科学研究中心室内庭院

图 19 韩国仁川国际机场千年厅

图 20 美国丹佛国际机场大厅

图21 上海金茂大厦凯悦酒店中庭仰视

图22 日本鹿儿岛京瓷酒店中庭仰视

图23 上海金茂大厦舞池一角的灯具

图 24 德国柏林索尼中心索尼广场全景

图 26 日本京都龟冈市风雨街廊

图 25 德国柏林索尼中心索尼广场水池夜景

图 27 加拿大多伦多桑尼布鲁克医疗中心入口大厅绿化

图 28 加拿大多伦多桑尼布鲁克医疗中心中厅树状柱

图 29 安大略肿瘤研究所玛格丽特公主医院

图30 日本千叶金属艺术博物馆大厅“光之谷”的桥

图31 日本岐阜 SOFTOPIA 中心内庭雕塑

图32 日本岐阜 SOFTOPIA 中心门厅界面处理

图 33 美国亚特兰大太阳信托投资广场花园办公楼中庭休息区

图 34 韩国仁川国际机场候机楼自动扶梯前水墙

图 35 韩国汉城 ASEM 会展中心喷水景

图 36 北京中银大厦大厅内景之一

图 37 北京中银大厦大厅内景之二

图 38 北京中银大厦大厅内竹林、水池、石景

图 39 上海威斯汀大酒店中庭内景之一

图 40 上海威斯汀大酒店中庭内景之二

图 41 上海威斯汀大酒店二楼休息座

图 42 上海威斯汀大酒店中庭水池

图 43 北京清华大学设计中心楼内庭

图 44 美国伊利诺伊州莫林市迪尔公司中庭一角

图 45 美国伊利诺伊州迪尔菲尔德帕克韦北广场室内庭园

图 46 德国慕尼黑凯宾斯基饭店室内大厅

图 47 德国慕尼黑凯宾斯基饭店大厅内植物景观之一

图 48 德国慕尼黑凯宾斯基饭店大厅内植物景观之二

室内设计与建筑装饰专业教学丛书暨高级培训教材

室内绿化与内庭

（第二版）

浙　江　大　学　屠兰芬　主编
浙　江　大　学　屠兰芬　李文驹
同　济　大　学　李　越　　　　　　编著
重庆市园林局　况　平

中国建筑工业出版社

图书在版编目(CIP)数据

室内绿化与内庭/屠兰芬主编.—2版.—北京:中国建筑工业出版社,2003
(室内设计与建筑装饰专业教学丛书暨高级培训教材)
ISBN 978-7-112-06149-5

Ⅰ.室… Ⅱ.屠… Ⅲ.室内装饰-绿化
Ⅳ.TU238

中国版本图书馆CIP数据核字(2004)第002808号

室内设计与建筑装饰专业教学丛书暨高级培训教材

室内绿化与内庭

(第二版)

浙江大学 屠兰芬 主编

浙江大学 屠兰芬 李文驹
同济大学 李 越
重庆市园林局 况 平
编著

*

中国建筑工业出版社出版、发行(北京西郊百万庄)
各地新华书店、建筑书店经销
北京建筑工业印刷厂印刷

*

开本:880×1230毫米 1/16 印张:16 插页:8 字数:510千字
2004年7月第二版 2012年10月第十五次印刷
定价:**50.00**元(含光盘)
ISBN 978-7-112-06149-5
(12162)

本书内容包括室内植物，室内水景，室内山石，室内庭，内庭小品，内庭实录等六章内容。书后附有室内各类观赏植物表。本书反映了室内绿化艺术性与科学性相结合的特点，并介绍了国内外创作的佳构与经验。本书图文并茂，内容新颖。

本书可作为室内设计、环境艺术、建筑学等专业大学教材、研究生参考用书、建筑装饰与室内设计行业技术人员、管理人员继续教育与培训教材及工作参考指导书。

* * *

责任编辑　张　晶
责任设计　崔兰萍
责任校对　王金珠

室内设计与建筑装饰专业教学丛书暨高级培训教材编委会成员名单

第二版编者的话

自从1996年10月开始出版本套“室内设计与建筑装饰专业教学丛书暨高级培训教材”以来，由于社会对迅速发展的室内设计和建筑装饰事业的需要，丛书各册都先后多次甚至十余次的重印，说明丛书的出版能够符合院校师生、专业人员和广大读者学习、参考所用。

丛书出版后的近些年来，我国室内设计和建筑装饰从实践到理论又都有了新的发展，国外也有不少可供借鉴的实践经验和设计理念。以环境为源、关注生命的安全与健康、重视环境与生态、人—环境—社会的和谐，在设计和装饰中对科学性和物质技术因素、艺术性和文化内涵以及创新实践等诸多问题的探讨研究，也都有了很大的进步。

为此，编委会同中国建筑工业出版社研究，决定将丛书第一版中的9册重新修订，在原有内容的基础上对设计理论、相关规范、所举实例等方面都作了新的补充和修改，并新出版了《建筑室内装饰艺术》与《室内设计计算机的应用》两册，以期更能适应专业新的形势的需要。

尽管我们进行了认真的讨论和修改，书中难免还有不足之处，真诚希望各位专家学者和广大读者继续给予批评指正，我们一定本着“精益求精”的精神，在今后不断修订与完善。

第一版编者的话

面向即将来临的21世纪，我国将迎来一个经济、信息、科技、文化都高度发展的兴旺时期，社会的物质和精神生活也都会提到一个新的高度，相应地人们对自身所处的生活、生产活动环境的质量，也必将在安全、健康、舒适、美观等方面提出更高的要求。因此设计创造一个既具科学性，又有艺术性；既能满足功能要求，又有文化内涵，以人为本，亦情亦理的现代室内环境，将是我们室内设计师的任务。

这套可供高等院校室内设计和建筑装饰专业教学及高级技术人才培训用的系列丛书首批出版8本：《室内设计原理》(上册为基本原理，下册为基本类型)、《室内设计表现图技法》、《人体工程学与室内设计》、《室内环境与设备》、《家具与陈设》、《室内绿化与内庭》、《建筑装饰构造》等；尚有《室内设计发展史》、《建筑室内装饰艺术》、《环境心理学与室内设计》、《室内设计计算机的应用》、《建筑装饰材料》等将于后期陆续出版。

这套系列丛书由我国高等院校中具有丰富教学经验，长期进行工程实践，具有深厚专业理论修养的作者编写，内容力求科学、系统，重视基础知识和基本理论的阐述，还介绍了许多优秀的实例，理论联系实际，并反映和汲取国内外近年来学科发展的新的观念和成就。希望这套系列丛书的出版，能适应我国室内设计与建筑装饰事业深入发展的需要，并能对系统学习室内设计这一新兴学科的院校学生、专业人员和广大读者有所裨益。

本套丛书的出版，还得到了清华大学王炜钰教授、北京市建筑设计研究院刘振宏高级建筑师及中央工艺美术学院罗无逸教授的热情支持，谨此一并致谢。

由于室内设计社会实践的飞速发展，学科理论不断深化，加以编写时间紧迫，书中肯定会存在不少不足之处，真诚希望有关专家学者和广大读者给予批评指正，我们将于今后的版本中不断修改和完善。

编委会

1996年7月

第二版前言

"当人们与生活环境的关系,进入最理想的和谐境界时,从本质上讲就是人间天堂。"人们一直期望并为此努力,永无止境。

在本书第一版前言中我们曾提到:将植物、水、石等自然景素引入室内,可改善室内环境并兼具生态、观赏和游憩功能。几年时间过去了,现已进入21世纪。可持续发展已成为世界各国共同关注的全球战略。它让人们进一步认识到:室内绿化与内庭的营造需要建立人——建筑——环境互相统一协调的整体设计观念;需要建立充分重视生态环境平衡的生态设计观念。如与自然环境共生的内庭,利用冷凝水的植物水肥灌溉系统和结合雨水收集的水景设计等都是有益的实践。书中提及的有限实例,可供读者进一步探索与创新。

这次编写时,我们补充了一些新的理论、观点,调整了某些章节。对彩页、插图和内庭实录进行了更新,大部分采用了近年国内外优秀实例。尽可能地使本书更为完善。

书稿重编分工:

主编　屠兰芬(浙江大学);

第一章,第四章第四(一)节,第五章第五节　况平(重庆市园林局);

第二章,第四章第一、三、四(二)节　屠兰芬(浙江大学);

第三章,第一、二、三节,第四章第二节,第五章第一节　李文驹(浙江大学);

第三章第四节,第四章第四(三)节,第五章第二、三、四节　李越(同济大学);

李文驹、李越、屠兰芬参加内庭实录改编;

浙江大学杨倩燕参加部分植物图片(光盘)收集;

浙江大学严育林、谢小萍、陈峰、谭倩、王跃强、侯冬临、叶青参加了部分插图绘制工作;

浙江大学谢小萍、严育林、陈峰、王跃强协助光盘制作。

本书部分资料系引自公开出版的书刊,谨向有关作者和出版单位表示谢意,并向为内庭实录提供资料的同志表示感谢。

本书编写过程中得到浙江大学建筑系的大力支持,在此一并致谢。

书中存在不足和偏颇之处,恳请各位专家学者和广大读者给予批评指正。

第一版前言

“人离开自然，又要返回自然。这是历史地、辨证地道出了人与自然关系的变化。”

20世纪70年代以来，随着人们环境意识的增强，在探索城市、建筑空间与自然的关系方面进入了一个新的境界。提倡人工环境与自然环境协调发展已成共识。室内空间作为城市建筑空间的一个层次，在建立人工环境与自然环境相融合的人类聚居环境方面，同样具有重要意义。室内绿化也就是在这种情况下应运兴起的。

室内绿化，即将植物、水、石等自然景素引入室内，兼具有多种功能。

生态功能 自然景素的生态效应相当于自然调节器，可以新鲜空气、改善气候，有益于室内环境的良性循环。同时，由于室内绿化可在建筑中用分层建构这样一种独特的空间利用方式，因而是在目前城市人口密度偏大，生活用地偏紧，公共绿地偏低情况下增加绿化覆盖率的有效途径。

观赏功能 自然景素一旦经人们构筑引入室内，便获得与大自然异曲同工的胜境。植物、水、石所形成的空间美、时间美、形态美、色彩美、音响美，极大地丰富和加强了室内环境的表现力。使人赏心悦目、怡情养性，或者产生某种联想和情感，产生物外之意、景外之境。

游憩功能 随着经济的不断发展和文明建设的进程，人们生活中“劳”和“逸”的时间结构发生变化，信息和交往成为日常工作和生活的纽带，因而城市公共活动空间也越加被需求。一个充满绿化的室内公共空间，往往因其亲自然性和气候适宜性而成为人们乐于趋向的场所。

室内绿化就其内容说来，可分二个观赏层次。第一层次是盆景和插花，这是一种以桌、几、架等家具为依托的绿化，一般尺度较小，作为室内的陈设艺术。第二层次是以室内空间为依托的室内植物、水景、山石景。这类绿化在尺度上是与人及所在空间相协调的，人们既可静观，又可游在其中，是一种更为公众性、实用性的绿化形式，在现代各类建筑中被广泛运用。这一层次的绿化就其设计而言，它不是室内工程完成后添加进去的装饰物，而是作为室内环境整体的一部分予以同步考虑；就技术上讲，必须考虑维护室内植物、水、石景观的有效措施，因而更为设计工作者所关注。本书所论述的即是这一类室内绿化。内容包括室内植物、室内水景、室内山石、室内庭、内庭细部小品及内庭实录。编写中力求反映室内绿化艺术性和科学性综合的特点，并尽力反映国内外创作的佳构与经验。试图做到图文并茂，内容新颖。

本书主编：屠兰芬

书稿编写分工：

屠兰芬（浙江大学） 前言、第二章、第四章。

况平（重庆建筑大学） 第一章、第四章第三节（一）、第五章第六节。

王馥梅（浙江大学） 第三章。

李越（同济大学） 第三章第四节、第五章第四、五、七节。

李文驹（浙江大学） 第五章第一、二、三节。

华南理工大学周今、北京市工业设计研究院董燕军参加部分内庭实录汇编。

浙江大学王莹、陈纲、陈大明、田钰等，重庆建筑大学唐紫安、陈刚参加了部分插图绘制工作。

本书部分资料系引自公开出版的书刊，谨向有关作者表示谢意，并向为内庭实录提供文字、图纸、照片等资料的同志和曾给予本书以关心和支持的同志表示感谢。

由于室内绿化与内庭涉及内容较广，作者的水平有限，编写的时间又相当紧，难免有谬误和偏颇之处，恳请广大读者给予批评、指正。

目　录

第一章　室内植物 ………………………… 1
第一节　室内植物选择 ………………………… 1
一、室内植物命名 ………………………… 1
二、室内植物生理生态特性 ………………………… 2
三、室内植物的观赏特性 ………………………… 13
第二节　室内植物配置 ………………………… 22
一、植物配置与美学原理 ………………………… 22
二、植物的配置方式 ………………………… 22
第二章　室内水景 ………………………… 31
第一节　静水与流水 ………………………… 31
一、静水 ………………………… 31
二、流水 ………………………… 38
第二节　落水与喷水 ………………………… 42
一、落水 ………………………… 42
二、喷水 ………………………… 48
第三节　水景的声与光 ………………………… 58
一、水的声 ………………………… 58
二、水的光影 ………………………… 61
第四节　水景的氛围 ………………………… 63
一、加强空间气氛 ………………………… 63
二、带出空间情调 ………………………… 65
三、表现空间主题 ………………………… 65
第三章　室内山石 ………………………… 67
第一节　山石的品种 ………………………… 67
一、自然生成的山石 ………………………… 67
二、人工合成的山石 ………………………… 70
第二节　山石形态 ………………………… 71
第三节　叠石技巧与选石 ………………………… 74
一、叠石 ………………………… 74
二、选石 ………………………… 76
第四节　山石设置 ………………………… 77
一、特置 ………………………… 77
二、散置 ………………………… 77
三、器设 ………………………… 80
第四章　室内庭 ………………………… 83
第一节　内庭空间 ………………………… 83
一、内庭空间位置 ………………………… 83
二、内庭空间形式 ………………………… 90
第二节　内庭界面 ………………………… 98
一、顶盖 ………………………… 98
二、侧面 ………………………… 104
三、底面 ………………………… 112
第三节　内庭构景 ………………………… 116
一、构景与立意 ………………………… 116
二、构景与功能 ………………………… 122
三、构景的形式美 ………………………… 130
第四节　内庭景物 ………………………… 135
一、植物内庭 ………………………… 135
二、水景内庭 ………………………… 146
三、山石内庭 ………………………… 154
第五章　内庭小品 ………………………… 164
第一节　亭 ………………………… 164
一、亭设计应考虑的因素 ………………………… 164
二、亭的形式与造型 ………………………… 165
第二节　桥 ………………………… 169
一、单跨平桥 ………………………… 169
二、曲折平桥 ………………………… 170
三、拱桥 ………………………… 171
四、空中桥 ………………………… 171
五、汀步 ………………………… 174
第三节　雕塑 ………………………… 174
一、纪念性雕塑 ………………………… 174
二、主题性雕塑 ………………………… 176
三、装饰性雕塑 ………………………… 177
四、功能性雕塑 ………………………… 179
第四节　灯具 ………………………… 183
一、吊灯 ………………………… 183
二、吸顶灯 ………………………… 187
三、建筑化照明灯具 ………………………… 187
四、壁灯 ………………………… 188
五、立灯 ………………………… 188
六、台灯、座灯 ………………………… 191
七、投射灯 ………………………… 192
八、光导纤维灯 ………………………… 192

第五节 种植容器 …………………………… 195
一、种植容器与植物 …………………………… 195
二、种植容器与室内环境 …………………………… 195
三、种植容器类型 …………………………… 196
四、根护 …………………………… 198
第六章 内庭实录 …………………………… 200
一、北京昆仑饭店四季厅 …………………………… 200
二、北京中银大厦内庭 …………………………… 212
三、上海威斯汀大酒店中庭 …………………………… 218
四、清华大学设计中心楼绿化内庭 …………………………… 226
五、德国慕尼黑凯宾斯基饭店内庭 …………………………… 228
附表 1 室内观花、观果植物 …………………………… 236
附表 2 室内观叶植物 …………………………… 238
附表 3 室内树木植物 …………………………… 240
附表 4 室内藤蔓植物 …………………………… 241
附表 5 室内水生植物 …………………………… 242
主要参考书目 …………………………… 243

第一章 室内植物

室内植物是室内绿化的核心元素。除极少的例子，如日本的"枯山水"，没有哪个庭园没有植物。可以说，没有植物就无所谓室内绿化，室内庭也就失去了意义和活力。然而，室内外环境毕竟有很大差异，要实现室内绿化的生态功能、观赏功能和游憩功能，就不仅要考虑植物的美学效果，更应考虑植物的生存环境，尽可能满足植物正常生活的物质条件。因此，在室内种植和配置植物，实际上是一种技术和艺术的结合。本章概括了室内植物正常生长所需的物质条件，适宜于这些条件的植物类型以及室内植物空间配置的一般原理。

第一节 室内植物选择

一、室内植物命名

在室内绿化设计中，选择植物首先遇到的是植物名称问题。由于地区不同，语言不同，同一种植物往往有不同的名称，或叫俗名。例如，天南星科的花烛（*Anthurium scherzerianum*）有的地方叫红鹤芋、火鹤花，有的叫安祖花，还有的叫烛台花。又如近年来从国外引进的百合科的巴西铁树（*Dracaena fragrans*）有的称香龙血树，还有的叫香千年木，这叫同物异名；另一方面，同一名称在不同的地方往往指不同的植物，即同名异物。例如"万年春"就有百合科的万年青（*Dieffenbachia picta*）、广东万年青（*Aglaonema modestum*），还有卫矛科的万年青（*Euonymus japonica*）。据植物学家调查，叫白头翁的植物多达16种，分别归属于4个科16个属。因此，在实践中，室内景园设计师用俗名指定的植物被施工单位换成其他植物已不足为奇，当然也就不可能达到设计者最先构想的效果。

显然，要避免混乱，便于学术交流，乃至于设计与施工的对话，只要给植物一个惟一的、世界通用的名称就行了。国际植物学会就是这样做的。按照国际植物命名法规，一种植物只有一个惟一的植物名称，即科学名。它是沿用瑞典博物学家林奈1753年倡议的双名法，由于是用拉丁文书写，因此常把科学名称为植物拉丁名。

按照双名法的命名规则，植物的科学名由两个拉丁词组成，前一个词代表植物所在属的名称，即"属名"；第二个是该种植物的附加词，有的叫种名，表明植物的特有属性。两词后往往还附有命名人的姓氏缩写。如室内植物丝兰的拉丁名为：

丝兰 *Yucca filamentosa* L.

"丝兰"为中文名，也叫普通名或俗名。在不同的国家都有以其本国、本地文字命名的俗名；"*Yucca*"为丝兰所在属的名称，即丝兰属，其第一个字母必须大写；"*filamentosa*"为丝兰的特有属性，词意为"巴西的"，即该种原产巴西，第一个字母规定为小写；"L."为命名人"林奈"的原文缩写，在使用中，一般不列出命名人。

同园林植物一样，室内植物除了种以外，还有很大一部分是种以下等级的植物，可能是自然变异的，也可能是人工培育的，这时加上相应的限定词，就变成三个词的名称，称三名法命名。用这种方式命名的有变种（var.）、亚种（ssp.）、变形（f.）以及园艺中的

栽培变种(cv.)、杂交种(×)。例如:

石榴 *Punica granatum*(种)

月季石榴 *Punica granatum* var. *nana*(变种)

千瓣白石榴*Punica granatum* cv. Multiplex(栽培变种)

(或 *Punica granatum* 'Multiplex')

重瓣梅花 *Prunus serrulata* f. *roseo-plena*(变形)

缙云槭 *Acer wangchii* ssp. *tsinyunensis*(亚种)

龟甲芋 *Alocasia*×*mortefontanenis*(杂交种)

其中有几点需要说明:①变形和亚种在室内植物中极少见;②栽培变种名有两种形式,一是加上等级缩写(cv.),后直接加上属性加词;二是不要等级缩写,后加上有单引号的属性加词。属性加词第一个字母为大写。③杂交种一般为属内杂交,经命名后直接在属名后加上"×"以及属性加词,如还未命名,一般列出两个亲本种名,如一种樱花的杂交种为:*Prunus speciosa*×*Prunus subhirtella*。

二、室内植物生理生态特性

植物生理学研究表明,植物的生长需要阳光、土壤和空气,也需要一定的温度条件。植物生态学的研究则表明植物需要的因素(或称生态因素)是随空间和时间变化的。南方与北方不同,高山与平原不同,春天与夏天不一样,室内与室外也不一样。反过来,不同的因素组合孕育了不同的植物类型,或称为生态类型。了解植物生存环境的基本因素及与之适应的生态类型是室内植物选择的基础。

(一)光与室内植物

光是生命之源,更是植物生活的直接能量来源。植物利用叶中的叶绿素吸收 CO_2 和 H_2O,在光的驱动下转变为葡萄糖并放出氧气,从而维持了植物正常的生命活动。这个过程称为"光合作用"(图1-1)。它是地球上动物界,包括人存在的基础。

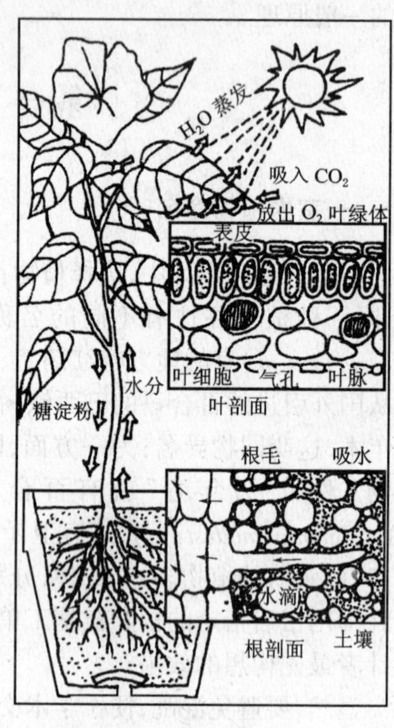

图1-1　植物的光合作用

光是室内植物最敏感的生态因素。同室外植物一样,室内植物的健康成长也受到光因素的三个特性影响,即光照强度、光照时间和光质。光照强度即光源提供的光量的多少,用勒克斯(lx)度量。光照时间是每天植物接受光照的时间,用小时(h)度量。光质是光谱能量,即光的波长,用纳米(nm)量度。

光强、光照时间和光质对植物的作用是相互关联的。不论光强多大,光照时间多长,如果光质差仍不能促进植物健康生长;假设光照强度不够,即使有最佳的光质和时间也仍无济于事。因此必须给予室内植物三种光特性的合理水平。

1. 光照强度

光照强度对植物的生长发育有很大的影响。在实际生活中,植物的黄化、豆芽形体均是光照不足引起。从理论上讲是因为光照太弱,植物的光合作用(吸收 CO_2,放出 O_2)小于自身的呼吸作用(吸收 O_2 放出 CO_2),以致消耗大于生产,入不敷出,最后耗尽体内营养而死亡。此外,光照也影响植物的开花结实。在开花期,光照不足,就没有足够的能量供给花芽形成和生长,导致开花结果不良。一般认为,低于300lx的光强,植物不能维持生长;在300～800lx,且能延续8～12h,植物可维持生长,甚至可以增加少量新叶;照度在800～1600lx,每天延续8～12h,植物生长良好,且可换新叶,若照度大于1600lx,并延续12h,植物可以开花。

植物受光强影响很大,但不同的植物正常生长发育对光照的需求是不一样的。生态学上按照植物对光照的需求把植物分为阳性植物、阴性植物和耐荫植物三类。阳性植物是在强光(全日照)环境中才能生长健壮,在荫蔽和弱光条件下生长不良的植物;阴性植物是在较弱的光照条件下(大致500lx)比强光下生长良好的植物;耐荫植物则是在全日照下生长最好,但也能忍耐适度的荫蔽,或在生育期间需要轻度遮荫的植物。很显然,室内植物主要是阴性植物,也有部分耐荫植物。

室内光照与室外日照有非常悬殊的差别。在室外露地夏季中午日光下,照度可达10^5lx,而在室内的光照度仅3000lx左右,一些大厦、饭店、宾馆等的门厅光照度低的不及100lx,表1-1、表1-2是某些饭店、宾馆室内光照的测定结果。从表中可见,除了有天窗或落地窗的条件外,仅靠室内一般漫射光是无法满足植物的生长需要的。

北京几个饭店、宾馆室内光照测定* (1986.4.5) **表1-1**

地　点	窗户朝向	平均照度(lx)	全日照	相对湿度(%)	时　间
建国饭店前厅	天　窗	4700	67500	7	10:00
兆龙饭店四季厅	天　窗	3840	62430	6.2	10:00
香山饭店四季厅	天　窗	2400	58750	4.1	15:00
北京饭店前厅	南　窗	380	63830	0.6	10:00
西苑饭店前厅	无　窗	80(人工)	55650	-	16:00
友谊宾馆前厅	无　窗	50(人工)	63200	-	11:00

* 苏雪痕《植物造景》中国林业出版社1994年出版。

杭州几个饭店及浙农大室内光照测定* (1987.冬) **表1-2**

测定地点	测定位置	光照度(lx)	备　注
杭州饭店(1950年代建)	门　厅	70	室内漫射光
	南边廊	160	室内漫射光
	侧门厅	160	全封闭人工光
黄龙饭店(1980年代建)	门　厅	1500	有天窗
	西边廊	3300	全部茶色玻璃
	北边廊	1100	全部茶色玻璃
望湖宾馆(1980年代建)	门　厅	180	
	南边廊	380	
友好饭店	门　厅	1000	
	门厅楼道(东侧)	2600	
	门厅楼道(西侧)	420	
浙江农业大学	中心大楼门厅	800	
	图书馆门厅	2500	
	中心大楼三楼	3200	

* 杨在锟"论室内光照与室内绿化"《中国园林》1989(1)。

2. 光照时间

光照强度对植物生长的作用可因光照时间的长短增强或减弱。但光照时间对植物的作用突出表现于开花的光周期现象,也就是对植物开花起决定作用的是随季节变化的日照长度。根据植物开花过程对日照长度反应不同,在生态学上把植物分为长日照植物、短日照植物、中日照植物和中间型植物四类。长日照植物是只有当日照长度超过它的临界日长才能开花的植物;短日照植物是当日照短于其临界日长才能开花的植物;中日照植物的开花则要求日长接近12h,而中间型植物对日长不敏感。在开花时序上,长日照植物源于北方,即夏半年昼长夜短,因此这类植物开花多在夏季,如凤仙花、除虫菊等;短日照植物源产于南方,夏半年昼夜相差不大,这类植物常在早春或深秋开花,如雏菊、菊花等。中日照植物较少见,而中间型植物比较多,如月季、天竺葵等。它们在四季均可开花。在室外,植物的开花受自然控制,而室内则可通过人工光照时间的调整或黑夜中断的方式控制植物的开花,因此,了解植物的光周期现象,对丰富室内空间有重要意义。

室外日照长度受季节控制,而室内光照时间受到人为因素限制。在有天窗的中庭空间,植物接受的直射光只有室外的1/5～1/4(图1-2),而用灯光照明的空间,如商贸、办公空间,常是人在灯明,人走灯灭,正常的光照时间是上班或营业时间,在周末或节假日有的甚至完全不开灯。这实际上是能源问题,只要电力充足,设计师又为植物提供了足够的光源,通过自动定时系统就能解决植物的日照时间问题,既满足植物生长,又能适时开花。

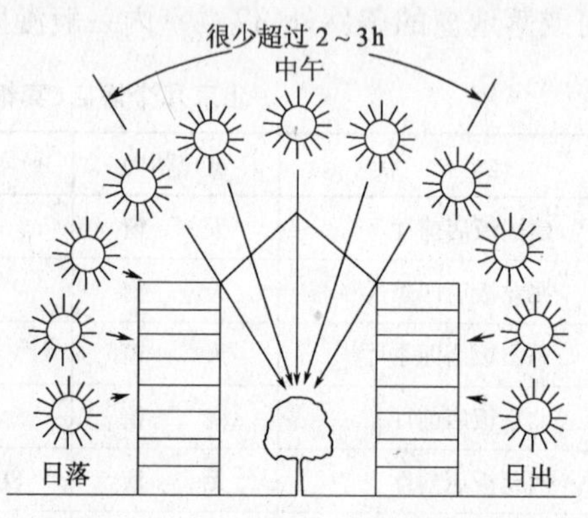

图1-2 室内中庭每天从天窗接受的直射光很少超过3h

3. 光质

太阳光是植物生长的自然光源,比灯光优越的是它能提供植物生长的全部光谱成分。植物生理学研究表明,在光合作用中,植物并不能利用光谱中的所有波长的光能,只是可见光区(380～700nm)的部分波长。光合作用及叶绿素合成所需光谱能量表示在图1-3。从图中曲线可知,光合作用的峰值波长是435nm(蓝光),而叶绿素合成峰值是650nm(红光)。也就是说,对植物生长而言,红光和蓝光是最佳的光源。在室内空间中,植物经常是通过玻璃获得光线的,因此玻璃的性质就非常重要了。白玻璃是最早出现的。它能均匀地透射整个可见光谱的光线,为植物提供了最适的光谱能量,这也是19世纪欧洲玻璃温室盛行的原因之一。虽然白玻璃对植物最合适,但对人的舒适性大有影响,因此才出现有色玻璃和反光玻璃。它们或是吸收很大比例的入射光,或是把大

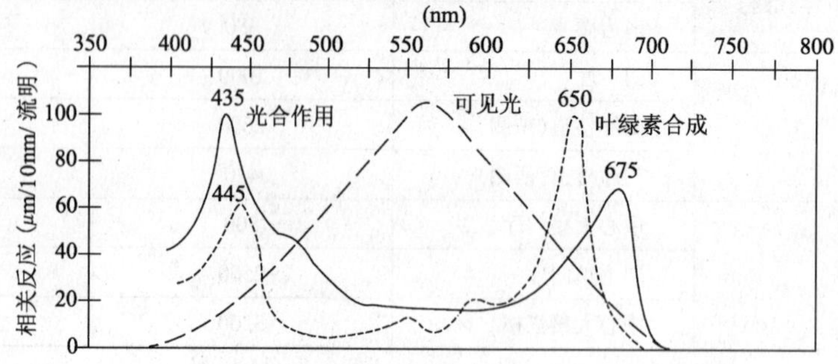

图1-3 植物的光合作用、叶绿素合成与可见光的关系

多数光反射到大气中去，结果进入室内的光质发生变化，光强也被减弱，因此对室内植物的生长是不适合的。

4．光源类型

与室内绿化有关的室内光线有自然光和人工光源。

(1)自然光

通过玻璃进入室内的自然光由三类光组成：一是太阳的直射光；二是漫射光；三是反射光。它们组成了室内总的可利用光线。在室内空间，有效利用自然光是降低灯光能耗、降低室内植物白天对灯光照明依赖性的有效方法。

20世纪初，在温室使用透明白玻璃是惟一的选择。虽然这种玻璃对植物最合适，但确实降低了人的舒适度，在空调产生以前，夏天的温室几乎留不住人。70年代后发展了有各种色彩的建筑玻璃系统，虽然它们可以用来创造多趣的内部空间而不会带来日光透射引起的热富集，但它与白玻璃相反，降低了自然光的光强，改变了光质，对室内植物产生了不利影响。因此如何协调好人与植物需求的关系就成为建筑师迫切需要解决的矛盾。这个矛盾直到后来出现了纤维玻璃才得以解决。

20世纪中期继反光玻璃和有色玻璃后出现了第三类玻璃制品：纤维玻璃(fiber glass)和其他玻璃合成物(glass composition)。它们创造了室内半透明的玻璃系统空间，很好地协调了室内植物与人需求的矛盾。这类玻璃形成的室内光是漫射光，其亮度比透明玻璃形成的室内光量度要大得多。用计算机模拟表明，在入射光强、透射率和透射的光强均相同的情况下，半透明玻璃天窗下的中庭空间地面的光量比透明玻璃天窗下的要大4～5倍(Hummer，1991)。此外，比透明玻璃更优越的是它可以把早晨和下午低角度的太阳光引入室内，也就增加了室内植物可利用的光照时间(图1-4)。然而，由于这类玻璃看不透，限制了室内视线的扩展及室内借景的创造，因此未被广泛采用。

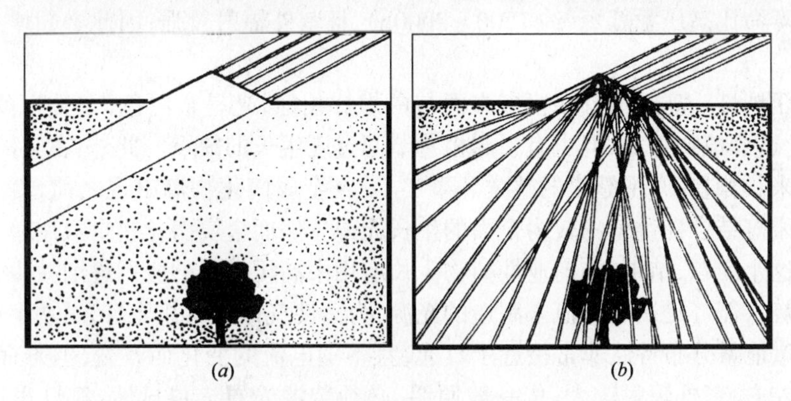

图1-4　透明和半透明天窗对低角度光线的投射比较(转引自Hummer，1991)
(a)透明天窗；(b)半透明天窗

(2)人工光源

建筑物与室内设计倾向于更有效的空间利用。如前所述，有时建筑师为追求美学效果采用有色玻璃，结果自然光穿过天窗或侧窗进入室内的比例越来越少。在这种情况下，要扩大室内绿化，只有考虑使用人工光线照射才行。白炽灯、荧光灯、高压汞灯、钠灯、金属卤化物灯和氙灯是目前使用的人工光源，从理论上讲都可作为植物光源，但在光强、光质、寿命等方面各有优劣。

1)白炽灯　白炽灯是最老的电光源。它的发光是由于电流通过钨丝时，灯丝热至白炽化而发光，当温度达到500℃左右，开始出现可见光谱并发出红光，随着温度的增加光由红色变为橙黄，最后发出白色光。白炽灯是最普通的人工光源，其可见光谱中红光比例高,集光性好,对植物有利,且装配成本低,使用方便。但也有一些缺点,如寿命短、能量效益低,温度过高,光线分配不均匀,蓝光比例少。对植物而言,温度过高会加速植物蒸腾作用,高比例的红蓝光会导致植物节间过度增长,引起茎柔弱纤细,且对花卉而言,白炽灯的光强常常不足。

2)荧光灯 同白炽灯一样,荧光灯是目前使用最普遍之一种人工光源。它是一种低压汞放电灯,是电子在电场作用下达到高速冲击汞原子,使其电离产生紫外线,再刺激管壁荧光粉而发出可见光。荧光灯光效比白炽灯高5倍,其显色性也有更多的选择。目前我国的荧光灯有日光色、冷白色、暖白色等几种,国外产品可达十几种颜色。荧光灯比白炽灯更适合于植物,但没有哪种荧光灯提供了植物所需的全部光能,如最普通的标准荧光灯——冷白色和暖白色灯就缺乏较长波长的光(红光和远红光)。荧光灯对植物的优缺点为:能量效益比白炽灯大,热能产生少,寿命更长,蓝光比例高,但价格比白炽灯高,光度不能聚集,两端比中间低,红光比例低。

3)高压汞灯 高压汞灯又叫高压水银灯,是比较新型的电光源。由于它有一些独特优点如发光效率高、寿命长(最长可达24000h)等,近年来发展很快,已被广泛应用。然而高压汞灯光色为蓝绿色,缺乏红色成分,不仅对植物不利,也使色彩失真。为了克服这些缺点,产生了在外玻璃内涂荧光粉的新型灯,使红色成分增加,改善了光色,也提高了植物生存所需光谱能量。在室内,高压汞灯最适合于室内中庭大空间的绿化照明。

4)金属卤化物灯 与汞灯和荧光灯不同,金属卤化物灯是利用碘或溴与锡、铊、铟、钴、镝、钍、铥等金属化合物作为电子激发的对象而发出与天然光谱相近的可见光,既适合于植物,也适合于人眼。由于尺寸小、功率大、光效高、光色好等优点,目前已成为体育馆、高大厂房、车站码头等室外以及美术馆、展览馆、饭店等室内较理想的光源。但寿命比高压汞灯短(约1500～2000h),且紫外辐射较强,因此必须增加玻璃外壳。

5)高压钠灯 高压钠灯在很多方面与白炽灯相似,光呈金白色,主要为黄色、红色谱线,因此适合植物生长,但也有引起植物节间过度生长的缺点。此外,在它的照射下,植物看起来长势差,有不健康的感觉。事实上,在金属卤化物灯出现之前,就有人把高压钠灯与汞灯结合提供植物较为全面的生长光源。然而金属卤化物灯只用单一的光源就解决了这个问题,结果,在商业性植物生长应用中高压钠灯的应用逐渐减少。

6)氙灯 氙灯是用气体氙来制造的光源,为惰性气体放电弧光灯,是功率最大的光源。其光谱能量分布特性非常接近于日光,且不随电流的变化而改变,但寿命较短,平均1000h左右,紫外辐射较大,作一般照明,必须装滤光罩。很显然,氙灯很适合于植物,在室内只适合于在较大尺度的室内庭园的照明。

最近几年,在人工光源上发展很快,并被广泛用于城市灯饰照明,虽然目前还没有这些光源用于植物生长需求方面的报道,但由于植物生长对光谱的需求是广泛的,因此,可以预言,这些人工光源仍然可以用在室内植物的生长照明上,并且更为灵活方便。目前出现的高技术人工光源有:

1)高频无极灯(electrodeless lamp) 超长寿命可达40000～80000h,无电极、瞬间启动和再启动,无频闪,显色性好。可作公共建筑、商店、隧道、步行街、高杆路灯、保安和安全照明,及其他室外照明。

2)发光二极管—LED(light emitting diode) LED是电致发光的固体半导体光源。高亮度点光源、可辐射各种色光和白光、电子调光可达到0～100%光输出,寿命长、耐冲击和防振动、无紫外(UV)和红外(IR)辐射,低电压下工作,因此很安全。可用于交通信号灯、高速道路分界照明、道路护栏照明、汽车尾灯、出口和入口指示灯、桥体或建筑物轮廓照明及装饰照明等。

3)光纤　主要有塑芯光纤,它是同心双层结构的光纤,芯体材料为聚甲基丙烯酸甲酯(PMMA),包层为特殊氟树脂,芯体材料折射率高,包层材料折射率低,光在两种材料的分界面上能够发生全反射,光线在光导纤维全程依次全反射至终端。形象地说,光纤就像水管,把光线像水一样从源头导引至出水口。利用光纤可以改变光直线传输的物理特性,把光光线按我们的需要和设计引导到期望的位置。它有保养方便、色彩变化丰富、安装简单、特别安全的特点。最宜于植物的协同陈设。

此外,使用人工光源时要注意人工光源在以下两个特征上影响室内植物的生长:

1)散射光源和点光源　荧光灯或多个白炽灯的光是散射光;金属卤化物灯、高压钠灯和氙灯在室内是点光源。从植物生理学角度讲,点光源光分布不均匀,有方向性,因此光无法渗透到大多数室内树的树冠内部。例如榕属(Ficus)室内树的树冠内部经常得不到光导致内部叶凋落,形成雨伞状树冠,影响了美观。散射光光分布均匀、无方向性,因此不会导致这样的结果。一般说来,植物上部3～4个光源,并与植物成45°角效果最好。为了保证室内庭有较好的散射光,设计时必须保持垂直方向约有70%的光,水平方向约30%的光,这将使光能很好地渗透到植物树冠中心,并保持树冠表面合适的光强。

2)光周期　人工光源在满足植物需要的光照时间方面提供了极大的灵活性。不像日光,人工光源每天照射的小时数和时间都可用开关或定时器控制,所以植物在室内可成功地在日光、灯光或二者结合的条件下生长。因此解决室内植物光照问题的最好办法是考虑这样一些因素:建筑室内空间的位置(如窗或天窗是否可用);空间的建筑结构;建筑的灯光设计;空间的利用;需光照的植物密度、尺度及种类、造价。最关键的问题是尽可能早地考虑这方面问题,使业主、建筑师、室内设计师、灯光设计师和室内景园设计师之间相互交流、协调,只有这样才能很好地完成室内绿化建设,达到设计效果。

(二)温度与室内植物

植物属于变温生物,其体温常接近于气温(根温度接近土温),并随环境温度的变化而变化。温度对植物的重要性在于植物的生理活动、生化反应都必须在一定的温度条件下才能进行。温度升高,生理生化反应加快,生长发育加速;温度降低,生理生化反应变慢,生长发育迟缓,当温度低于或高于植物所能忍受的温度范围时,生长逐渐减慢、停止、发育受阻,植物开始受害甚至死亡。因此,任何植物对温度的反应都有最适温度、最低温度和最高温度的变化幅度,只有在最适温度范围内植物生长最好。但不同植物的最适温度是不一样的,大多数原产寒冷和高山地带的植物喜欢凉爽环境;原产热带亚热带的植物要求的温度较高,而温带植物介于二者之间。

在同一种植物的不同器官,其最适温度也有明显差别。如郁金香的花芽和叶芽形成时的最适温度为20℃,而茎的最适温度为13℃。同一器官在不同生长阶段最适温度也不同,如水仙花梗在鳞茎中初期最适温度为30℃,从鳞茎刚露头时为11℃,伸出2～3cm时又为9℃。又如秋季形成的春兰、蕙兰的花芽,必须在0～5℃低温中放上4～6周,次年春季气温上升至8～15℃时,花梗才能伸长、正常开花。

由于各种室内植物的原产地不同,对温度的周期性变化要求也不一样。原产温带地区的植物随四季气候的周期性变化在生长上也相应地有周期性变化的现象。即春季萌发生长,夏季生长旺盛,秋季落叶准备休眠,生长缓慢,冬季停止生长进入休眠。原产热带的植物,温度周期性不明显,但常可观察到干湿两季的变化。在干季(相当于温带的冬季)常出现落叶;在湿季(相当于温带的夏季)旺盛生长。源产地中海的植物如水仙、郁金香、仙客来等,由于源产地夏季干燥炎热,形成夏季休眠的习性。

温度的日(昼夜)周期性变化也影响室内植物的生长。在自然界,昼夜温差十分明显,白天温度高有利于植物光合作用,合成的养料就多;夜间温度低,植物养料消耗少,有利于养分的积累和植物体的生长。显然植物在完全恒温的房间内是不利于生长发育的。

除此外,室外植物还受温度异常变化如寒潮、霜冻以及高温酷热的影响,而室内基本上没有这些影响,设计者不必为此大伤脑筋了。

20世纪末兴建的能适于植物生长的建筑与前一个世纪完全不同。在19世纪的西方盛行在住宅旁建一个镶有透明玻璃的温室,光通过玻璃进入温室,用窗或通风孔引入新鲜空气,并用热效率低、价格也低廉的煤或木材暖和房间。现在虽然大多数住宅仍需窗透光并引入新鲜空气,但大型公建如办公楼、宾馆等完全依靠技术手段增温、降温和通风,最大限度地满足每一空间内人的舒适性,也就是说室内温度完全可以按人的意愿加以控制。因此相对于室外而言,室内温度变化要温和得多。室内温度的特点可归纳为三点:一是温度相对恒定。室内温度首先是满足人的舒适性,而人需求的最适温度约为20℃,因此,在有空调控制的室内,温度变幅大致在15~25℃之间。二是温差小。人是恒温动物,昼夜温度一致是最理想不过的了。因此室内温差往往变化不太大。其三是没有极端温度,即没有过热、过冷的情况出现。这对某些要求低温刺激的植物是一不利因素。

由于植物是变温性的,因此对温度的忍耐幅度一般来说要比人要强得多,所以满足人的室内温度一般也适合于植物。正因为考虑人的舒适性,室内植物在选择上大多用源产热带、亚热带的植物,因此室内有效温度最好控制在18~24℃,最低不宜低于10℃。

(三)水与室内植物

植物体内绝大部分是水,占植物鲜重的75%~90%以上,因此植物离不开水。

1. 水对室内植物的生态作用

在室外,水以气态水(湿度)、液态水(露、雾、云和雨)及固态水(霜、雪和冰雹)对植物产生影响;而在室内,除了水生植物的基质水外,主要以湿度的形式影响植物。生态学研究表明,水分对植物的生长影响也有一个最高、最适和最低(量)的三基点。低于最低点,植物萎蔫,生长停止、枯萎;高于最高点,根系缺氧、窒息,烂根。只有处于最适范围内才能维持植物的水分平衡,以保其正常生长。然而植物不同,其三基点不一样。生态学上把植物按其对水的反应划分为水生植物和陆生植物两大生态类型。

(1)水生植物

指所有生活在水中的植物的总称,包括室内庭园水池、水塘边的植物。这类植物最突出的特点是通气组织发达,正像我们餐桌上藕截面上的孔一样。根据生长环境中水的深浅不同,可分为沉水植物、浮水植物和挺水植物三类。

沉水植物指整个沉没于水面以下的植物,在室内水池或金鱼缸中的金鱼藻、黑藻就属于这类;浮水植物指叶或整个植物体漂浮在水面的植物,前者如睡莲、王莲、荷花,其根扎于底泥中,后者如水池中的浮萍、凤眼莲等植物;挺水植物的茎叶大部分挺立于水面,如旱伞草、水葱、香蒲、芦苇等,它们外形多为直立型,因此在水平的水面种植能增加趣味性,越来越受到人们的喜爱。

(2)陆生植物

指在陆地生长的植物,其通气组织逐渐退化。根据对水的耐受程度又分为湿生植物、中生植物和旱生植物。湿生植物指生活在潮湿环境,不能忍受较长时间的水分不足,即为抗旱能力最弱的陆生植物。室内观赏植物如慈姑、花菖蒲,西伯利亚鸢尾等属于此类。此外,也存在一些阴性湿生植物,它们对室内绿化更为重要,如某些附生蕨类。中生性植物指生长在水湿条件适中的环境内的植物,大多数室内外植物属此类。旱生植物则指生长在干旱环境中,并能忍受较长时间干旱而仍能正常生长发育的植物。对室内来说,重要的是多浆液类型,如仙人掌科的植物及莲花掌、石莲花、瓦松、垂盆草等部分景天科植物。

室内环境水源一般都有保证,因此只要精心管理是不存在植物缺水的情况。但另一个影响植物的水分因素——空气湿度则往往被人所忽视。实际上,空气中的湿度对室内植物的影响并不亚于土壤湿度。由于人需要的最适湿度不是很高,结果在大多数住宅,冬季除了浴室和厨房外,其他房间常干燥得如同沙漠,使室内植物难以发挥其潜在的美丽。好在已有了许多可行的增加湿度的方法,例如利用空调进行控制,或在内庭设置水池、叠水、瀑布、喷泉等均有助于提高空气湿度。但最好的办法还是成丛,立体化配置植物,使之形成一个相互依赖的群落,单株植物蒸腾放出的水分增加了周围空气湿度,使植物相互受益。

为协调人与植物的关系,室内空气湿度一般控制在40%～60%为宜,如降至25%时,植物就生长不良。对一些附生性和气生植物,以及很多观叶植物,可局部再增大湿度满足其生长需要。

此外,与空气湿度相关的问题就是空气流通问题。室内空气流通差,供给植物生长的CO_2、O_2不足,会导致植物生长不良,甚至发生叶枯、叶腐、病虫滋生等,故需要通过窗户开启,或设置空调系统及冷热器予以调节。

2. 室内植物供水

室内植物需水程度比室外植物小。室内几乎无风,光照强度及光照时间都相对减少,水从叶表面和根部培养土中蒸发的量大大减少,因此水主要用于满足其生理需要了。

室内植物供水自从把植物引入室内就开始了。到现在,人工浇水仍是最普遍的供水方法,但随着室内植物种植类型的多样,及种植位置的限定性减少,室内植物供水技术也得到了很大发展,出现了地下灌溉、渗透供水、水培养等方式。

(1)地下灌溉

地下灌溉简称地灌,是一种优于人工浇水的室内植物供水系统。它是利用类似于自然的毛细管作用使植物从种植器中吸水,消除了人工浇水引起的干-湿-干循环的情况。这种系统最基本的组成是毛细管材料和盛水容器,最简单的形式见图1-5(*d*)。后来在吸水材料上有了很大的改善,出现了灯芯带,毛细管和真空传感器,使地灌系统更趋于自然。

1)移动式种植器　有两种情况,一是装饰容器本身是防水的,此时盛水部分直接放在生长盆底部就可以了;如果装饰容器不防水,例如是木的或藤的,地灌系统就必须采用防水地灌系统或在装饰容器内衬一防水套,以免弄湿了室内环境(图1-5*a*、*b*、*c*)。

2)固定式种植器　相对移动式而言,固定式地灌要困难一些。但在国外,也有专门的地灌系统,能适用于不同的根层和不同地形的植物灌溉(图1-6)。

(2)滴灌

滴灌像人输液那样以相当精确的数量慢慢把水供给到植物的根部。它是室外,特别是干旱地区常用的植物灌溉技术。目前在国外已引入室内庭园灌溉植物并证明是一种极好的方法。

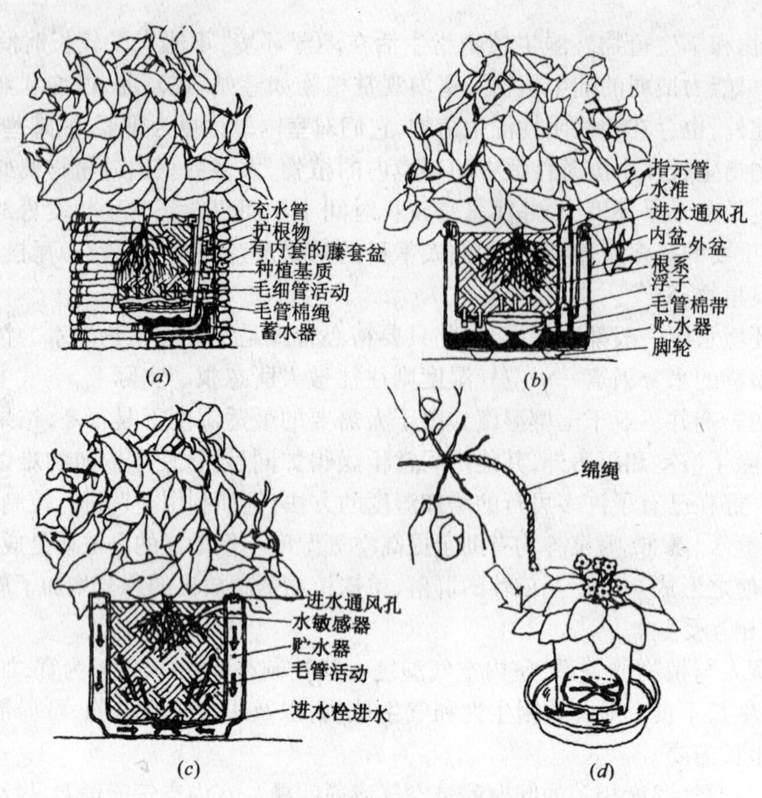

图 1-5 盆栽式地灌

(a)非防水套盆;(b)棉带防水式;(c)真空敏感型;(d)简易式

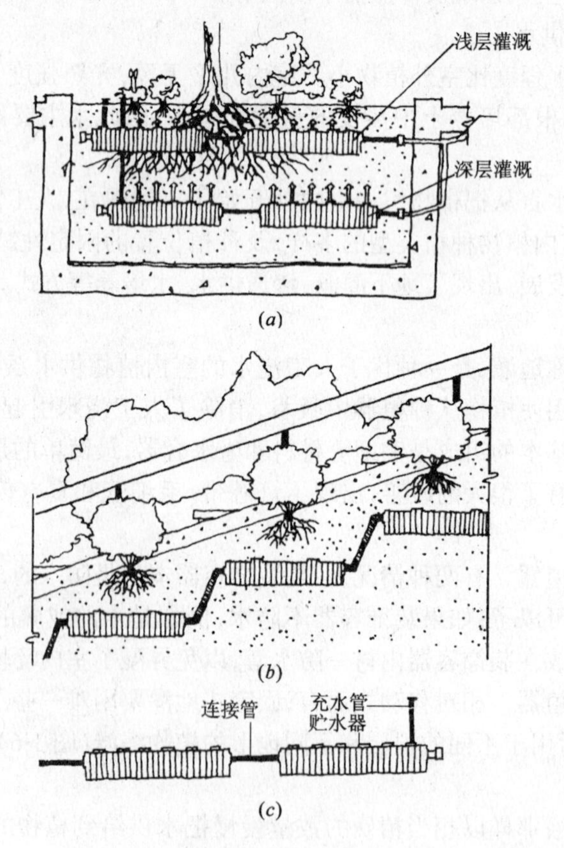

图 1-6 固定式地灌

(a)满足不同深度根系的灌溉;(b)坡地灌溉;(c)固定地灌装置

(3)微灌

在办公空间或居住空间,可能会放置许多不同大小的盆栽植物。这时,用人工浇水固然可行,但费时且易弄脏环境。为解决这些环境的植物供水,国外发展了一种自动控制精确度很高的微灌系统。图1-7是美国的一种微灌系统示意。虽然这种系统造价较高,但它确实是室内灌溉自动化的发展方向。

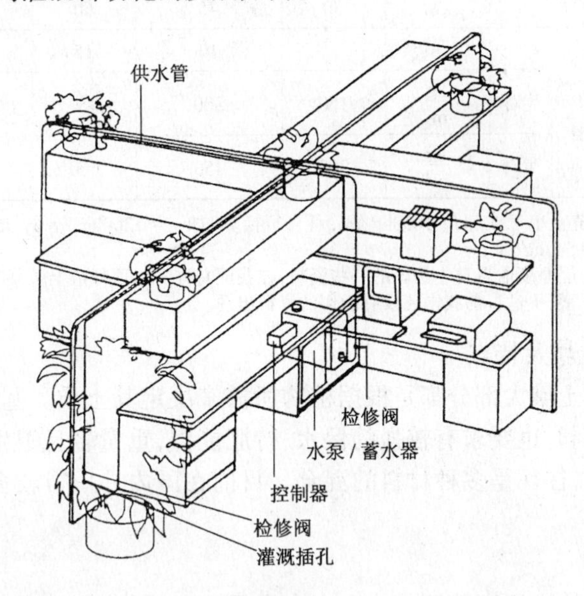

图1-7 微灌系统示意图

(四)土壤与室内植物

虽然现在已有无土栽培的案例,但土壤仍是绝大多数植物的生长基质。土壤对植物最明显的作用之一就是提供植物根系生长的环境。根系在土壤中生长,而土壤提供植物需要的水分、养分和根呼吸的氧气,并以一定的物理和化学特性影响植物。

1.土壤的物理化学特性

土壤是由固体(无机体和有机体)、液体(土壤水分)和气体(土壤空气)组成的三相系统。其物理性质主要指土壤的机械组成,即固体颗粒的集合。理想的土壤是"疏松、有机质丰富,保水、保肥力强,有团粒结构的壤土"。化学性质对植物影响大的是土壤的酸碱度。在土壤学上,我国土壤酸碱度有五级:pH＜5为强酸性;pH5～6.5为酸性;pH6.5～7.5为中性;pH7.5～8.5为碱性;pH＞8.5为强碱性。

2.植物的生态类型

在不同土壤上生长的植物,由于长期生活在那里,因而对该土壤产生了一定的适应性,形成为各种以土壤为主导因素的植物生态类型,对室内植物影响最大的是适应不同酸碱度土壤而形成的酸性土、中性土和碱性土植物。

酸性土植物是在偏酸性土壤生长良好,在碱性土或钙质土不能生长或生长不良的植物,如山茶、白兰花、含笑等;碱性土植物则在偏碱性土壤中生长最好,如黄栌、木槿、合欢等。中性土植物则是生活在一般土壤中的植物,数量最多。此外,还有一种喜钙土植物,如南天竺、十大功劳、柏木等在室内绿化中亦很重要。

由于植物生活型不同,植物对土壤深度要求也不一样。一般来说,乔木比灌木要求深,灌木又比花卉要深。但在木本植物中,有深根系与浅根系的区别。深根系指的是裸子植物和被子植物中大多数双子叶植物的根系,如橡胶树,塔柏,白兰花等,要求的土壤要深一些。浅根系植物最典型的是单子叶须根系植物,如棕榈类,其生长要求的土壤厚度要浅得多。室内植物土层深度要求可参考下表设置。

室内植物土层厚度要求参考表 **表 1-3**

类别		单位	地被	花卉小灌木	大灌木	浅根乔木	深根乔木
植物生存种植土最小厚度		cm	15	30	45	60	90～120
植物生育种植土最小厚度		cm	30	45	60	90	120～150
排水层厚度		cm	-	10	15	20	30
平均荷载按$\left(\frac{1000kg}{m^2}\right)$计	生存	$\frac{kg}{m^2}$	150	300	450	600	600～1200
	生育	$\frac{kg}{m^2}$	300	450	600	900	1200～1500

注:1. 若采用的种植土小于或超出 $1000kg/m^2$,可自行换算,如 $r=1200kg/m^2$ 的 45cm 厚的种植土荷载为 $1200\times0.45=540kg/m^2$;

2. 表中所列的土层厚度取自日本等国的一些资料,在我国有许多屋顶种植土层厚度小于表中值,但植物仍能生长发育旺盛,不过目前我国还没有确切的资料出现。

3. 室内种植土壤及特点

使用于室内的土壤大部分都是根据植物所需来决定其土质。基本要求是疏松、透水和通气性能好,同时也要求有较强的保水、持肥能力,重量轻且卫生无异味。一般自然土很难达到要求,往往是多种材料的混合。目前在国内外用得较多的材料是以下几类:

(1)腐叶土

由阔叶树的落叶堆积腐熟而成。它含有大量有机质,疏松、透气和透水性能好,保水保肥力强,质轻,是优良的传统室内盆栽用土,适合于各种秋海棠、天南星科观叶植物,地生兰花及观赏蕨类。

(2)堆肥土

是植物的残枝落叶,作物秸秆及易腐烂的垃圾废物等经堆积发酵腐熟而成,为优良室内种植用土,但稍次于腐叶土。

腐叶土和堆肥土在发达国家已被泥炭土或其他混合土取代,但在我国仍应用比较广。

(3)泥炭土

是由泥炭藓、羊胡子草及苔草属、芦苇属等植物体经多年积累分解而成,含有大量有机质,疏松、透气、透水性能好,保水持肥力强,质地轻,无病害孢子和虫卵,是优良的室内栽植用土。但因在长期形成中经淋溶肥力甚少,因此使用时可根据需要加进足够的氮磷钾和其他微量元素增强肥力,也可加进珍珠岩、蛭石、河砂等基质混合使用。

(4)砂和细砂土

砂指河砂,粒径在 0.1～1mm 之间,作为室内种植培养土的配制材料较好。细砂土指农业上的砂土,在没有腐叶土和泥炭土时可作为室内种植用土,但效果不佳,常配以其他材料形成混合土用。

(5)珍珠岩、蛭石和煤渣

珍珠岩是粉碎的岩浆岩加热至 1000℃以上膨胀形成的。质轻、通气好,无营养成分。蛭石是硅酸盐材料在 800～1100℃高温下膨胀而成的,有不同型号。煤渣经粉碎筛选,粒径约 2～5mm 最好。这三种均可作培养土添加物,使种植土更加疏松、透气和保水。

(6)泥炭藓和蕨根

泥炭藓是生长在高寒地区潮湿地上的苔藓类植物,十分疏松,吸水力极强。蕨根是紫萁的根，桫椤的茎秆和根。泥炭藓和蕨根均是常用的热带附生植物的室内种植材料，如附生兰花，天南星科植物，凤梨科植物，食虫植物和其他附生植物。

(7)树皮

主要是栎树皮、松树皮和其他较厚而硬的树皮经破碎而成，具良好的物理性能，能够替代蕨根、苔藓和泥炭作为附生植物的栽培基质。

以上材料可根据需要加以配合。常见的混合型土壤举例如下：

花园土:粗砂或珍珠岩:泥炭土＝1:1:1(碱性)

花园土:泥炭土:砂或珍珠岩＝1:2:1(酸性)

花园土:砂:泥炭土＝1:3:1(适于似掌等多汁植物)

此外，利用水或用砂、砾石、蛭石、珍珠岩等代替土壤并施用配合好的完全营养液的无土栽培方法因其操作方便，合乎卫生要求，效果好而越来越受到喜爱，是家庭、宾馆等室内绿化的发展方向。

三、室内植物的观赏特性

(一)植物的美学特性

1．植物的形状

一株植物最明显的自然特征是它的形状。虽然有时为了创造某些视觉效果而把植物修剪成需要的形状，但大多室内景观还是注重应用植物的自然形状。原因很简单，在充满无生命的直线和几何形的室内，人们需要引入的是自然的线和形。

植物的形状主要与外形轮廓有关，但枝叶的生长密度，茎和枝的大小和数量或复叶中小叶的排列方式对植物的形状也有决定作用。虽然植物的外形随植物的生长而改变，但总的外形轮廓大致是一定的。在室内植物中，常见的有圆形和扁圆形、塔形和柱形、棕榈形、下垂形、莲座形及不规则形(图 1-8)。

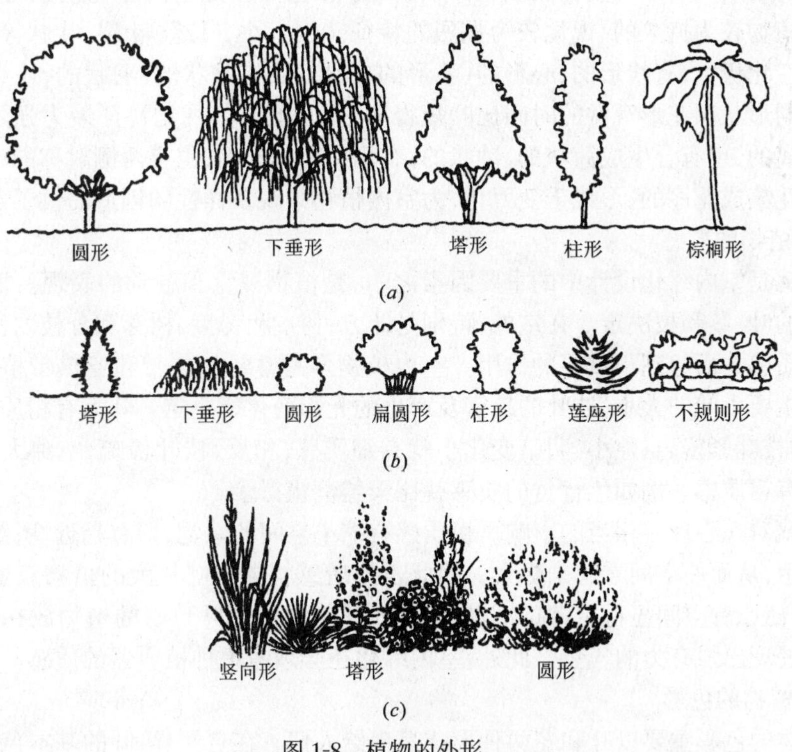

图 1-8 植物的外形

(*a*)树木外形；(*b*)灌木外形；(*c*)草本外形

(1)圆形和扁圆形　由被子植物合轴分枝形成,特点是横轴等于或大于纵轴。该形状大多为双子叶植物的乔灌木,且是植物中占主流的形状,因此往往作为基调景观元素。如常见的室内树榕树类、桂花等,灌木如杜鹃、海桐、茶花等,草本大多也是这种形状,如天竺葵,秋海棠类。

(2)塔形和柱形　多数由裸子植物的总状分枝产生,某些草本植物开花时的总状花序亦常形成这样的形状。其特点是纵轴大于横轴,常用作视觉强调植物,并能增加空间在视觉上的高度。室内木本植物有塔柏、南洋杉、罗汉松等;草本开花时丝兰、水塔花、风信子等形成这种形状。

(3)棕榈形　特点是叶多集于枝顶,叶大型。大多数的棕榈科植物和苏铁类以及百合科的龙血树属为该类形状。有这种形状的植物个性突出,同形植物易于配合,但与其他形的植物种在一起难取得协调。

(4)下垂形　枝条柔软下垂,有的可及地。如垂柳、垂枝槐、垂枝桃,灌木的迎春亦属此类。这种形状的植物因外形柔美,极易吸引人的视线,最易于与室内庭的静水面相配合。

(5)莲座形　是由基生叶产生的形状,即节间短,叶簇生于基部。这类植物多为草本植物,如虎尾兰属、丝兰属、龙舌兰属的种类和其他基生叶植物。它们大多花葶直立,有强烈的吸引视线的外形。

(6)不规则形　是藤蔓植物的外形。由于藤蔓植物茎柔软,其外形不固定,随其缠绕或附着的物体形状而定。这类植物包括有吸盘、卷须等固着器官的攀援藤本,如龟背竹、常春藤等;和仅靠柔软茎缠绕附着的缠绕藤本,如龙吐珠;另一类是具匍匐茎的植物,如吊兰;还有一类是有蔓生特性的植物,如夜香树,其外形上部蔓生、铺散或固着于其他物体形成一定外形。

植物的形状有单株植物的,也有植物组合的。组合形的植物外形轮廓在室内景观组织中更为重要。它给设计者以更大的发挥余地。

植物形的观赏除了整体植物的形外,叶形和花形也是室内绿化应该考虑的因素。叶形是植物较为持久的、视觉较为强烈的特征。因大小、叶缘、叶裂、叶脉等不同,植物的叶形变化极大,有线形的、心形的、戟形的、卵形的;有掌状的、羽状的,还有单叶和复叶等不同形状。花形观赏的时间比叶短得多,但开花时其视觉特征最为强烈。花形有花瓣分离的,也有合生成筒状的、钟状的;有辐射对称形的,也有两侧对称的;有单花的,也有多花集成花序的,形式千变万化,为室内植物景观多样性的创造提供了条件。

2. 植物的质感

质感是室内绿化设计中的重要因素之一,是植物视觉和触觉的表现。植物的质感由植物的叶、茎和枝决定。在室外,特别是北方,树皮粗糙度、树芽和分枝的密与疏在决定植物质感方面起到很重要的作用。室内植物多是常绿的热带和亚热带植物,因此决定质感主要由叶的大小、枝叶的疏密及产生的光影变化所决定。叶大有粗质感,叶小有细质感;枝叶紧密、空隙小、明暗变化小就有细质感;相反,枝叶稀疏、空隙大,明暗变化明显就有粗质感。例如龟背竹的质感就比天竺葵粗得多。

质感对人心理有相当的影响。粗质感有缩小空间的感觉,即有趋近性;细质感有趋远的作用,从而使空间看起来更大。因此若把质感粗糙或叶片大的植物放置于小空间内,将会使原有空间显得更拥挤不堪;若将质感细的或小叶致密的植物放在大空间内,亦无法展现出强有力的气势。此外,室内绿化还必须考虑种植容器的质感。

3. 植物的色彩

植物的色彩主要以叶和花两种形式呈现给人们。在自然界,叶的基本色彩是绿色,是由其内的叶绿素所决定,但有些植物为适应气候变化,每年其叶有发芽、生长、成熟和死亡的过程,使叶内叶绿素逐渐被其他色素如花青素、胡萝卜素和叶黄素以一定量取代,结果呈现出草绿色、深绿色、红绿色、黄绿色以及红和黄色等色彩。有些常绿针叶植物还有墨绿色和蓝绿色的叶。除了自然色彩外,在园艺上,为了提高叶的观赏性,弥补花期有限的不足,园艺师培育出了色彩斑斓的彩叶植物,如彩叶草、花叶万年青、变叶木、金心吊兰等,而且有许多彩叶植物有较好的耐低光特性,给室内设计师创造整年的有较丰富的植物景观色彩提供了极好的机会。

花是变态的枝,是植物为其种的繁衍吸引花粉传播者而采取的一种适应机制。花瓣内没有叶绿素,只有花青素(蓝紫)、胡萝卜素(橙)和叶黄素(黄),靠这三种色素不同比例组合给人带来了五彩缤纷的世界。

色彩是室内设计要素中最显著的因素。植物的色彩具有生命特性显得更为重要。不论是绿色还是其他色彩,在室内周围的基调色彩下,植物都可起到强调色的作用。一般说来,叶子的色(绿色或其他色)因其易培植且持续的时间长而运用普遍,但花色持续时间短,培植造价高,往往应用在较为重要的时间和地方。当然,“红花还需绿叶衬”,况且不同季节有不同植物的花,因此兼顾长与短、培植造价的贵与廉,创造四季多变的室内景观是室内设计者的另一重要任务。

4. 植物的大小

植物有一定大小,也是植物对综合生境条件长期适应的结果。在自然界,植物的大小差异极大,最高的可达 150m(如澳大利亚的桉树),最小的仅几毫米(如浮萍),但常见的还是在几厘米到几十米之间。在室内,由于空间的限定及人体尺度,使用的植物高度进一步降低,除贯通几层的中庭外,大多数植物都在 2m 以下。

根据室内空间的特点,可以把植物按其大小分为小、中、大和特大四类。

(1)矮小植物

高度在 30cm 以下,包括一些矮生的一年或多年生花卉,及葡萄、蔓生性植物,如文竹、景天、花叶竹芋、常春藤等。这类植物很适合桌面、台几或窗台之上的盆栽摆设,或作吊篮、壁饰、瓶景栽植。

(2)中等植物

高度在 0.3~1m 范围,包括某些中到大型的草花和小灌木,如君子兰、天竺葵、鹅掌柴、红背桂、马蹄莲、龟背竹等。这类植物可单独布置,也可与大、小植物组合在一起,作为室内重点装饰。

(3)大型植物

高度 1~3m,包括大型的草花、大多数灌木及某些小乔木。如锦葵、南天竺、棕竹、变叶木、杜鹃、茶花、刺葵等。很多高大的植物如印度榕、白兰花等在室内也多限制在这样的高度。这类植物常作为室内重点景观或用以形成分隔空间,适于栽植在地面的花池、花箱内。

(4)特大型植物

高度在 3m 以上,主要指一些在室内大空间如多层共享空间的中庭及一些商业和办公空间种植的植物。如南洋杉、榕树及棕榈科的许多植物。

室内种植中,除绝对尺寸外,还需考虑植物的相对尺度,即植物与植物、植物与内部空间及周围陈设的相对尺寸关系。它有时比绝对尺度更为重要。例如仅 45cm 高的植物也可以成为只有 10~15cm 高的地被植物内的视线焦点。又如在桌子附近摆设 90cm 左右高的植物是很适宜的,但如果要求在入口就能看到室内植物,其高度最好在 1.8m 以上,若在贯通几层的中庭内,室内树高达 10m 以上才能与这种大空间相称。

此外,还必须注意室内植物的高度与室外不一样,它还往往包括种植容器的高度。

(二)植物的季相特性

地球有四季之分,植物也有四时之貌。在生态学上把植物长期适应一年中温度的寒暑节律性变化,形成与此相适应的发芽、生长、开花、结实、落叶休眠的植物发育节律称为物候,而由植物群体(群落)在某一时间表现出的外貌称为季相。例如由落叶林组成的春季嫩绿色季相、秋天的红叶季相等。显然,群落季相的呈现是每一组成植物的节律性发育的整体表现结果。当然,每种植物的节律性变化是有差异的,但相同气候带亦有一定的统一性,因而形成了人们观念中的四时景相:春景——桃红柳绿、繁花似锦,因为大多数植物的花是在春季开的;夏景——浓荫覆地,蝉鸣林深,因为林冠形成提供了纳凉的去处;秋景——霜叶似霞,硕果累累,所以秋景是观叶、收获的好季节;冬景则是赏雪观梅为主题。民间的"重阳节赏菊、三月踏青、春节赏梅、秋日观桂"的习俗正是源于植物的时间特性,由此也可看出植物的季相变化对人的影响。

室内温差小,加之光线不足,给造四时景色带来困难,但可用"意境"和"四时花卉"来创造。意境即创造"四时之意境"。这是我国传统园林常用方法,就是利用景观元素如植物、石、水、建筑等创造"四时"之感觉,如扬州个园四季景相之创造就是如此。"四时花卉"就是用各季花卉重点装饰,形成各季特色。但室内光线较弱,虽然四季都有花卉,但数量比室外大大降低,而且必须置于光线较为充足的窗边、门边等地方。因此,室内四时之境的创造采用"意境"方式比用花卉直接表达的方式更佳(室内适宜的花卉可参见附表1)。

(三)植物的象征特性

中国园林植物配置深受历代山水诗、山水画、哲学思想乃至生活习俗的影响。植物配置手法大都以比、兴方式,在植物选择上,十分重视"品格",形式上注重色、香、韵,不仅仅为绿化,而且要能入画,要具画意,意境上求"深远"、"含蓄"、"内秀",情境交融,喜欢"诗中有画、画中有诗"的景点布置。因此植物的象征意义是中国园林的独有方式。植物象征意义的形成,主要受两方面因素影响,一是传统文化,二是生活习俗。

1. 传统文化的影响

通过植物的某些特征、姿态、色彩给人的不同感受而产生的比拟联想以表达某种思想感情或某一意境。整体植物的象征意义举例如下:

松柏——苍劲耐寒,象征坚贞不渝。《荀子》中有"松柏经隆冬而不凋,蒙霜雪而不变,可谓其'贞'矣"。

竹——虚心有节,象征谦虚礼让,气节高尚。

梅——迎春怒放,象征不畏严寒,纯洁坚贞。明代徐徕《梅花记》有"或谓其风韵独胜,或谓其神形俱清,或谓其标格秀雅,或谓其节操凝固"。

兰——居静而芳,象征高风脱俗、友爱情深。

菊——傲霜而立,象征离尘居隐、临危不屈。

柳——灵活强健,象征有强健生命力,亦喻依依惜别之情。

红枫——老而尤红,象征不畏艰难困苦。

荷花——出污泥而不染,象征廉洁朴素。

玫瑰花——活泼纯洁,象征青春、爱情。

迎春——一年中最先开放,象征春回大地,万物复苏。

白玉兰——洁白娇嫩,象征童心。

桃花——鲜艳明快,象征和平、理想、幸福,并与"李"一道象征门生,所谓"桃李满天下"是也。此外,其果象征长寿,祝寿时用"寿桃"以祝福。

石榴——果实籽多,喻多子多福。

桂花——芳香高贵,象征胜利夺魁,流芳百世。

单以花或果表达感情的有:

忠实、永恒——紫罗兰;纯洁——百合花;有情、喜悦——牵牛花;英雄——木棉花;相思——红豆;忘忧——萱草;爱情——玫瑰;富贵——牡丹;幸福——杏花;深情——含笑;兄弟和睦——紫荆等。

2. 生活习俗的影响

往往是把植物拟人化。例如花王(牡丹)、花后(月季)、花相(芍药)、花中君子(荷花)、凌波仙子(水仙)、绿色仙子(吊兰)、花中神仙(海棠)、花中西施(杜鹃)、岁寒三友(松竹梅)、四君子(竹兰梅菊)等。

(四)植物的观赏类型

从植物的观赏特性及室内造景的角度,可把植物划分为观叶植物、观花植物、观果植物、藤蔓植物和水生植物(见附表1~5)。

1. 观叶植物

是以植物的叶茎为主要观赏特征的植物类群。植物叶的观赏包括叶的大小、叶形、叶色和叶质四个方面。植物叶的尺寸变化很大,大的叶可达1~3m(海芋、蒲葵、桫椤),小的不足1cm(文竹、天门冬、南洋杉)。叶形则有线形(春兰)、心形(豆瓣绿)、戟形(芋类)、椭圆、多角(常春藤类)、剑形(丝兰)等(图1-9)。叶色则因人工培植而呈现多种色彩,如不同深浅的绿色、红色(红桑)、紫色(彩叶草)及许多花叶、洒金、洒银的叶;叶质与叶的结构有关,有的呈革质(凤梨类)、草质(芋类),有的表面多皱(波斯顿蕨、皱叶豆瓣绿)、多毛(虎耳草、冷水花),还有的多汁(仙人掌类),总之千变万化,但有一点是共同的,就是以叶观赏为主,花次之。

观叶植物大多起源于热带和亚热带,因此在20℃左右的较为恒温的室内比大多数观花植物生长得更好。而且在原产地,观叶植物多生长于林下,因此在室内正常光线下它们大多能整年保持吸引人的外观,有的甚至可达数十年。有资料表明,观叶植物更喜欢高湿空气(70%~80%相对湿度),但亦能耐受干燥空气(10%~30%相对湿度),正因为这样,观叶植物成为室内绿化的主导植物。

图1-9　植物叶的观赏

2. 观花植物

“室内观花植物”的定义并不像“在室内开花的植物”那样简单。除了开花外，它们的尺度必须适合于室内空间，必须能耐受室内较高的温度和较低的湿度，并在正常养护下正常生长，顺利开花。

植物花的观赏有大小、色彩和形态的不同，也有单花和花序的差异。在室内植物中，单花直径大多在10cm以下，如百合、茶花、扶桑等；而由多花组成的花序就大得多，如瓜叶菊、八仙花的花序可达30cm(图1-10)。色彩是植物的花最具特色的特征，特别是许多栽培变种和杂交种的出现更丰富了自然界花卉的色彩。如瓜叶菊的花色除常见的白、粉、红外，还有少见的紫、蓝及各种复色，是原种瓜叶菊(*Senecio cruenlus*)无法比拟的。植物的花形常见的有散生、球形(八仙花、瓜叶菊、天竺葵)、塔形(兰帝风信子、斑叶水塔花等)及异形(鹤望兰、马蹄莲、安祖花、荷包花)等，都是极引人注目的特征(图1-10)。

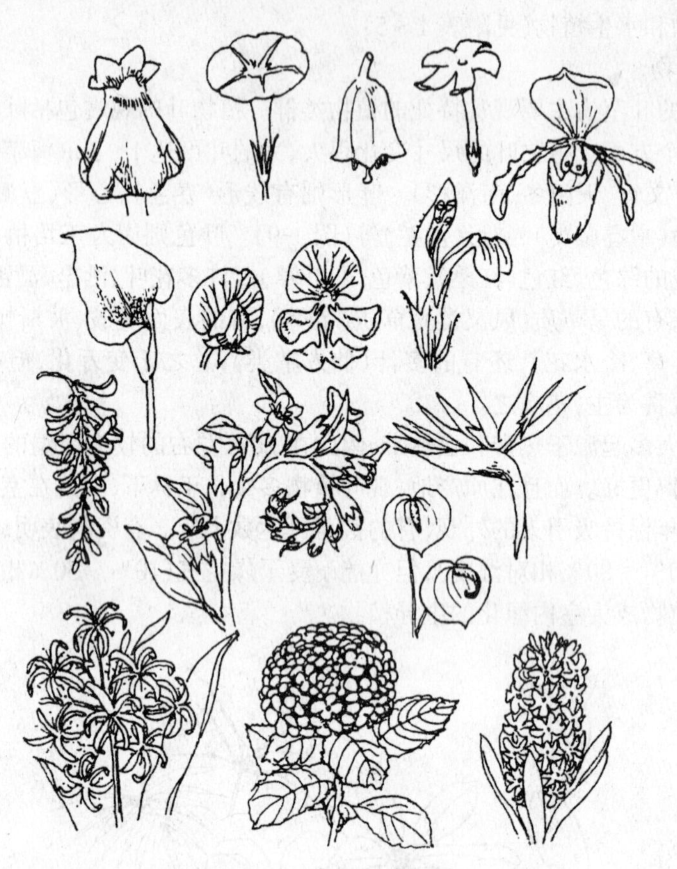

图1-10 植物花型的观赏

与观叶植物比，观花植物要求的光较为充足，且夜晚温度应较低，才能使植物贮备养分，促进花芽发育。因此观花植物的布置在室内要受限得多。但在条件好的地方可以通过人工灯光和温度的控制，使观花植物在需要的任何时节开花。

观花植物的选择，首先应该选择四季开花的植物，如扶桑、天竺葵等；其次考虑花叶并茂的植物，一年花季虽不长，但无花时有较高观赏价值的叶给予补赏，如蟹爪兰、鹤望兰等；第三类是多年生植物，每年开花一季或二季，没开花时观赏价值低，如麝香百合、金栗兰等；第四类为一二年生植物，开花虽仅一季，但极吸引人，如瓜叶菊，虽然整年都可在温室开花，但每一植物仅在短时开花。

3. 观果植物

观赏植物有果必有花，但有花不一定有果，且室内植物中观果植物并不多，因此严格说来,观果植物应属观花或观叶类,但许多观果植物的花貌不惊人,而果是秋天的象征,是重要的观赏特征,所以单独列出。

植物的果实是为繁衍其后代长期适应环境而形成的器官,类型极多,但作为观赏的果,要求有美观的形状或有鲜艳的色彩,加之室内环境因素的限制,室内绿化中可用的观果植物就极少了。常见的果大型者有石榴、金桔和艳凤梨;小型果较多,如万年青、构骨、南天竺、珊瑚樱等。在色彩上成熟后大多为红色(万年青、构骨),也有黄色(金桔),在成熟过程中还有从绿色到红色的各种变化色彩。因此,当果成熟后,把观果植物置于适当位置能起到吸引视线的作用。

观果植物与观花植物一样,一般都要有充足的光线和水分,否则会影响果的大小和色彩。

观果植物的选择应首先考虑花果并茂的,如石榴,或果叶并茂的,如艳凤梨,然后才考虑单观果的植物。

4. 藤蔓植物

藤蔓植物实际上是按其生长形态和室内种植形式划分的类群。它包括藤本和蔓生性两类。藤本植物又有攀援型和缠绕型之分。攀援型特点是植物的茎节上有气生根或卷须、吸盘等结构,借助这种结构使之附于其他物体上,如常春藤类,白粉藤类,龟背竹和绿萝等。在室内装饰中,常用柱、架、棚等使植物附生其上,形成特殊的观赏形态;缠绕型的植物如文竹、金鱼花、龙吐珠等,特点是茎无附着结构,全靠软茎缠绕于其他物体上生长。由于植物没有固定结构,更易于人工造型,因此室内常用其他材料做成固着物,把植物缠绕其上,形成各种形式的植物艺术造型。

蔓生性植物指的是有葡萄茎的植物,如吊兰、天门冬。其特点是植物体不长,平卧或下垂。这种植物最适于做吊盆栽植。

藤蔓植物大多为室内垂直绿化植物,做背景的比较多,但也有的有吸引人的特征,或有艳丽的花,如金鱼花、嘉兰;或有大型奇特的叶如龟背竹等,这些植物亦可作为主景植物。藤蔓植物的形态见图 1-11。

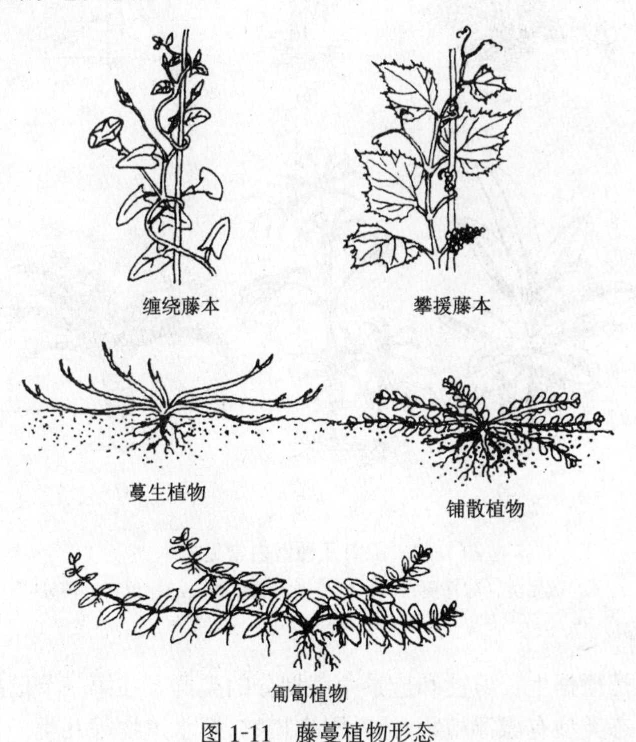

图 1-11　藤蔓植物形态

5. 室内树

指能在室内环境中生长正常的乔木或小乔木,也是室内重要的观叶植物。因此除了观叶植物的特征外,树形是一个最重要的特征。从树形上,室内树主要有三种树形。第一棕榈形,特点是叶集生于枝顶。除了棕榈科植物外,在配置中也把龙血树类、苏铁类和桫椤等植物包括在该类型中。第二类是圆形树冠,一般双子叶木本植物属此类,常见的室内树如白兰花、桂花、榕树类。第三类为塔型,室内常用的有南洋杉、罗汉松、塔柏等。

室内树在室内绿化设计中创造空间、调整空间方面作用很大。这与树的枝下高特性有很大关系。枝下高指的是植物第一次分枝或出叶(棕榈类)离地面的高度,离地越高、树下空间越大,相反则越小。棕榈类中乔木状单生型的植物如蒲葵、鱼尾葵等枝下高达 3m 以上;双子叶植物的印度榕、垂叶榕、白兰花等枝下高也可达到此高度;桂花、月桂可达 2m,因此都可用以创造顶界面空间以调节中庭大空间。

室内绿化中,室内树的选择要考虑其修剪性和根性状况。棕榈类,特别是大型棕榈植物是不能修剪的,如果条件适宜可持续生长,因此无法调整其高度;榕树类等双子叶植物是可以通过修剪调整其高度的。所以应根据空间的特点选择室内树。另一方面,棕榈类均是须根系植物,根浅;而榕树类等大多为直根系,根深,因此选择室内树时还要考虑建筑的荷载情况。关于植物根系与土层深及荷载的关系请参阅表 1-3,几种国内常用的室内树见图 1-12。

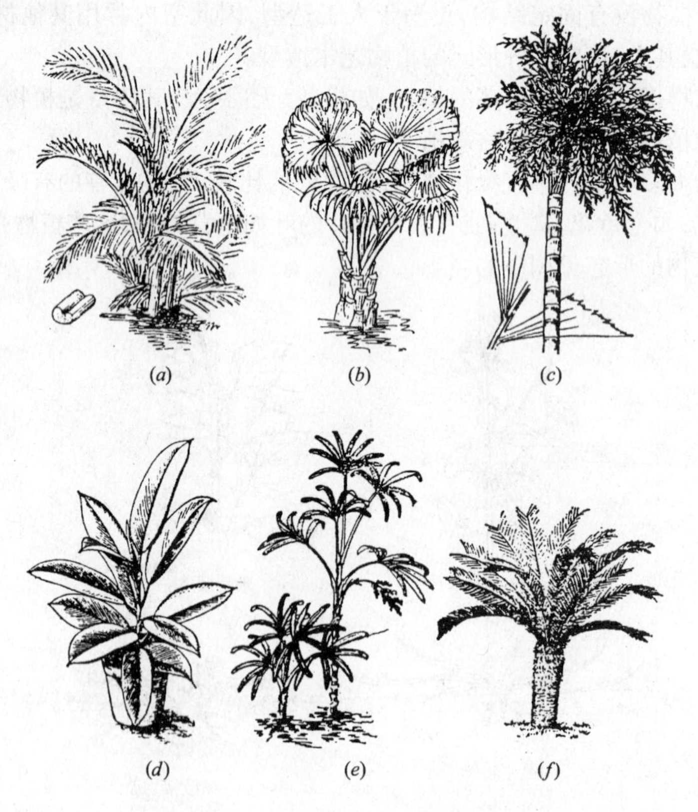

图 1-12 国内几种室内常见树木

(a)散尾葵;(b)蒲葵;(c)鱼尾葵;(d)橡皮树;(e)棕竹;(f)苏铁

6. 水生植物

水生植物也是根据生长习性和造景角度划分的类群。在第一节已提到了植物以水为主导因子的生态类型有漂浮植物、浮叶根生植物、挺水植物等几类。在室内绿化的水景中也可引入这些植物以创造更自然的水景。漂浮植物如凤眼莲、浮萍植于水面，浮叶根生的睡莲植于深水处，水葱、旱伞草、慈菇等挺水植物植于水际，再离水远一点还可植日本玉簪、鸢尾等湿生性植物。

水生植物大多喜光，因此引入室内的不多，但近年来，采光和人工照明技术得到了极大发展，加之人们对自然水体的向往，水生植物正在走向室内，成为室内环境美化中的一员。

图 1-13　香港国际机场大厅
真假植物混用：高大的蒲葵为假植物，其下是真植物

7. 假植物

假植物指人工材料如塑料、绢布等材料制成的观赏性植物，也包括经防腐处理的植物体经再组合形成的植物。随着假植物制作的材料及技术不断改善，一般家庭和公建没有足够的资金提供植物所需的环境条件，使这种非生命植物越来越受到人们的欢迎。虽然假植物在健康效益、多样性方面不如真植物，且价格更贵一些，但在某些场合确实比真植物更适用。例如以下地方就是假植物更适合的场所：

(1)光线阴暗处　没有足够的光，植物难以生存。但如想在这些地方增加绿意而又不想增加配置人工光源的费用，最好的办法就是用假植物。

(2)光线太强处　过强的光线对植物不利，要么使植物过度生长，很快超过所在的空间；要么强光及其引起的高热会伤害植物。而采用假植物就没有这些负作用。

(3)温度过低或过高的地方　室内植物多为热带、亚热带植物，不能忍受过低或过高的温度。例如北方门厅的植物会因经常性的推拉门而受寒风影响，时间长了就会伤害植物；又如空调或增热器附近植物也易受过热或过冷温度影响，如果想在这些地方放置植物也宜用假植物。

(4)人难到达的地方　为了增加生气，有的想在暴露的梁或高窗等处布置植物，但因经常性的养护困难，不如采用假植物更好。

(5)结构不宜处　大型植物生存要求的种植土荷载是很大的，如深根性植物生存的种植土荷载为 600～1200kg/m^2，要能开花结果，荷载应提高到 1200～1500kg/m^2(见表 1-3)。有的建筑最初并未考虑植物，而后装饰又需大型植物，此时以假植物可兼顾两方面要求。

(6)特殊环境　如医院某些病房、某些家庭有防止花粉过敏性反应的要求，可采用假花卉以美化环境。

(7)需降低养护费用的地方　要保持植物正常的形态和正常的生长，需要经常性的浇水、施肥、剪枝、清洗甚至替换，而假植物不需或很少需要这些工作。因此在需要降低养护开支的地方就可以采用假植物。事实上国外很多地方把真假植物兼顾利用，达到了很好的效果(图 1-13)。

第二节　室内植物配置

一、植物配置与美学原理

如前节所述，室内植物同其他陈设一样有一定大小、形状、质感和色彩，这些美学特征必须通过设计者按一定美学原则加以组合才能达到较为理想的效果。例如重复使用植物的形状、色彩或质感就能获得简洁而统一的效果；但在重复中应适时改变其形、色或质感才能避免单调，同时又可创造强调点或兴奋点，使观赏达到高潮。然而，高潮的到来应该是逐渐的，是由不同程度的兴奋点逐渐引导最后达到的，这就是变化的连续性，有时称为秩序感。此外，配置也应符合平衡、尺度等原理，特别是尺度的考虑不仅是美学上的要求，也是植物生长的需要。原因是植物在室内不能毫无顾忌地生长，必须限定在一定的高度(最好在室内空间高度的 2/3 以内)，否则不能满足植物正常生长的要求，也难使其保持正常的冠型。总而言之，室内植物亦如一般构件和陈设，其配置符合一般美学原理(图 1-14)，不论以何种配置形式，在何种空间，只要灵活运用美学原理，恰当组合其形状、色彩、质感和大小就能创造出优美而舒适的植物景观。

二、植物的配置方式

与室外植物不同，室内植物大都是种植在盆、槽、池、坛等容器中的。种植容器有移动的和固定的两种，相应的种植也有可移动的和固定的方式。移动式灵活方便，适宜于室内任何地方，但难栽植大型的植物，也不易形成“林”形景观，一般多用于花卉和中小植物；固定式则相反，搬动不便，被限制在特定的地方，但可栽植大型植物，形成任何可能的植物景观，因此特别适合于大型空间，如中庭、餐厅，购物中心等。但不论哪种方式，就植物本身而言，不外有单植、列植、群植和附植几种方式。

1. 单植

是室内绿化采用较多的一种形式。一般选用观赏性较强的植物，或姿态、叶形独特，或色彩艳丽，或芳香浓郁，适合室内近距离观赏，因此可发挥单株花木的独特个性。单独种植最常用的是盆栽，用于室内点缀，或茶几、或案头，也可置于室内一隅，软化硬角。在组景方面，常布置于空间的过渡变换处，起配景或对景作用。在室内庭园，可孤植于山崖、池畔以丰富“山”景和水面。

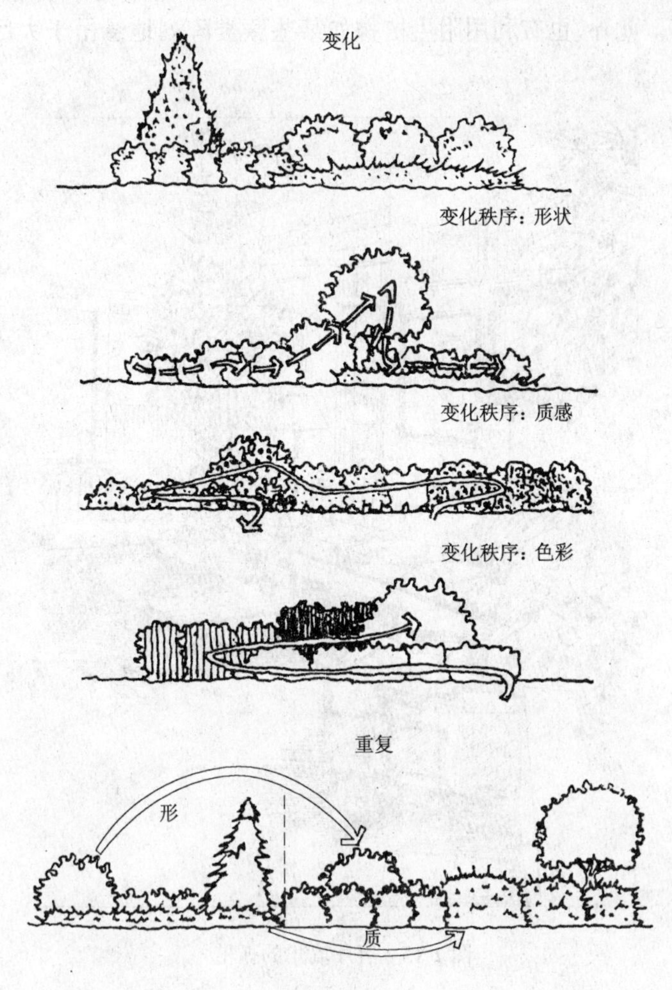

图 1-14　植物配置符合一般美学原理

室内常用的孤植植物最宜为室内树，以棕榈型的苏铁、蒲葵、桫椤，塔形的南洋杉最好，桂花、白兰花、印度榕等亦可。总之，在外形上要有独特特点的为佳。孤植实例见图 1-15。

2．列植

主要指两株或两株以上按一定间距整齐排列的种植方式。它们形成整体，失去一株都将破坏整体效果。列植包括两株对植、线性行植和多株阵列种植。对植在门厅或出入口用得最多，常用两株有独特形态的观叶或花叶兼备的木本植物形成对称种植，起到标志性和引导作用(图 1-16)。在应用中，南洋杉、印度榕、塔柏、苏铁、白兰花等常见。线性种植是用花槽或盆栽，使多株植物成行配置的种植方式，有一行的，也有两行形成均衡对称的。植物一般为同种植物，且大小、体态相同；如果为不同植物，也宜在体量、外形、色彩和质感上接近，以免破坏整体感。线性种植可形成通道组织交通，引导人流，也可用于空间划分和空间限定。植物可根据观赏和功能需求选择，花卉、木本植物均宜。多株阵列种植是一种面的种植，亦可看成多条线性种植的集合。阵列种植常采用高大的木本植物，形成顶界空间，因此，特别适合于室内公共空间，如购物中心、宾馆、餐厅等的中庭(图 1-17)。在公共休息场所，种植器常与座椅结合考虑，既保护了植物，又提供了休息设施；在注重交通功能的场所，常采用与地齐平的种植池，上置铸铁树盖以利交通。见图 1-18。

阵列种植的植物用得最多的是棕榈科单生型的植物、桑科榕属植物,如茸茸椰子、蒲葵、垂叶榕等。此外,也有利用附生植物如某些蕨类阵列地悬吊于大厅,形成顶界绿化空间。

图 1-15　客厅墙角的孤植

图 1-16　法国巴黎卢浮宫地下大厅

图 1-17　美国纽约原世界金融中心内庭阵列种植

图 1-18　某保健中心门廊八棵列植的垂叶榕与休息椅

3.群植

指两株以上按一定美学原理组合起来的配置方式。包括丛植和群植两种。丛植用的植物较少(3～10株),且组成丛的单株美感强,形成的是有观赏价值的植物丛;群植用的植物多,不要求单株植物有较强的美感,形成的是体现群体美的林形景观。

(1)丛植

主要用于室内庭园的种植池中,小体量的植物也可由移动式的盆栽配置形成,可以用同种植物,亦可以是不同植物混合配置(图1-19)。在功能上,植物丛可以庇荫,可做主景,亦可做内庭假山、雕塑、小品建筑等景物的配景。在中国园林中,植物丛的配置有一定的方式,适合于室内的3～5株配置的不同方式如下:

1)二株配置　与列植中的对植不同,植物丛的二株靠得很近,相互形成一个整体的造型,即使为盆栽(同一盆或不同盆)两株也应相互顾盼。明朝画家龚贤说“二株一丛,必一依一仰、一倚一直、一向左一向右、一有根一无根、一平头一锐头、二株一高一下”;又说“二株一丛则两面俱宜向外,然中间小枝联络,亦不得相背无情也”,说明了二株相同植物配置在一起,应在动势、姿态与体量大小均有差异和对比,才能生动活泼。

2)三株配置　三株配置最好用同一植物,或为外观类似的二种植物来配合,忌用三个不同种的植物。栽植时,三株成不等边三角形配置,距离不等,其变化见图1-20。

3)四株配置　植物可用一种或两种植物,配置上成3:1组合,平面上形成不等边三角形或不等边四边形配置(图1-20)。

4)五株配置　同为一种或最多两种植物。配置有3:2和4:1组合。如为同种植物,采用3:1或4:1组合均可,但不同种的植物宜采用3:2组合为佳(图1-20)。

植物的配置,株数越多越复杂,但基本的是一株和二株,三株由二株和一株组成,四株又由三株和一株组成,五株由一株和四株或三株和二株组成。如果熟悉了五株的配置,则六、七、八、九株均可自如。芥子园画谱曰“五株既熟,则千株万株可以类推,交搭巧妙,在此转关”。

(2)群植

是大于十株的组合,包括室内盆栽的组合及室内庭园构成主景的林形景观。盆栽形成群植有两种方式,一是利用不同高度的植物形成边缘低中央高的植物群;二是把具有相同高度的植物摆在梯形花架上,靠植物隐去花架而形成植物群。很显然,盆栽植物群可随时根据需要进行组合,具有很大的方便性,但难以使用较大型的植物,因此多采用花卉和灌木。

室内庭园和温室中的“林”形景观是群植的另一种形式。它可以是相同植物形成的纯树群(图1-21);也可以是不同树种形成的混合型树群,上为乔木,下为灌木和花卉(图1-22)。

在有恒定温度的室内,或专用温室可模拟热带、亚热带森林,形成有乔木层、灌木层、地被层甚至附生植物层和气生植物层的多层次的景观。

林形景观配置的基本原则是高植物在中央,矮植物在边缘;常绿植物在中央,落叶植物、花叶植物在边缘,形成立体观赏面,植物互不遮掩也易成活。

由于室内环境特殊,加之树群植物相互影响,因此适应室内群植的种类,特别是上层植物有限。但有几类特别适合于这种配置。

1)桑科榕属(*Ficus*)植物　如垂叶榕、印度榕等。这类植物在室内用得很普遍,原因有:①光照在2500lx就能生存得很好;②尺度较大,在室内可达到3.7～4.6m以上,且枝下可高达 2～3m；③属内种的形状和大小变化大，因此可选择不同形状和尺度的植物；④叶形和树冠与热带特性的棕榈科植物不同，因此可创造温带和亚热带植物景观。

图 1-19 美国斯特林公司室内盆栽丛植

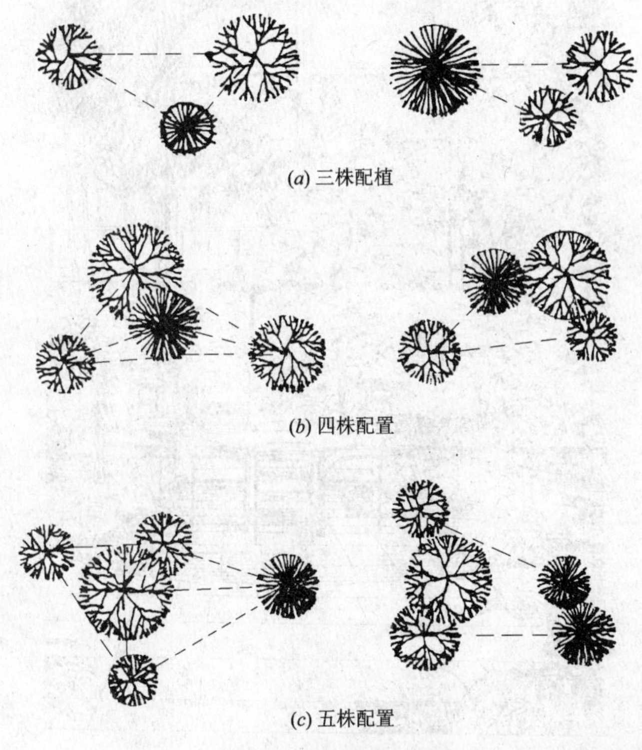

(*a*) 三株配植

(*b*) 四株配置

(*c*) 五株配置

图 1-20 3～5 株丛植植物平面配置图

图 1-21　北京中银大厦大厅内的竹林景观

图 1-22　混合型树群

2)棕榈科植物(*Palm*)　包括单生型和丛生型两类。单生型只有一个主秆,如椰子;丛生型是从基部萌生出多个秆。由于这个原因,棕榈科丛生型植物在幼时可用作灌木。棕榈科植物与其他植物相比有其独特优点:①能创造"热带"环境气氛;②单生型明显的垂直特征能用于高而狭窄的空间,在这些空间同等高度的其他植物难以生存;③许多棕榈科植物自然姿态或曲或斜极为美观,可大大增加室内景观的趣味性;④棕榈科植物为须根系,移植进入室内种植容器比同等高度的其他植物更容易;⑤能用于室内的棕榈科植物都能忍耐较低的光强(1000~3000lx)。然而,它们有一个严重缺点,就是无法像榕属植物那样通过修剪保持较为恒定的高度。适宜于室内的棕榈科植物有以下几个属:

山葵属(*Arecastrum*),其中的山葵(*A. romanzoffianum* var. *australe*)为单生型,室内高度1.8~10.7m,是用于高且窄空间的优良植物。

散尾葵属(*Chrysalidocarpus*),其中的散尾葵(*C. lutescens*)株高3~4m,丛生型,可在1000lx光强下生存,但在约2000lx生长最好。

刺葵属(*Phoenix*),软叶刺葵(*P. roebelenii*)是室内常见的棕榈科植物,高可达5.5m,有单秆的,也有丛生的,可在2500lx光强下生长良好。

蒲葵属(*Livistonia*),蒲葵(*L. chinensis*)是亚热带常见种类,室内可作单株栽植,幼时也可形成低茎或无茎的灌木状。高度可达9m,可耐2000lx光强。

4. 附植

顾名思义,就是把植物附着于其他构件上而形成的植物配置方式,包括攀援和悬垂两种形式。

(1)攀援　用水泥、木、竹甚至钢等材料制成柱、架或棚,然后把藤本植物附于其上,形成绿柱、绿架或绿棚。攀援种植就是利用攀援性藤本和缠绕性藤本形成。前者如常春藤、龟背竹;后者如金鱼花和龙吐珠等。由于藤本是不规则的,其形态随附着的构件形态决定,因此给室内设计师更大的想像和创造的机会。

(2)悬垂　把藤蔓植物或气生性植物植在高于地面的容器而形成的特殊配置形式。包括下垂和吊挂两种。下垂式是利用缠绕性和蔓生性植物植于离地的固定或移动的容器中,植物从容器向下悬垂生长。适宜的植物除缠绕藤本外,蔓生性的如吊兰、天门冬等软而短的植物也极适合。下垂式可以是书架、柜顶的移动盆栽,亦可附于墙上的固定植槽,形成壁挂种植。见图1-23。

与下垂式不同,吊挂更多是利用气生或附生植物,且容器或固着物是悬吊于室顶。适于吊挂的植物除一般藤蔓外,还有许多附生植物,气生植物如波斯顿蕨、鸟巢蕨和附生兰类等。

5. 水生种植

根据植物的特点,有水面种植、浅水种植和深水种植三种。水面采用浮水植物如凤眼莲等;浅水则采用挺水植物如香蒲、旱伞草、慈姑等;深水用浮叶根生植物,如睡莲等,由于水池可形成水面、浅水和深水三种环境,因此常组合应用三种方式,形成较为自然的水景(图1-24)。

图 1-23 13 层高的中庭，每隔一层有绿色植物爬满平台

图 1-24 澳大利亚 K 住宅水生种植景观

第二章　室内水景

水是室内绿化中另一自然景素。随着人类文明的发展，水从单纯的物质功能状态，逐步发展成兼具艺术功能的水景，并从室外引入室内。

水具有自身独特的形、色、质、光、流动、声响等品性。

水的形：水本身没有固定的形状，而成形于容器，或池、或溪、或泉、或瀑，因势而别。

水的色：水，无色，清莹剔透，因而可显露容器饰面的图案、色彩和质感，且随水层的厚度与动态而相应变化。

水的质：水具有柔性之美，富于亲和力，人们常可通过触觉来感受和寄托心情。

水的光：水既能透光又能反射光，或晶莹闪烁，或如镜一般，变幻无穷。

水的流动：流动的水千姿百态，有流淌，跌落，喷涌等。动态的水可使环境获得时空变化，引人入胜。

水的声响：水声诉诸于人们听觉，有的清脆、有的婉转、有的激越、有的欢快，有音乐般的美感。

运用水的以上特性，可在室内妙造水景。

室内水景设计的构思常源于自然界各种形态的水体。自然界的水体有静态和动态之分，它的基本形态有平静、流动、跌落、喷涌四种。这四种基本形态也概括了自然界的水从源头的喷涌到流动和跌落的过渡，再到终结的平静这样一个运动的序列。

室内水景在尺度上因受空间的局限，往往采用小中见大的手法。如“止水可以为江湖”，“尺波勺水以尽沧溟之势”等即是体现这种心造其境的美学原则。

第一节　静水与流水

一、静水

澈澄、宁静、朴实是静水的主要特点，常见的室内静水有以下几种形式：

静水池；

位于流水一端的水池，“延而为溪，聚而为池”，这里的池水，具有相对的静止状态；

喷水池或落水池在停止喷水、落水时的静态水景。

(一)静水的形

静水水面的形也即水池形状是静水的景观特色之一，在室内起画龙点睛的作用。水池的形状千变万化。总的说来，或属几何形，或属自然形。采用哪一种形状主要取决于室内环境的功能要求和审美要求。

就功能要求而言，由于水面具有不便逾越的特点，而限制了人们的活动范围，也就自然成为室内功能区的界定。起空间分隔、空间导向等作用。

深圳金碧酒店大堂一弯曲线形水池是依人的流线而展开。池中布置了大小变化、高低错落的圆形茶座平台，其周围设总服务台、咖啡座、酒吧和商场。合理的水面处理使室内获得了宜人的空间划分和视觉的流通，见图 2-1。

(*a*)

(*b*)

(*c*)

图 2-1 金碧酒店大堂

(*a*)水池俯视;(*b*)大堂平面;(*c*)水池景观

美国华盛顿凯悦酒店高大内庭中央曲尺形的水池,分隔出连续而又相对独立的临水休息空间。人们可在此隔水聆听美妙的钢琴演奏,获得良好的视、听欣赏效果(图 2-2)。

水池也常设在不便让人们接近的地方,如观景电梯前、楼梯底下等。这时池面的形状往往与电梯、楼梯相适应。如图 2-3 所示,日航宾馆大厅的螺旋楼梯下方,巧妙地设一圆形水池。水光荡漾成为室内一景。

就审美要求而言,水池形状本身体现一种美和意象,它应与室内的整体风格相协调并为室内环境增色。图 2-4 是华盛顿科威特驻美办事处,三层高的接待大厅中央有一星形水池,水池形状与大厅地面图案及细部纹样同构,具有浓重的伊斯兰特色。

图 2-2　华盛顿凯悦大酒店中庭

图 2-3　日本金泽日航宾馆大厅

图 2-4 科威特驻美办事处内景

除水池形状外，池壁同样影响水面景观。池壁可有垂直形、坡形和台阶形几种，室内水池通常多采用垂直形池壁。池壁与池底作为整体用钢筋混凝土构筑，并以规整的天然石块或人工砖石贴面，池壁上部作顶石收头。也有做成塑桩护壁或不规则形的天然石护壁，给人一种自然的野趣，见图 2-5。池壁高度大致有以下三种情况：

1. 池壁高出地面

这是较常见的一种形式。一般，池壁高出地面约 250～450mm，顶石放宽出挑(彩图 5)。高出地面的池壁既具存水功能，有时还可作为人们休息的坐处。

2. 池壁与地面相平

这种形式使空间开阔而没有阻隔，能很好地展现水面的景观特色。彩图 36、38 北京中银大厦室内水池边界，是以石材铺地自然结束的。这种一气呵成的做法，完整地表达了铺地的模数系统，体现出设计的整体性和逻辑性。采用这种池壁形式时，为防止人们不注意踏入水中，需设一定防范措施。

3. 沉床式池壁

池壁低于四周地面，地面与水池之间用台阶相连。如图 2-6 所示，浅水边的台阶犹如沙滩休息地。当池壁与地面高度相差不大时，也可将地面局部悬挑于池壁之上，使地面有一种飘浮感，见内庭实录三的详图。

另外，要保持水池池景之美，必须经常保持一定量的水。水深视不同情况而异。如池内养观赏鱼，水深应为 40cm 以上，这是养殖生命力较强的普通金鱼的最低限度；若池内植水生植物，一般性莲类需水深 25～40cm，微型睡莲只需水深 15cm；若是为了展现池底景色，池水深可在 10cm 左右。为使水维持恒定量，需有给水管补充水池内因蒸发和排除的污水，有时也可结合间歇性的喷水或落水给以补充。另外为使过多的水和陈腐的水排出，还应有排水措施。排水口有两种：一为水平排水的溢水口，一为水底集水坑排水。水平排水可保持池水有恒定的深度，当入水量超过溢水口时，水自会从排水口溢出。水底排水是为清理水池时用。为防止杂物流入而阻塞管道，溢水口和排水口宜设滤网。

图 2-5　天然石护壁

图 2-6　沉床式池壁

(二)静水的景

静水的景有两种类型。

一种是借水的清澈，透明造景。正如自然界五彩池的神奇景观一样，室内人工水池也可通过池底与池壁的处理而显现多种景色。当池底以材质和色彩的差异刻画出各种图形时，这些图形因水层而产生强彩度色彩突出，暗色彩下沉的特有效果，将纹样表现得淋漓尽致，给人以强烈的视觉感受。

图 2-7 为墨西哥一博物馆内庭，当室内不作聚会之用时，地面始终充盈着 3cm 深的水，在天光下淡淡地映出美丽的圆形图案，增加了空间的含蓄与深邃。

水池以卵石铺底是常见的一种形式，有时却也会产生令人意想不到的效果。彩图 41 威斯汀大酒店中庭水池，池底颗颗洁白的卵石和涌泉四周透明的“浮萍”，在灯光下透着一种自然与清新。

让法国印象派代表画家莫奈的作品“睡莲”静静地躺在池中薄薄的水面下，这是在日本京都陶板名画庭园入口见到的情景。静水与景——自然与展品的绝妙融合，让参观者深为感动。

另一种是借水面作为基底，托浮水中景观。常见有：

1. 水生植物

如在池中栽莲科植物或水葱、慈菇等挺水植物，水面衬托花、叶的姿色，增加水池生动的效果(见图 1-24)。

2. 观赏鱼

鱼游池水中“鱼乐人亦乐，水清心共清”。令人赏心悦目，陶冶性情。

3. 山石或盆栽

水中叠石，石增水秀、水媚石姿。彩图 38 北京中银大厦室内，七组来自云南的山石立于黑色大理石的池底上。光影因借组成一幅优美的画面。若池中立盆栽也能取得另一种景物交融的效果(图 2-8)。

4. 立体雕塑

雕塑自水面向上延伸，使空间穿插变化，景物与倒影虚实相生(图 2-9)。

图 2-7 墨西哥蒙特雷现代艺术博物馆内庭

图 2-8　美国新泽西卡利国际金融中心大厅池景

图 2-9　日本大阪安田生命大厦空间雕塑与水池

二、流水

流水是由于重力作用而形成的“水往低处流”的现象。如自然界的江河、溪流，多成带状。室内流水虽局限于槽沟之中，但仍能表现其潺潺流淌，波光敛艳之动态美。

(一)流水水源

“疏源之去由，察水之来历”，这是人们顺水寻踪的心理原由。流水水景常将流与源组织起来，水源也作为景的一部分淋漓尽致地表现水从源到流的生动过程。常见的室内水源形式有泉、瀑和喷水等。

日本横滨东户教育中心内庭中以“智慧泉”命名的水景。高处瀑布层层叠落涌入弯曲小溪，溪水缓缓流淌，忽隐忽现、忽宽忽窄，溪边绿丛环绕，光影变幻、充满了诗情画意(图 2-10)。

有些流水跨越楼层，那是另一番情景。如图 2-11 是某餐厅内流水景。餐厅二楼桌席间有一处挑出的落水口，一注清泉飘落在半圆形玻璃板上飞溅流入小溪，溪水由二楼沿着垂直玻璃面均匀泻下至一楼玻璃溪沟中，流水自室内一直延伸至入口处。

图 2-10　日本横滨东户教育中心内庭

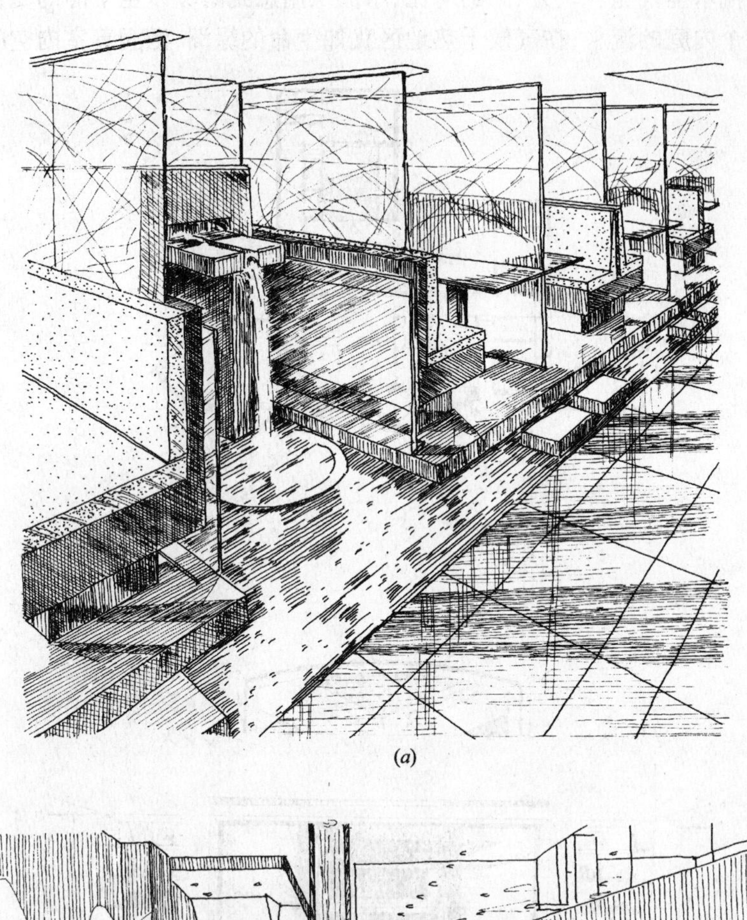

(*a*)

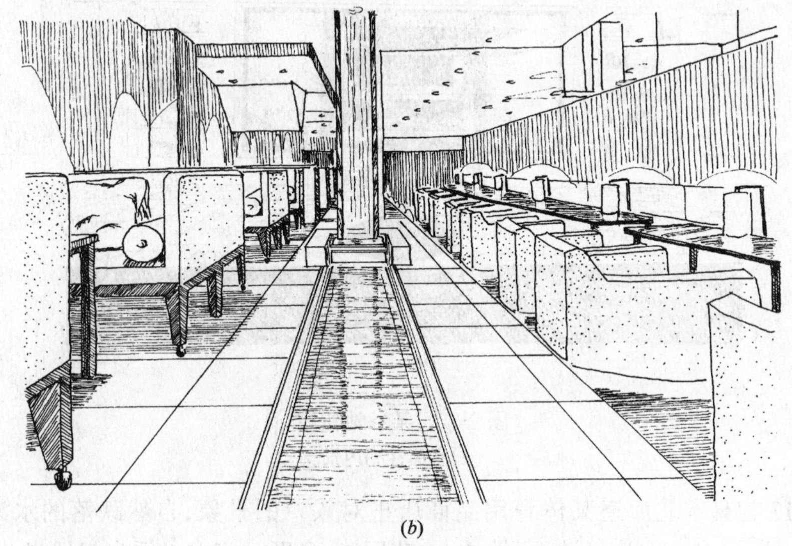

(*b*)

图 2-11　日本东京某餐厅流水景

(*a*)二楼水景;(*b*)一楼水景

(二)流水水态

流水形态多种多样,水态特征取决于水的流量、槽沟的大小、坡度和材质。一般说来,当槽沟的宽度和深度一定的情况下,坡度小(约 0.5%～1%)且材质光滑,则水流平稳;反之,水流较急。如果槽沟的宽度、深度富有变化,且沟底起伏、材质粗糙,则会阻碍水流畅通,产生跳跃或湍流。利用这些特性可造各种流水景。

美国亚利桑那州某谷地住宅,在其内庭的中轴线上设置一流水景观(图 2-12)。水从叠瀑经狭口流至成 45°的方形池内,后又化为涓涓细流注入明镜似的圆形水池。在石铺装地面上流水呈现宽、窄、方、圆的对比，水流从湍急到潺湲以至平静的变化过程。这一条贯穿整个内庭的流水，在气候干热地区犹如生命的绿洲，滋润着室内空间。

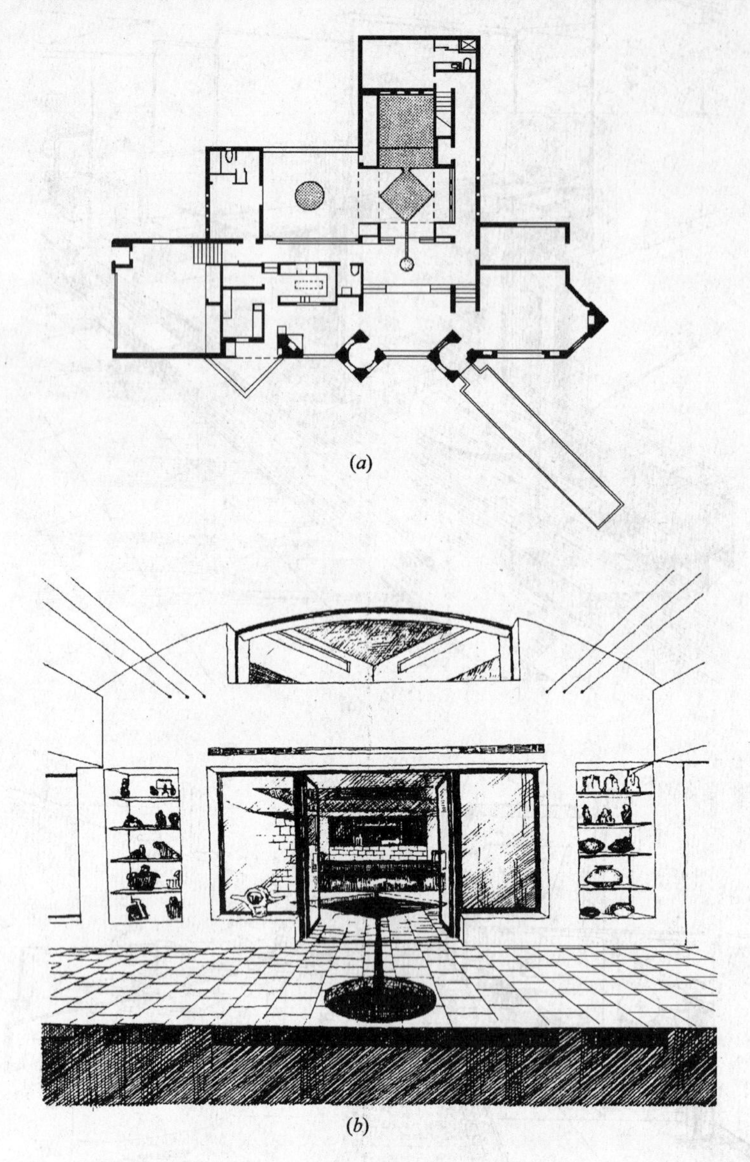

(a)

(b)

图 2-12　某谷地住宅

(a)平面;(b)内景

图 2-13 为日本北海道某体育用品商店正对入口的景象，自然跌落的水瀑注入小溪，穿越小桥、平台。水流经滩石、枯枝、水花回旋、雀跃。室内一派自然风光。

流水的一种独特形式即曲水流觞。它源于我国书法胜地兰亭。清代时，在北京中南海建流水音亭，亭内地面上建成石刻的流水槽，借飞泉下注，水流九曲贯通内外。现今室内常见的曲水景多为S形或Z形。图 2-14 是一餐厅内的水景。流水沿着螺旋形曲面而下，穿行于天然石上浅浅的弯曲水槽中。槽内立一小石，流水撞石产生跳跃，并发出悦耳的水声。也有用磨光的花岗石雕琢的曲水景则更显得精致而优美，曲水可经管口流入水槽再层层跌落。

图 2-13　日本某体育用品商店室内流水

图 2-14　餐厅内曲水景

第二节　落水与喷水

一、落水

流水从高处落下,通常称为流泉或瀑布。泉与瀑是按水量大小及其落差而区分的。一般说来,水流量大,从高处泻下的景观称为瀑,反之则称为泉。

(一)泉

一般指水量较小的线落、滴落的落水景观。由于人工造泉用水量少,在经济和技术上易于达到,所以运用十分普遍,种类也颇多。常见的有壁泉、叠泉、盂泉和雕刻泉。

壁泉:泉水从室内壁面隙口汩汩流出称为壁泉。壁面可采用天然石或人造石,可塑成岩壁也可加工成光洁平滑的表面,前者给人以自然天成的野趣,后者则给人以技术精湛的现代感。图 2-15 为某餐厅利用地下水循环作成的点状壁泉,深色光滑的人造石壁面,有序地排列着直径为 3cm 的黑竹泉水口,水滴淅淅沥沥而下。

图 2-15　日本名古屋某餐厅室内壁泉

叠泉:泉水分段跌落的形式称为叠泉。人工塑造的岩壁式叠泉多呈奇数,如三叠、五叠、七叠,底下有蓄聚水的泉潭。正如我们在一些园林内所常见(图 2-16)。而现代室内叠泉水景的造型则更具新意。图 2-18 为一餐厅内的叠水景。流泉通过水盘齿形口边如串珠般分层而下,非常雅致、动人。彩图 3 是泰国曼谷平克劳购物中心内庭,透明的圆盘高低错落地悬挂在天窗上,水沿着悬挂线流至浅锥状的圆盘内,再由盘底圆管有节奏地流出,晶莹剔透。

盂泉:用竹筒引出流水滴入水盂(又称水钵),再溢入池潭。这种水景构思源于自然乡野村落的生活用水。唐代诗人白居易曾有描述:"……以剖竹架空,引崖上泉,脉分线悬,自檐柱砌,垒垒如贯珠,霏微如雨露,滴沥飘洒,随风远去。"盂泉在日本式内庭较多见,显得格外古朴自然。图 2-17(*a*)是用毛竹两级叠落的盂泉,水盂采用天然山石形状。图 2-17(*b*)中的盂泉与水中石灯笼相映成趣。

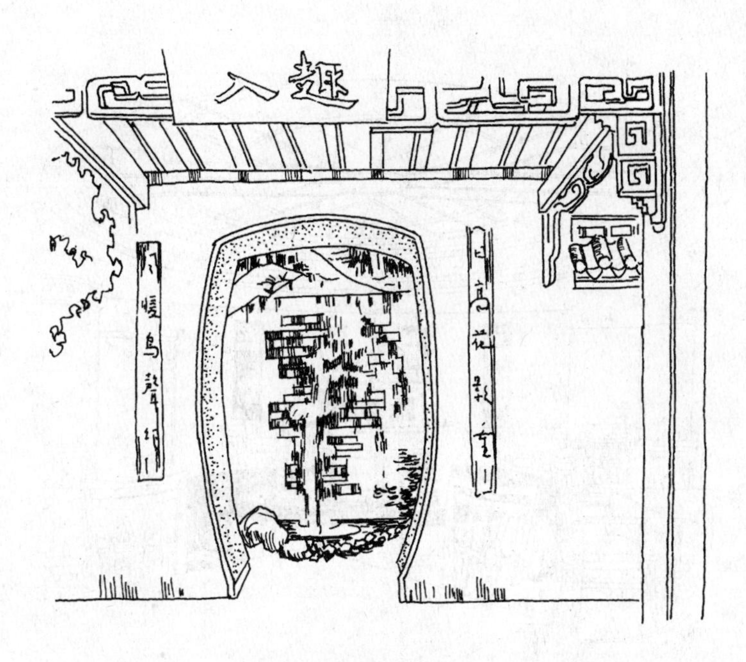

图 2-16　三叠泉

图 2-17　盂泉

(*a*)叠落盂泉;(*b*)盂泉与石灯笼

图 2-18 叠水景

雕刻泉：用雕刻来装饰泉口，使泉景更生活化、戏剧化。图 2-19 中的雕刻泉是由安格尔创作的《泉》这幅作品演化而来。站立着的姑娘手托水罐，水从罐口洒流而下，一孩童正伸手戏水。形象栩栩如生，富有情趣。

(二)瀑

自然界的瀑布多是从悬岩或陡坡直泻而下的落水景观，"飞流直下三千尺，疑是银河落九天"，就是这种磅礴气势的写照。人工造景的室内瀑布则是将水引入位于一定高度的蓄水槽内形成隐藏的源头，使水从该处落下形成似带、似布、似帘的水景。瀑布按其状态大致可分为自由落瀑布、幕布式瀑布、阶梯式瀑布。

1. 自由落瀑布

图 2-19 雕刻泉

这种瀑布的构思灵感来自大自然。自然界的瀑布模式一般说来，远处有群山作背景，上游有积聚的水源，有瀑布口、瀑身，下面有深水潭及溪流。人工仿造自然基本上按这一模式，将水引至叠山高处，瀑布口不设于山之顶，而让左右两侧山石稍高于水口出水面，且水口常以岩石和树木加以隐蔽，造成水流从神秘源头涌出的表象。水自上而下流经岩石形成水瀑，若间有斜坡或岩面凹凸，则水量大时形成激流冲击水花四溅；水量小时细流淙淙水声潺潺。自由落瀑布有瀑面高大于宽（一般以6:1为佳）的垂直瀑布和瀑面高小于宽（一般以1:2或2:3为佳）的水平瀑布。瀑前的池潭宜保证一定的宽度和深度，以防止落水时水花向外四溅。图2-20是高达六七米的假山瀑布，两旁悬葛垂萝，有着浓郁的植物生境，与洞、亭、石蹬道等构成了一个"故乡水"水景，颇具深意。

2．幕布式瀑布

与自由落瀑布模拟自然模式不同，幕布式瀑布所依附的常常是建筑的墙体与构件。如在某些墙体或构件顶部设蓄水槽，水经水槽出水口泻下，形成一自上而下挂落的连续水幕。水幕有悬壁而下的离落；沿壁而下的滑落和悬空泻下的水帘。影响水幕景观的因素，一是出水口；二是水幕壁面；三是落水接触面。

出水口：出水口位置是决定水幕离落或是滑落的关键。当出水口挑出壁面，且水流具有一定冲力时，水幕呈离落状态；当出水口紧贴壁面，且水流平缓，则水幕呈滑落状态。采用磨光花岗石或青铜、不锈钢等光滑材料制作的出水口，产生的水幕完整无皱，特别适用于较薄的水层（如仅6mm左右），以保证水幕宛如薄纱。粗糙的出水口适用于稍厚的水幕，流水集中于某些凹点上产生水花翻滚的水景。

壁面：除悬空落下的水帘外，壁面是水幕的背景和依托。水幕因壁面材质、纹理、色彩各异而呈现出万姿千态。对滑落式瀑布而言，水态与壁面的关系尤为直接。当壁面为粗质纹理时，瀑布顺着凹凸表面起伏跳跃、光影斑驳，见图2-21。如果瀑布沿着平整的表面滑落时，则产生粼粼细波，映出壁面的色彩与纹理。新加坡千年步道斜墙面上的瀑布水景正是采用了交错着玻璃和有深深刻痕的花岗石壁面，使水幕沿墙泻下时产生了变化截然不同的质感效果，一种是纤巧平滑，一种是粗犷有力。

落水接触面：水幕落下时所接触的表面影响着水花的形态和声响，如果落下的水撞击在坚硬的表面，如岩石和混凝土，便会泼溅扬起水花，同时产生较大的水声，若落下的水接触的是水面，则水花融入水中，声音小而清脆。

3．台阶式瀑布

也称流水台阶。即在水的起落高差中设置一些水平面，使流水产生短暂的停留和间隔，叠落而下，因此比一般瀑布更富有层次和变化。台阶式瀑布可通过调整水的流量、跌落的高度和承水面的宽度而创造出不同情趣的水景效果。

图2-22是日本横滨某商业中心室内瀑布，在楼梯一侧设置了顺梯级方向的台阶式瀑布和马槽式出水口的离落瀑带，极为生动。如果台阶式瀑布的水平承水面做成有弧状顶缘的浅水槽，则水流便呈现为水满漫溢层层叠落的景象（图2-23、2-24），非常动人。

构架式台阶瀑布是一种新颖的水景，高约十余米的构架由长长短短、层层叠叠水槽组成，水自上而下流入各级水槽，最后注入地面的圆形水池内，奇趣横生颇具特色（图2-25）。

除了以上几种瀑布形式外，还有各种结合雨水的瀑布水景。荷兰乌得勒支某大学教学楼一层的中央大厅内有一个宽为10m长为50m的大池塘。下雨时，雨水带着很大的声响瀑落而下，在倾斜的底面上形成潮汐般的效果。平时，收集在池塘里的雨水，白天抽送到大楼各处吸收掉多余热量；夜晚水又被抽到屋顶自然冷却，成为大楼的冷却机。

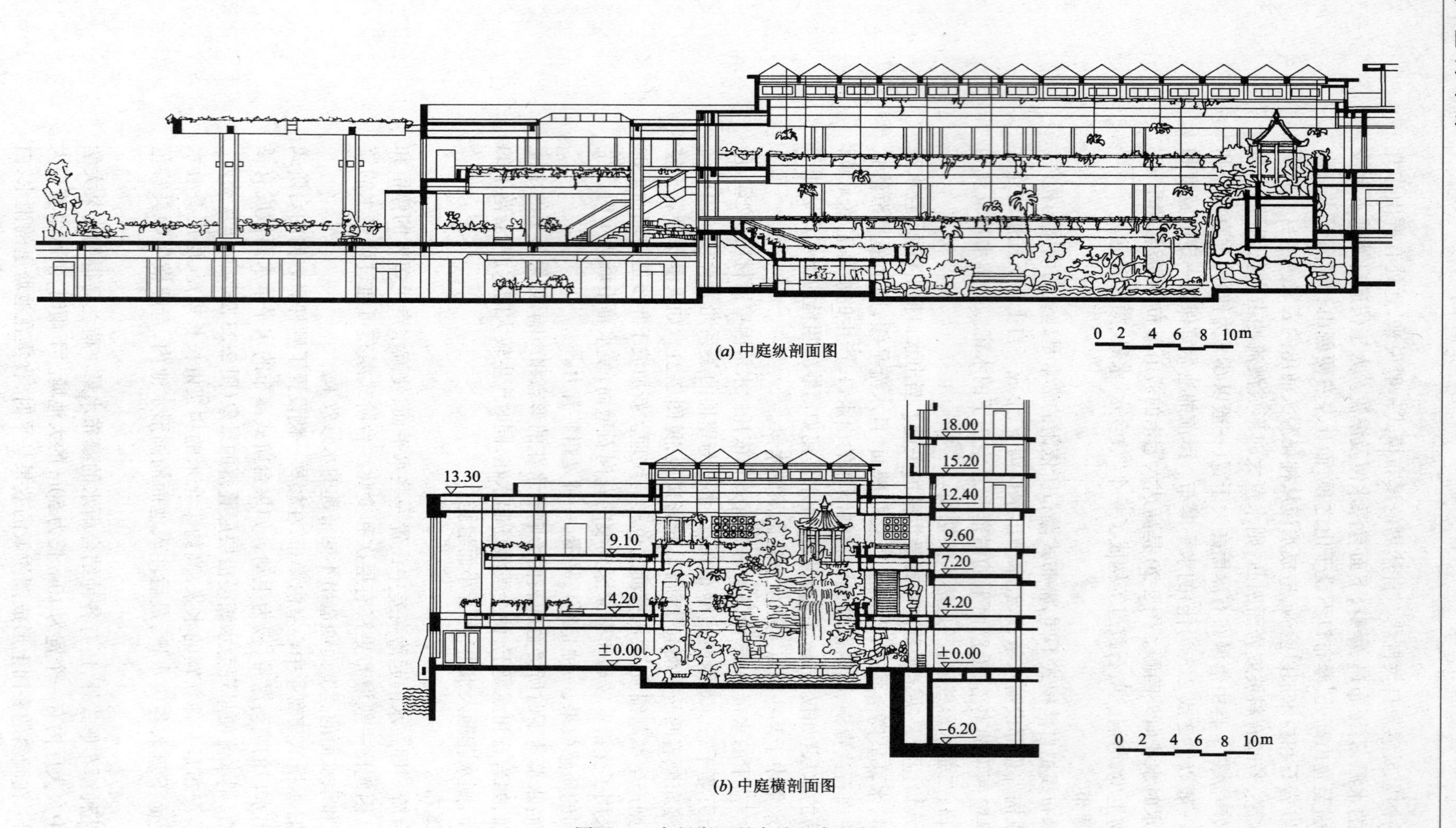

(*a*) 中庭纵剖面图

(*b*) 中庭横剖面图

图 2-20　广州白天鹅宾馆室内瀑布

图 2-21　日本大阪安田生命大厦室内瀑布

图 2-22　日本横滨某商业中心内叠瀑

图 2-23　四季大酒店室内水景

图 2-24　亚细亚餐厅室内水景

二、喷水

喷水通常称为喷泉，是利用压力让水自喷嘴喷向空中后落下形成的水景。

(一)喷头与水姿

喷头是影响喷泉水姿艺术效果的主要因素，喷头的种类很多，图 2-26 中所列是一些常用的喷头。

图 2-25　香港中艺公园室内木架叠水

单射流喷头：也称直流喷头，这是一种最简单的喷头，水通过单管喷头喷出，有着简洁的水流。单射流喷头有固定式和可调式两种。可调式单射流喷头可在垂直和水平方向自由调节角度，加上水压变化，可组成各种高低、角度不同的喷射效果。它也是自控喷泉必选的喷头。

环形喷头：喷头的出水口为环形断面，它能使水形成外实中空、集中而不分散的环形水柱，气势粗犷。

喷雾喷头：这种喷头的内部有一螺旋形导水板，能使水进行圆周运动。因此，当旋转的水流由顶部小孔喷出时，迅速散开弥漫成雾状水滴。喷雾泉水姿较细腻，看起来闪亮而虚幻。

旋转型喷头：喷头的出水口有一定的角度。当压力水流喷出时，靠水的反推力使喷头不断地旋转，水花婀娜多姿。

平面喷头：喷洒面积及角度可通过对阀门及球形接头的调节而获得。扇形喷头也属这一类，其喷头外形像扁扁的鸭嘴，喷出水花像孔雀开屏一样美丽。

多头喷头：由多个可调小直流喷头组成，内装水压调节分水圈，通过水压变化，可改变喷射高度及范围。

半球形喷头：喷头的出水口前面有一个可调节的形状各异的反射器，当水流通过反射器时，起水花造型作用，从而形成各式各样的水姿。

吸力喷头：此种喷头是利用压力水从喷头喷出时，在喷嘴的出水口附近形成负压区，而将空气和水吸入喷嘴外的套筒内与喷嘴内喷出的水混合一并喷出。因为混入大量细小的空气泡，形成乳白色不透明水柱，能充分反射光线，在彩色灯光照明下显得光彩夺目。吸力喷头又可分为吸水喷头、吸气喷头、吸水加气喷头等。

玻光喷头：也称透明喷水喷头，喷出的水柱整流而不发散，一般水柱直径约 10mm，呈抛物线状，喷射距离能达 3～4m。水柱的根部设光纤照明以加强水景的艺术造型(彩图 2)。

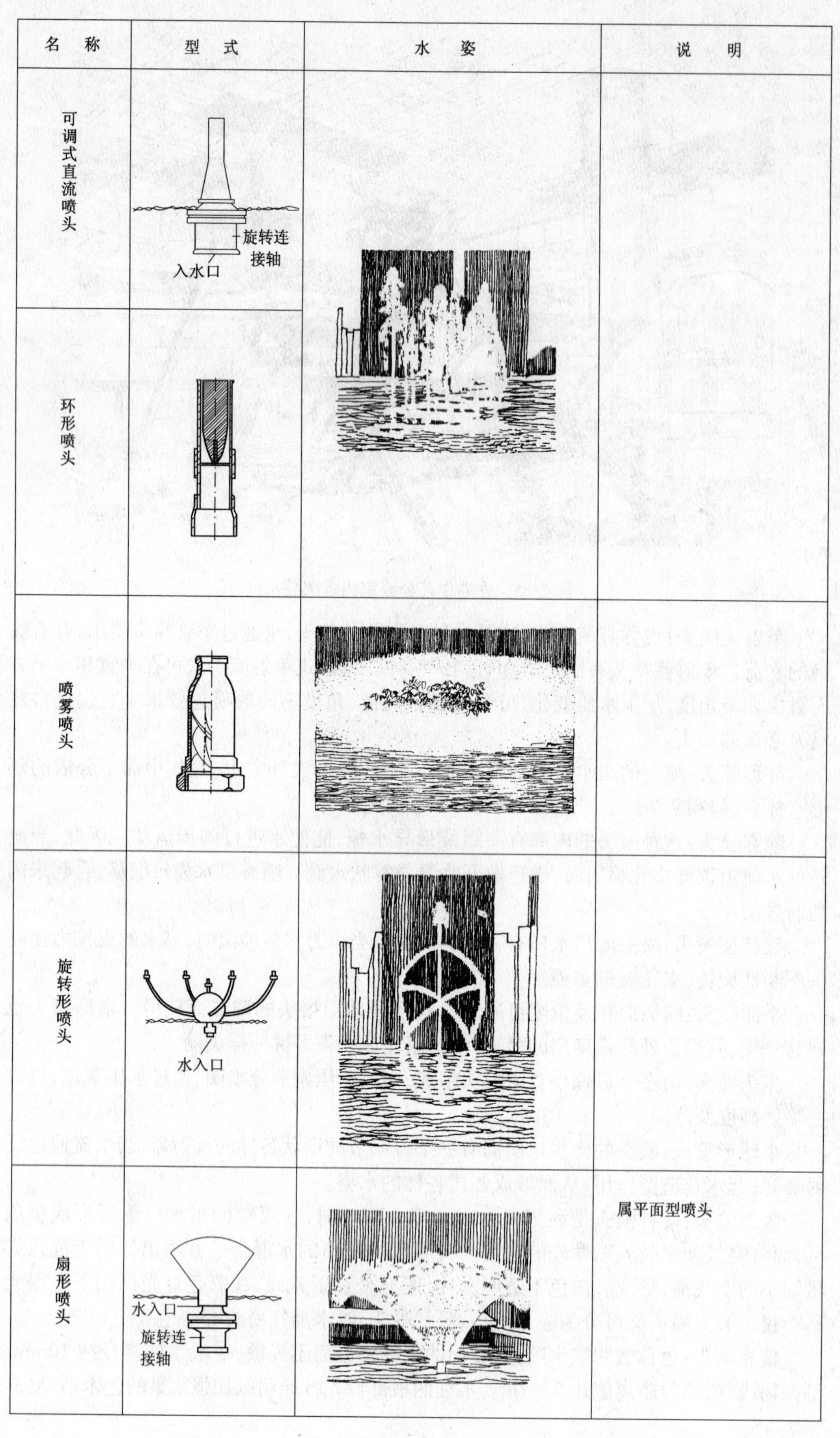

名称	型式	水姿	说明
可调式直流喷头	旋转连接轴 入水口		
环形喷头			
喷雾喷头			
旋转形喷头	水入口		
扇形喷头	水入口 旋转连接轴		属平面型喷头

图 2-26 喷头与水姿(一)

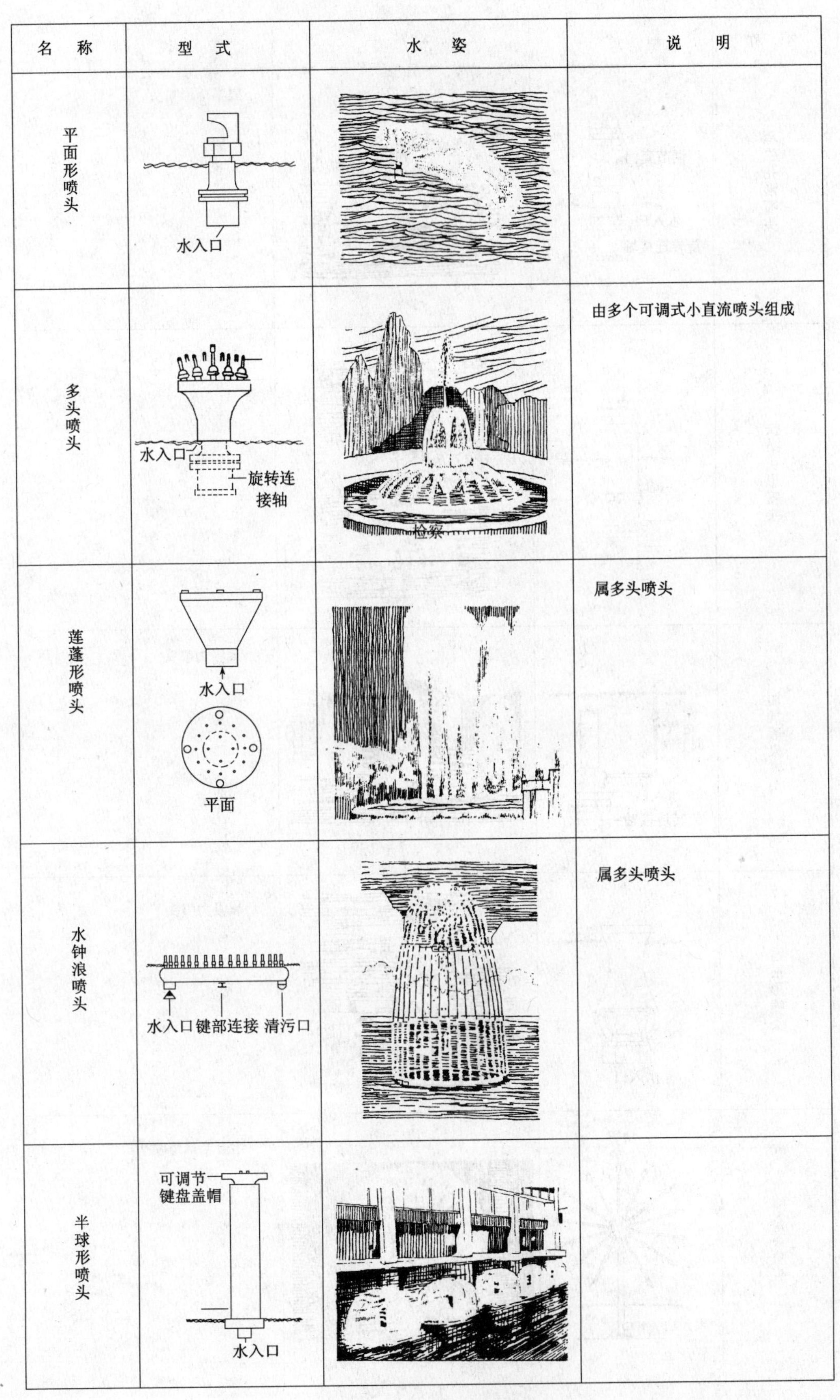

名　称	型　式	水　姿	说　　明
平面形喷头	水入口		
多头喷头	水入口 旋转连接轴		由多个可调式小直流喷头组成
莲蓬形喷头	水入口 平面		属多头喷头
水钟浪喷头	水入口 键部连接 清污口		属多头喷头
半球形喷头	可调节键盘盖帽 水入口		

图 2-26　喷头与水姿(二)

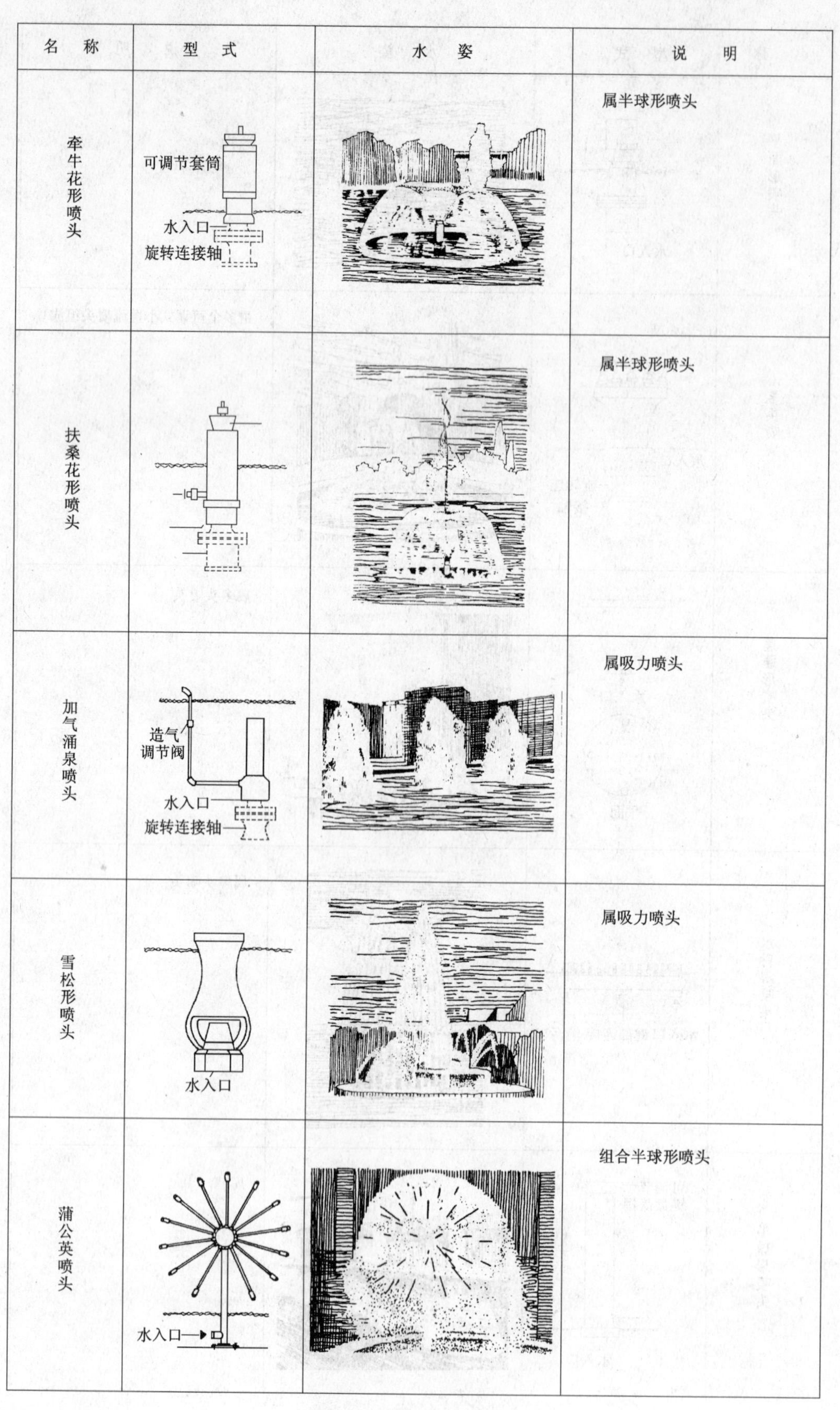
名称
型式
水姿
说明
牵牛花形喷头
可调节套筒
水入口
旋转连接轴
属半球形喷头
扶桑花形喷头
属半球形喷头
加气涌泉喷头
造气
调节阀
水入口
旋转连接轴
属吸力喷头
雪松形喷头
水入口
属吸力喷头
蒲公英喷头
水入口
组合半球形喷头

图2-26 喷头与水姿(三)

(二)喷泉类型

喷泉因喷头形式、水流大小、水压高低及其组合变化而产生姿态各异、形式多样的水景。室内喷泉大致分为以下几类：

1. 普通装饰性喷泉

它是由各种水姿的喷头单独设置或组合设置形成美丽花型图案的喷泉，是运用较多的一种类型。

单独设置的喷头，往往要求有独特美丽的水姿。多数情况下采用组合设置。

同一种类型喷头组合的水景：如将单射流喷头列阵式布置，这种组合产生极强的韵律感（图 2-27）；如将单射流喷头相向喷水，可形成美丽的几何形水景（图 2-28）。

不同类型喷头组合的水景：将两种或两种以上类型的喷头，主次分明按一定规律排列，可组成各种花样喷泉。图 2-29 中间为吸力喷头产生的松柏形水姿，四周为向心布置的单射流喷水。

将喷泉与壁面组合的水景：这种壁面多是具有特色的墙面和壁雕，水流直喷其上，喷射的水花和壁面相映成趣(图 2-30)。

喷泉与落水、静水结合的水景：动静相随使水景更丰富多姿。图 2-31 的喷雾泉虚幻闪亮，水花层层溢落至雕塑池中。

图 2-27　单射流组合喷泉之一

图 2-28 单射流组合喷泉之二

图 2-29 某商场内喷泉

图 2-30　面壁喷泉

图 2-31　喷雾泉与溢落水景

2. 雕塑喷泉

喷水口与雕塑相结合的喷泉,装饰性强。即使当喷水停止时仍有较好的艺术形象。

图 2-32 喷水池中心花苞状的喷水口与顶上灯具及室内环境相呼应,别具情趣。

图 2-33 为儿童戏水池,水从透明的圆柱体向外喷射,富有童趣。

适应于商场内大空间的雕塑喷泉,往往体量较大,且同时兼顾喷水或停喷水时都有较佳景观。图 2-34 为香港某商场内喷泉,它是用四根不锈钢柱支撑着一个圆形钢环,由环上的细孔喷出圆形水环,而四根钢柱上的一列泉孔又向下喷出十字形水纹,中心是一单射流喷水冲出圆环之上,形成一个由外向内、中心向上的花样喷水,成为空间的焦点。另一在芬兰购物中心内的喷泉,是将喷水口与帆形的板状雕塑相结合,成为梯侧休息空间的背景(图 2-35)。

3. 程控喷泉

利用电脑按设计的程序控制水、光、声、色形成变化的景观效果。

按时间程序控制的喷泉犹如自然界的间歇泉,可定时喷、高喷、低喷及停喷,以达到奇妙的水景效果。现今流行的时钟喷泉就是用电脑控制时间,涌出泉水而成。

按声音控制的喷泉则如自然界的喊泉,让观赏者有一种参与的乐趣。

现今常见的音乐喷泉是声、光、色、形俱美的水景。喷出的水花伴随着音乐的旋律和色彩缤纷的灯光翩翩起舞,就像舞台表演艺术,时而倩影摇曳,时而轻盈曼舞,时而欢跳雀跃,时而激越奔放,令人陶醉。

图 2-32 室内雕塑喷泉之一

图 2-33　室内雕塑喷泉之二

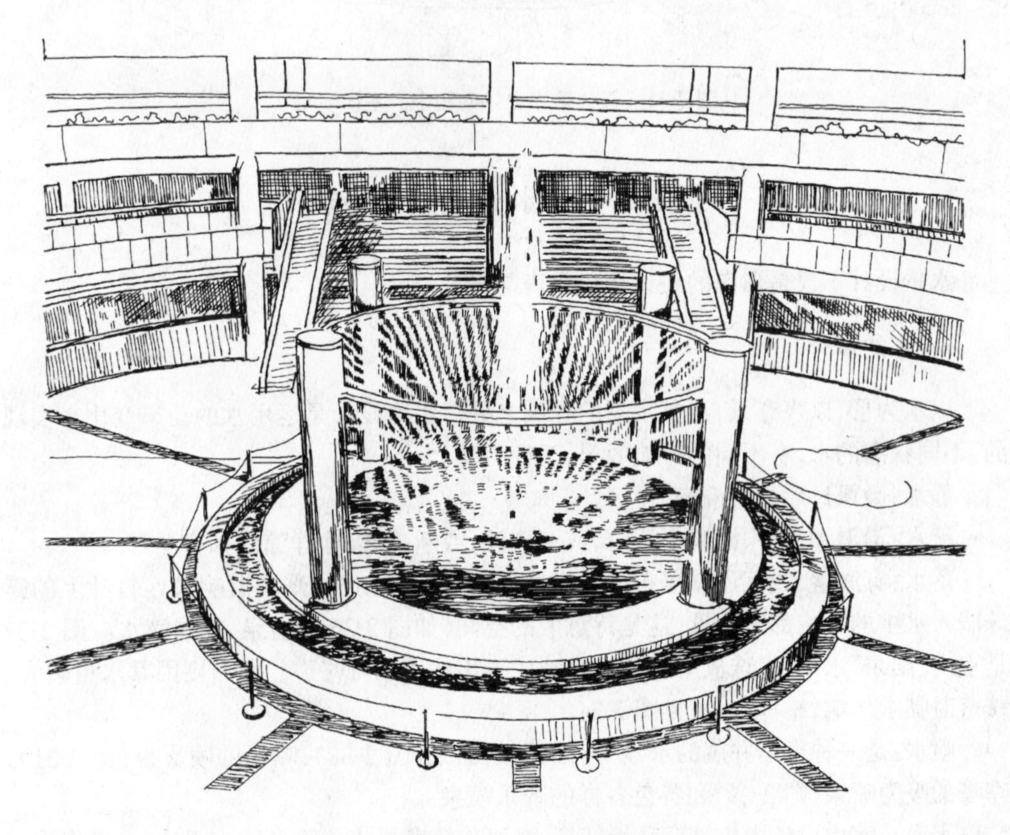

图 2-34　香港沙田新城市广场室内喷泉

图 2-35 芬兰蒂库立拉购物中心室内喷泉

第三节 水景的声与光

水景设计不仅是形态的设计还包含声与光的设计。

一、水的声

以水为形，以声夺景，这是水景的独到之处。水声设计是运用水的动态变化来实现的，不同状态的水，有不同的声响效果，千变万化。

静水：微风过后的涟漪声。

流水：涓涓细流声、潺潺溪流声，或清或浊、或断或续、琤琤淙淙如奏琴瑟。

落水：有滴落、线落还有瀑布。唐代诗人王维的诗句“竹露滴清响”，连竹叶上的露珠滴入水中的声响都能听见，这是诗意般的空间，如图 2-36 的盂泉，细漏滴水。图 2-37 是室内“雨泉”水景，水珠成串滴落在水池中奏出优美的叮咚声。瀑布则因其水量较大，跌落时哗啦作响，雄浑奔放，见图 2-21。

喷水：是一种声形并茂的水景。有汩汩的涌泉(图 2-38)；嘶嘶的喷雾泉(图 2-31)；哗哗的吸力喷泉(图 2-29)和各色各样的音乐喷泉。

水声在室内设计中应结合环境特征，既可作为背景声来降低噪声干扰；也可作为有意义的前景声和标志声烘托气氛；还可作为场景演出。如图 2-39 当餐厅内灯光渐渐转暗时，只见一束强光照射下的圆形出水口中，瀑落的水喷涌而下，水声磅礴。流水奔腾跳跃在一条长 20m 宽约 5m 用金属网板覆盖的水道上，渐趋平静。整个演出过程历时

3分钟，给人们带来戏剧性的感受。

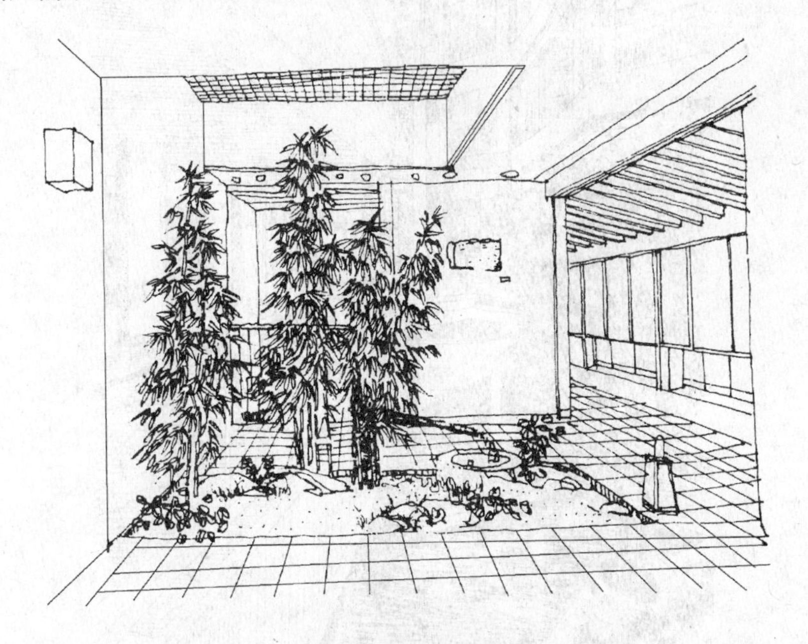

图2-36　盂泉细漏滴水

图2-37　日本大阪HOOP商业中心中庭“雨泉”

图 2-38 日本横滨阪急购物中心内庭水景

图 2-39 日本横滨某餐厅水景

二、水的光影

水的光影是由于水同时具有透光性和反光性而产生的一种特殊性质的艺术，如水的倒影、水的波光、水的波光的反射以及水借光造型。

1. 水的倒影

水的倒影是因为水对光的反射而致的光学成像。当水面、景物、视点三者在恰当位置时，人们就能看到如镜般的水面中周围景物的倒影如图 2-40 所表示。景物与倒影上下交映，增加了景深，扩大了空间感。彩图 1 是印度杰普尔艺术中心的水庭院。一池碧水中光影交织的倒影，动静相随，步移景异。图 2-41 是某综合体内庭水池，采光顶的倒影衬托着水面玻雕，构成一幅神奇的画面。

2. 水的波光

水的倒影主要对静态水面而言，而水的波光则多产生于动态的水景。

池面微风过后涟漪细波的光影变化；流水瞬息万变的粼粼波光；喷水的晶莹剔透和水光荡漾。水的波光千变万化、奇异有趣，见彩图 7～10。

当水的波光映射在顶棚和墙面时，更具有闪亮的装饰效果。

3. 水借光造型

借光造型除运用自然光外，多辅以灯光来突出各种水景的优美形态。灯光可以改变来自上方的自然光照射模式。采用侧向、逆向照射，塑造崭新的水景景观。如在池内一侧或池底设彩灯，增加水面的夜色；或将灯设在喷泉出水口和下落点附近，使水珠格外明亮剔透、水姿格外动人。

图 2-42 是地下商业街内的装饰性喷水。顶棚上六股细长水射流组成的喷水，分别由白炽灯和包含八种不同颜色的 PAR 灯照亮，产生绚丽变幻的生动效果。

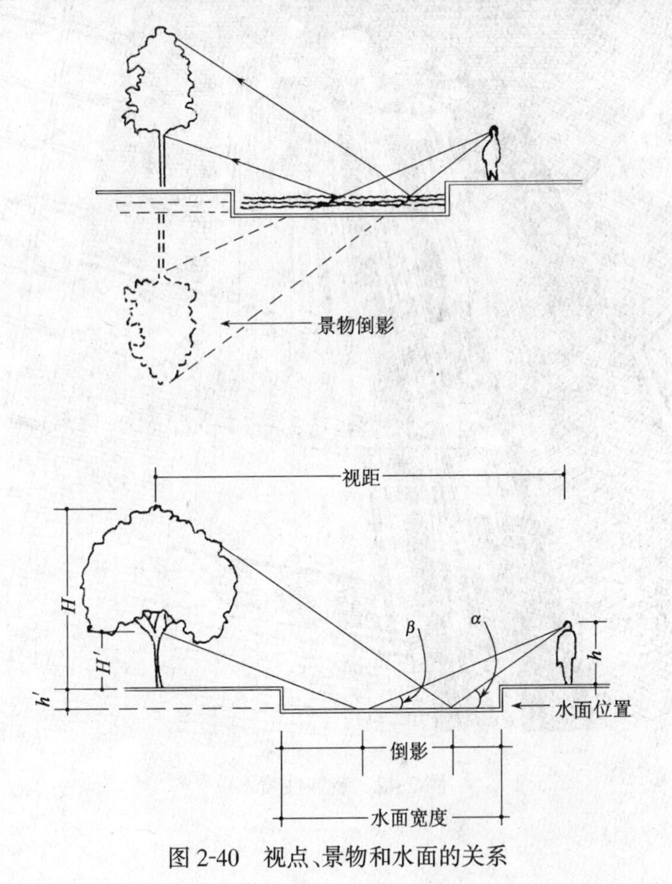

图 2-40　视点、景物和水面的关系

图 2-41　日本福冈博多综合体内庭

图 2-42　装饰性喷水

第四节　水景的氛围

水景的形、光、声不是孤立的因素，而是融为一体来渲染和烘托空间的气氛与情调。

一、加强空间气氛

室内空间因其性质不同，反映出不同的品格和气氛，有的安静、有的热烈；有的含蓄、有的奔放。选择恰当的水景，有助于加强这种气氛。

图2-43为公司办公空间内小桥、溪水、天光、云影及散落的咖啡座。让人感受空间的静谧与舒适。而图2-44博彩城室内水景则是另一番景象。从中间的细声微澜到周边激越的漩涡水浪，中央圆形"小岛"向上喷出的水柱与波浪的水平运动，水态的强烈对比激起人们惊喜与欢快。

室内空间因地域和时代而不同，水景也应与之适应而特色各异。

中国传统水景，突出与中国的绘画艺术为缘，崇尚自然天成之趣和表现出参差天然之美。

欧洲水景，以泉、瀑这种动态水景作为造景的主要手法是其特点之一；水景与雕塑结合是其另一特点，雕塑艺术的辉煌成就使两者的结合具有极强的艺术魅力并充满生活情趣。

日本水景，受茶道和宗教影响，发展出自己的特点，或是以池泉为中心的池泉园，或是旱庭水意的"枯山水"。

伊斯兰水景，因受伊斯兰文化发祥地水资源匮乏的影响，视水为生命之源泉，惜水是它的水景特点，细小的用水方式、少动多静、图案化的设计，具有很强的装饰性。如沙特阿拉伯外交部大厦，三角形的内庭联系着办公室之间"街"一样的廊道。在内庭中心设置了具有伊斯兰特色的水景，那细小的喷水从水盘满溢至圆形的浅水池中。除了给予视觉上的美感外，更注入了某种象征意义(图2-45)。

图2-43　美国福兰克林某信托投资公司室内小溪

图 2-44　新加坡博彩城室内水景

图 2-45　沙特阿拉伯外交部大厦内庭

二、带出空间情调

水景的景色特点能暗示和带出空间某种情调。

图 2-46 是一酒店的休息空间。旋转 45°方向的方形水池位于中央花坛之中，红色豹纹竹芋、绿色万年青及蕨类植物衬托出一池清莹碧水。池中间为一支半球形喷头，牵牛花形喷水薄而透亮，极其优美。池面水纹涟漪、波光粼粼、水声轻微，带出空间的柔美和幽雅。在泰国珠宝贸易中心的内庭，天窗上悬挂着一组金银饰面的中空杆件构架。从每个杆件末端有节奏地喷射出串珠般水流。水帘变幻着水姿、泛着闪光，从四楼飘飘洒洒、轻轻地滴落在水池中。水景带出空间的高贵和典雅。

图 2-46　某休息空间水景

三、表现空间主题

运用水景贴切地表现空间主题。

日本大阪全长 800m 的彩虹地下商业街，即是以水景特色点题、命名的。商业街共有五个广场：爱的广场、镜的广场、光的广场、绿的广场和水的广场。“爱的广场”两旁壁面上装饰着 18 块浮雕，人间亲情温暖尽在其中。“镜的广场”中壁面和柱子用镜面铺贴，映照出四周的人群和景物，充满生气活力。“光的广场”是大阪上空星光灿烂的再现，1600 只照明灯灯光闪烁在广场中央的水池和顶棚之间，创造了光的幻想曲。“绿的广场”是一个小型城市公园。“水的广场”有 2000 个喷嘴形成的水幕，通过灯光照射反映出美丽的人工彩虹，成为彩虹地下街的标志。

在农家菜餐厅内以水车作为水景。水车滚动，叶片带出水花飞溅，加之壁面的农具装饰表现了“农家乐”的主题。而另一餐厅以粉墙叠嵌太湖石假山，流水下是卵石叠砌的曲线形水池。池水清澈见底，池中有鱼，池边种植翠竹。室内陈设了斗笠、蓑衣、渔篓、渔网，点出了“渔赋”这一空间主题。

古人有“水令人远”之说。历来以水喻志，以水言情是人们表达思想感情的一种方式。广州白天鹅宾馆内庭水景——故乡水就是寓情于景表达游子思乡之情。而澳门新竹苑中庭的塑石流泉及山石上擘窠大字“归”则表达了澳门回归祖国——魂系梦萦的赤子之心，见图 2-47。

图 2-47　澳门新竹苑“归”水景

第三章　室内山石

山石以自然物所独具的意想不到的形状、色泽、纹理与质感,成为室内绿化的构景要素之一。古人云“庭园无石不奇,无花木则无生气。”“山之体,石为骨,树木为衣,草为毛发,水为血脉……”都说明了山石在构景中的地位及与水体、树木相互搭配使之达到有机统一的关系。

叠山置石在中国有悠久的历史,且独具匠法。我国明代著名造园理论著作——《园冶》中即有记载。《园冶》的作者是一位文人又是一位画家,因而书中所述的山石造景,表露出文人情趣和山水画的影响,可用诗情画意来概括。

现代室内山石造景,除借鉴我国优秀传统外,有着更为宽广的思路。

可以是大自然山石景观的艺术摹写。它源于自然,又高于自然,是人工美与自然美的高度结合。

也可以是大自然山石景观的科学摹写。如反映山石成因的某种特质,寓知识性于景观之中。

无论是山石造景的构思,或是山石造景的形式,都可不拘一格,多种多样。

第一节　山石的品种

选用山石构景,首先要了解各种山石的性质和特点。

山石按其成分和成因分成两大类:自然生成的山石和人工合成的山石。

一、自然生成的山石

大自然为人们提供了种类繁多的山石。要知道这些山石的由来,有必要概括了解岩石的成因。

岩石(地质学称石头为岩石,园林学用石头叠假山,常称山石)是地球外壳或简称地壳的组成部分,地壳深处高温的岩浆只有向地壳浅处位移或冲出地面,才会冷凝成岩石。

世界万物无不处于发展变化之中。地壳一直在运动,只是大部分运动非常缓慢,肉眼无法观察到而已,我们见到的各种静态的山山水水等地质现象,只能说是地壳运动长期变化过程中的一个短暂的片段。

自然岩石根据其成因可分为三大类别:

由岩浆活动所形成的岩浆岩(又名火成岩);

由外力作用所形成的沉积岩;

由变质作用所形成的变质岩。

(一)岩浆岩(火成岩)

岩浆岩是地下深处的岩浆侵入地壳或喷出地壳冷凝而成的岩石,有侵入岩与喷出岩两类。如常用的花岗石,即岩浆侵入地壳后形成的。岩浆喷出地表,冷凝而成为喷出岩,如玄武岩和安山岩等。

(二)沉积岩

沉积岩是指位于地表与地表下不太深的地方,在常温常压情况下,由沉积物质(剥蚀的岩石和动植物遗体)经过一系列地质作用沉积成岩。沉积岩虽然只占地壳总体积的5%,而分布面积极广,占全球大陆面积的75%,其中黏土岩(泥质岩)分布最广,其次是砂岩和石灰岩。

(三)变质岩

变质岩是岩浆岩或沉积岩发生变质而成,引起变质作用的因素,主要来自地球内部,如温度、压力或一些流体的作用,使岩石成分、结构、构造发生变化,变成一种新的岩石类别。如常用的大理石属于变质岩。

以上介绍了岩浆岩、沉积岩、变质岩的成因。各种山石不外乎这三大岩石中的一种。

常用山石品种如图3-1所示。

1. 湖石

也称太湖石,盛产于太湖一带而得名。湖石富含石灰质,属于石灰岩类,岩石中的石灰质由于水的溶解作用,蚀面凹凸多变,甚至剔透穿孔。颜色有灰、灰白、灰黑等色,质地坚硬,不吸水分。

主要产地在苏南、浙西、皖南、桂北、滇东、鲁南等。以苏州吴县太湖中洞庭山所产最佳,湖石是中国古典园林常用山石,也是室内绿化中常用的石材。

2. 房石

也称房山石,房山位于北京西南部,属北京市。历史上以产优质石材而得名,特产汉白玉(大理岩,属于变质岩类),其蚀面比湖石凹凸浅,外形比湖石浑厚。

3. 英石

是沉积岩类中的石灰岩,蚀面细碎,凹凸变化多,以形状玲珑为特点。英石中之一种,颜色淡青、淡灰黑或淡绿色,敲之有声,可叠造小景;另一种色白,石质坚而润,形多棱角,略透明,面上有光,小块可置于几案品玩。英石产于广东英德。

4. 黄石

是沉积岩类中的一种,属于砂岩。砂岩是具有砂状结构的岩石,碎屑成分主要是石英、胶结物为碳酸钙($CaCO_3$)和二氧化硅(SiO_2)等成分。硬度较高,外形浑厚端方,具纹理及多种色彩,有紫红、灰白、灰绿色、灰黑色、灰红色等,常见的为灰红色。长江下游一带,常州、苏州、镇江一带均有出产。

5. 青石

是沉积岩类中砂岩的一种,这种岩石有明显的平行节理,用作山石的青石常呈棱状,因此又名剑石。硬度中上,颜色以灰青色、灰绿色为多见,产地主要在北京一带。

6. 宣石

是变质岩中的石英岩,常由沉积岩中石英砂岩变质而成,这是一种孔隙少,质地坚硬的岩石。纯粹的石英变质岩颜色洁白,表面凹凸变化少,常呈块状,因产地安徽宣城而得名。宣石愈旧愈白,像"雪山"一样。有一种宣石似马牙状,叫马牙宣石,可小块陈设。

7. 斧劈石

是变质岩类中之一种,属于板岩。板岩常由泥质或粉砂质岩石浅变质而成。板岩均匀致密,敲之发清脆响声,有明显的平行成行的板状构造。斧劈石硬度一般不大。产地分布广,以北京、陕南、鄂西、晋北、鲁中、赣南、皖南、苏南、辽东、吉林等地为主。

8. 石笋

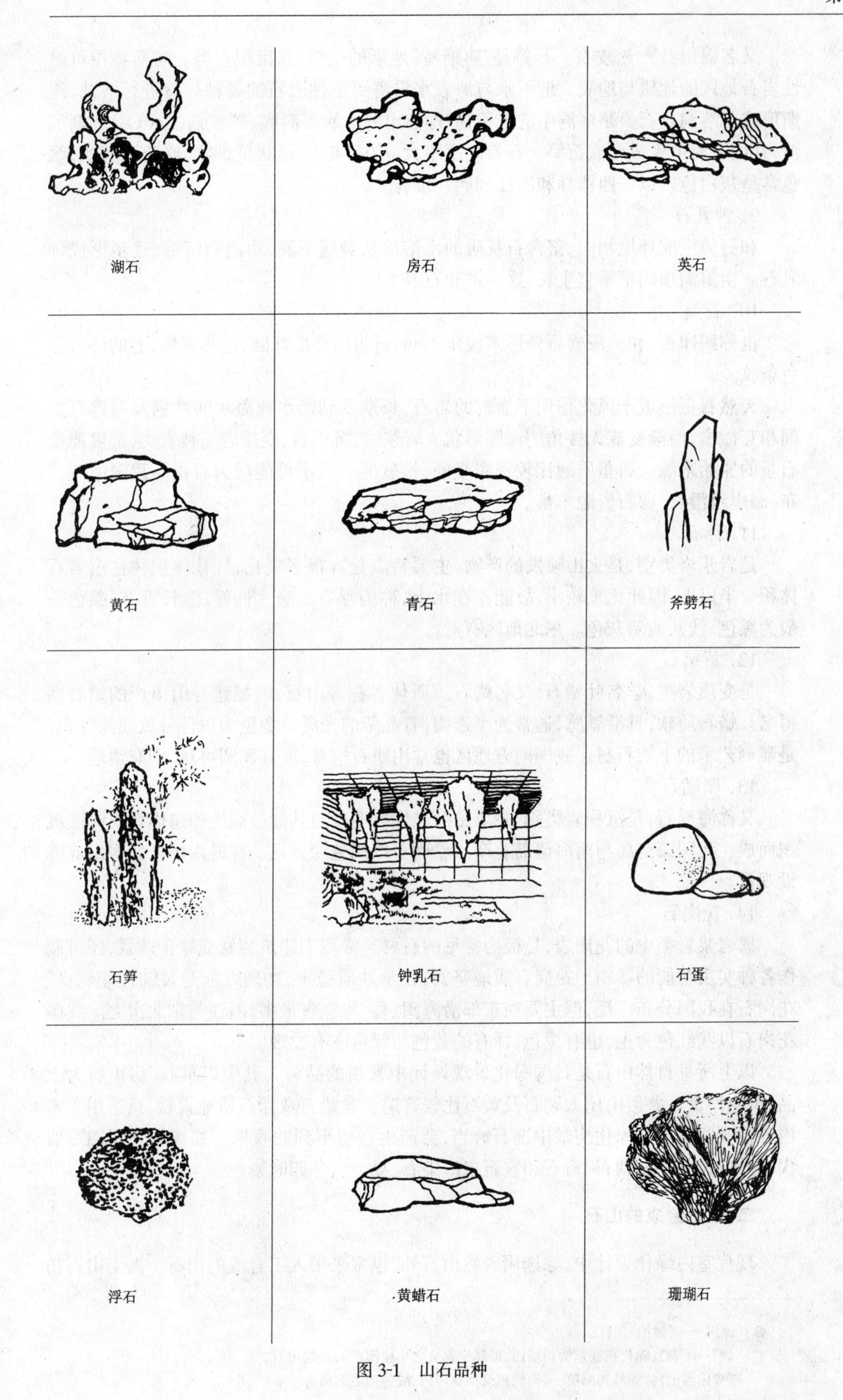

图 3-1　山石品种

又名锦川石[1]松皮石。石笋是“喀斯特”地形的产物，属沉积岩类。喀斯特指可溶性岩石地区的地质与地貌。地下水与地表水沿着可溶性岩石的各种裂缝进行溶蚀，逐渐形成了溶洞。石笋是溶洞中的沉积物，即渗出的水滴落洞底，碳酸钙($CaCO_3$)逐渐沉淀，并由下而上生成形成石笋。石笋硬度不大，中间实心，形状呈锥状，修长而秀丽，颜色常呈灰白色。以广西桂林和浙江桐庐一带有名。

9. 钟乳石

和石笋生成环境相同，富含石灰质的水溶液从裂缝下滴，边滴边沉淀，逐步形成钟乳石。由溶洞顶向下垂直生长，这一点和石笋不同。

10. 石蛋

也称鹅卵石，和一般岩石外形多棱角不同，石蛋的外形浑圆，色彩多样，有的还有彩色条纹。

天然石蛋形成于风化作用下崩解的岩石，长期受到河水或海水的冲刷及与碎石之间相互撞击，而渐变成无棱角的浑圆形状。岩浆岩、沉积岩、变质岩三种岩类，都可能是石蛋的原始来源。石蛋质地比较密实坚硬，松软的岩石不可能成为石蛋。我国河流广布，海岸线漫长，卵石资源丰富。

11. 浮石

是岩浆岩类别，是火山喷发的产物，主要特点是有很多气孔，气孔体积往往占岩石体积一半以上，因此比重较小，故能浮在水上，称为浮石。吸水性好，能长青苔，颜色一般为黑色、浅灰或暗灰色。东北地区有产。

12. 黄蜡石

是变质岩类，学名叶蜡石，又名蜡石。质佳者称寿山石，因福建寿山出产的蜡石而得名。蜡石质软，具滑腻感，通常为半透明，有晶莹的光泽。颜色为白色带黄或淡绿色。是雕刻艺术的上乘石材。我国南方地区也常用蜡石构景，取其浑圆可玩，别有情趣。

13. 珊瑚石

又称海浮石，是沉积岩类别，主要由海洋生物珊瑚与其他造礁生物遗体在浅海底沉积而成。我国海南岛与南海诸岛有产。珊瑚石以淡色为多见。在岭南用来叠假山或陈设观赏。

14. 花岗石

属岩浆岩类中的花岗岩，是极为常见的石材。常用于建筑装修或绿化造景，还可制作各种实用功能的器物。花岗石质地坚实，化学性质稳定，物理性能与装饰性能优良。花岗石在我国分布广泛，但主要在东部沿海闽、鲁、粤三省最多，浙江与东北次之。我国花岗石以浅红色为主，也有黑色，稀有的蓝色与绿色亦有发现。

以上所举自然山石是我国绿化景观设计中常用的品种。其中以英石、房山石为上品，价格昂贵。叠假山用太湖石及黄石比较普遍。黄蜡石及浮石质地柔软，只适用于室内陈设观赏之用。绿化构景中选石恰当，会产生意想不到的效果。如扬州个园四季假山，分别选用石笋、湖石、黄石和宣石来渲染春、夏、秋、冬四时景色。

二、人工合成的山石

现代室内绿化设计中，除选用天然山石外，也常采用人工合成的山石。人工山石仿

[1] 锦川——《园冶》注释

《明一统志》：锦川在辽东锦川城西，即辽宁锦县之小凌河产石名锦川石。

《弇山园记》：“锦峰蜀品第一”则锦川又似在四川，故锦川之名待考。

自然山石的质地,近乎可以乱真的效果。优点是重量轻,有利于设置在楼层地面上,以减轻荷载。

常用的人工合成山石有以下几种:

(1)以树脂(人造、天然)为胶结材料,以石粉及粒径 3mm 左右石渣为主要骨料,搅拌后,注入钢模成型。合成树脂是有机合成材料,理化性能良好,能抗腐蚀,在常温常压下保持不变形,绝缘性能好,但容易老化。成材后外观像花岗石,密度小于天然花岗石。

(2)以无机材料合成,内部配筋,用一次阴模制成,理化性能及耐老化性能良好。色彩可以外用涂料,或在材料中加入色料,产生自然色彩,以符合设计要求。这种装饰混凝土可制成现代化的石制品,也可加工成土、拙、自然质朴的石制品。重量约 60~70kg/m^3,如掺加轻型骨料,还可减轻 1/3 重量,或者作成中空型,则重量可明显降低。

(3)以白水泥加石膏加颜料作胶结材料,用天然石粒(选择颜色相似的)为骨料,搅拌后,注入模子成型。

设计中可视具体情况,选用相应的人工合成山石。

第二节　山 石 形 态

山石造景,有法无式,千变万化。既可摹仿大自然的景色,也可暗示某种人间物象。唐代的塑壁之法曾就石形、石性及皴纹表势,并借鉴中国山水画及山石结构原理,将石分类为以下几种:

峰石——其特点为轮廓浑圆,山石嶙峋,变化丰富。

峭壁石——又称悬壁石,其特点为有穷崖绝壑之势,且有水流之皴纹理路。

石盘——平卧似板,有承接滴水之峰洞。

蹲石——浑圆柱,可立于水中。

流水石——石形如舟,有强烈的流水皴纹,卧于水中可示水流动向。

现代人工山石造景,大致有两种情况:

(一)根据山石的石性、皴纹与形体,用一定数量的石与植物、水体等配合,可以布置成构图完整的各种石景。根据山石所布位置不同,可将其归纳为旱石景和水石景。

1. 旱石景

旱石景是分布在旱地上的石景,根据其特点又分为特置石、群石、石壁、石蹬、石林、石穴、壁面等,见图 3-2。

a. 特置石:一般由一、两块石头组成,可以用独石、也可用叠石。

b. 群石:由多块石头组成,或散落有致,或成群成片布置。

c. 石壁:用石叠成竖直面的石景称为石壁。

d. 石蹬:也称石径,是用石块筑成的小路,也可成台阶状,以便将不同标高的地面联系起来。

e. 石林:将自然的石林景观引入庭园中,营造峰岩林立的景象。

f. 石穴:掇山叠石时,在峰峦峭壁内部营造的石洞。

g. 壁石:以粉壁为纸,以石为绘。指在墙壁上用石作立体“画”。

2. 水石景

水石景是将石头与水体结合所组成的景观。当石与水为邻时,可产生一动一静的效果,正所谓“山得水而活,水得山而媚”。水石景可分为岸石、离岸石、沼泽石、滩石、溪石、泉石、瀑石,见图 3-3。

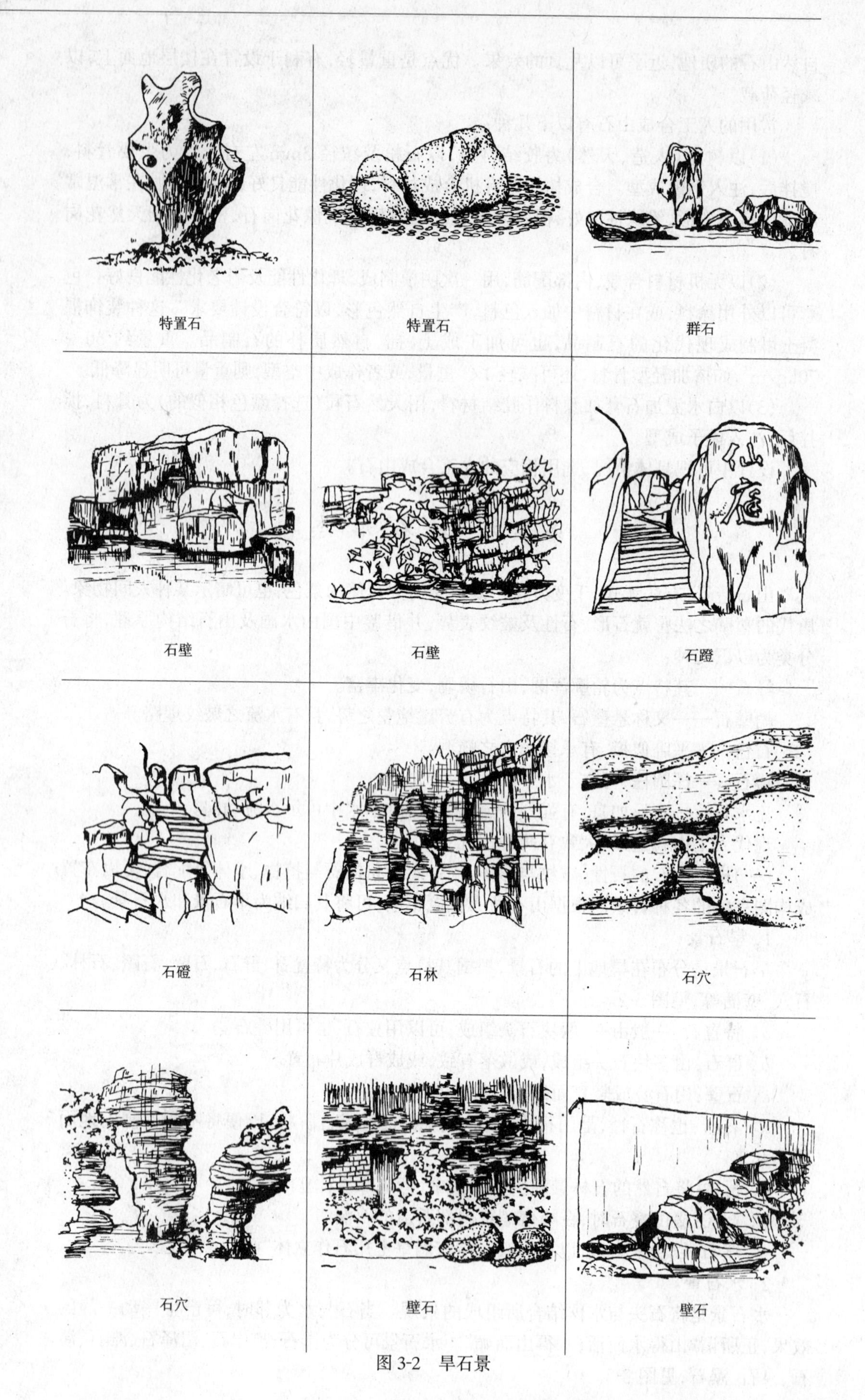

图 3-2 旱石景

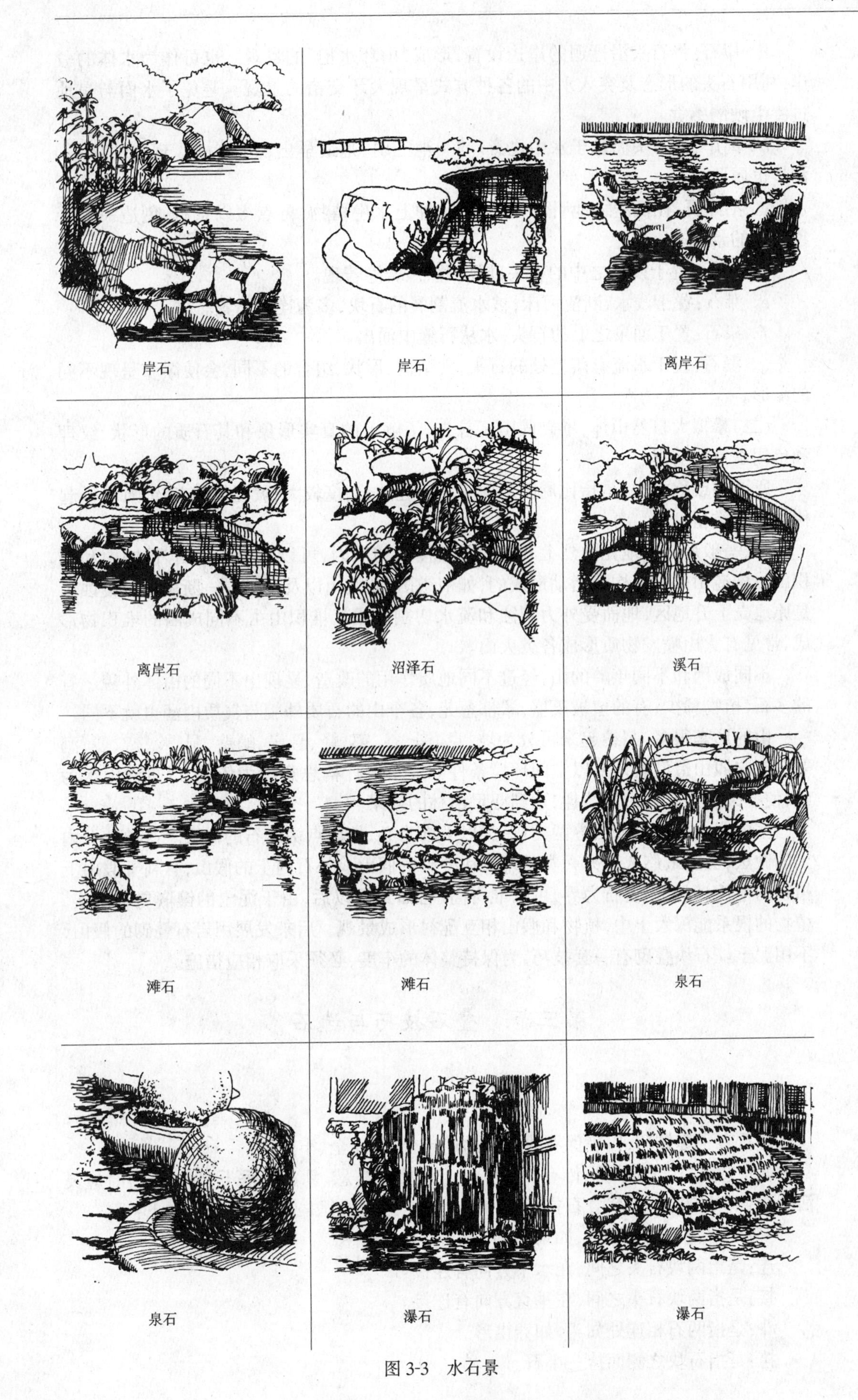

图 3-3　水石景

a.岸石:将石头沿迂迴的岸边设置,形成“山环水抱”的景观。也可作为水体的驳岸,利用石头的形态及突入水中的各种方式呈现犬牙交错的景观。避免了水面与旱地过渡生硬的感觉。

b.离岸石:石头孤悬于水中之意。“一池三山”是最早出现的形式。现在的汀石、汀步也属此类。

c.沼泽石:在低洼之地引水成“沼泽”,种上水生植物,再点缀以景石,创造一种野趣横生的景观。

d.溪石:置于溪流之中的石头,层层叠叠、若隐若现。

e.滩石:置于浅水、断流河床,被水流割裂的石块,多为连片布置。

f.泉石:置于涌泉之上的石头,水从石缝中涌出。

g.瀑石:置于水流有落差处的石头,其结构、形状、组合的不同,会使瀑布呈现不同的瀑形。

(二)摹拟大自然山体,堆砌假山。首先,了解山的真实形象和其石质的形状、纹理和色调是重要前提。

所谓山或称山岳,是指比周围地面相对突起的,高度较大,坡度较陡,表面有高低起伏的地貌类型。

山,一般形成在地壳强烈上升的地带。按山的成因,可以分为构造山、侵蚀山和堆积山。构造山是地壳构造运动形成的,如褶皱山、断块山以及褶皱——断块山。侵蚀山是原地壳上升地区,地面受外力剥蚀和流水切割而成。堆积山由不同成因的堆积物形成,常见有火山喷发物质形成各类火山。

不同成因和不同年龄的山,经过不同地质作用的改造,显现出不同的山体外貌。有的多石,植物稀少;有的植被茂盛,翠郁葱茏,各个山的石质外貌与气质内涵也就不同。

山的形态很多,归纳起来可分为坡、阜、岗、谷、壑、峰、悬崖、峭壁、洞、岭、峦、麓、涧等。室内假山造型设计要以空间环境条件和建筑设计构思意境为依据,以自然山水为师,使叠砌假山有真山之情趣,达到咫尺山林的效果。

室内假山按构造方法分两类:一类以土堆为心,外面点缀岩石的做法。这种外石内土的做法,历史最悠久。另一类是用石块叠砌的假山。外石内土的假山,有利于假山上植物的生长,泥土以岩石为界,可以堆得高,岩面封固以后,由于泥土的镶嵌更加坚实,植物的根系能深入土中,植物和假山相互配衬形成景观。后来发展用岩石叠砌的假山,不用泥土。石块叠砌有一套技巧,为保持整体的牢度,必须采取相应措施。

第三节 叠石技巧与选石

一、叠石

叠石有一套技巧,以确保石块之间的连接合理、安全、牢固。

北京艺人“山子张”,祖传有安、连、接、斗、挎、拼、悬、剑、卡、垂十字诀,叠石时应灵活运用,不可拘泥。近代叠石技巧又增加了“挑”的方法(图3-4)。现简释如下:

安:是指叠石要放安稳,如果是脚爪着地,有安稳感。

连:是指两块石头之间,在水平方向有连接。

接:是指两块石头之间,在垂直方向有连接。

斗:是指两石相连处如斗,如券拱形。

挎:是指石块之侧面挎一小石。

拼:是指两石相连,以小块拼大块。

悬:是指三块石块可呈悬状,两石在下,略分开,另一石卡在上面。

剑:是指挺拔细高瘦长的岩石,如石笋,可以竖直放置,状如剑。

卡:是指两石上下相接部位,下面一块石头的上端呈楔状,上面的石块上大下小,可以卡在楔口里。

垂:是指石块上有一块下垂状石块。

挑:是指石块上有一部分向外挑出,由另一端达到重力平衡。

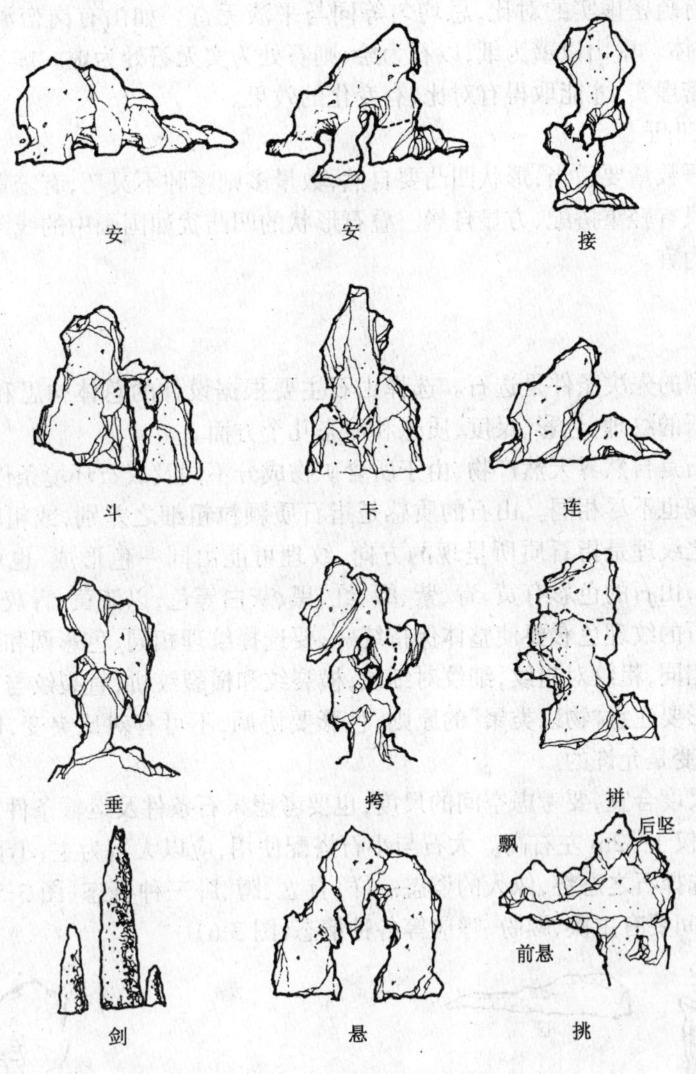

图 3-4 叠石技巧

叠石技巧使叠石之间的连接稳妥,使叠石造型成为可能。除了叠石技巧外,叠石造型还必须符合叠石的艺术处理原则。

叠石的艺术处理原则如下:

1. 宾主分明

叠石假山,整体及局部,都要注意有主有次,为主的应稍突出,为宾的切忌喧宾夺主。

2. 层次感

叠石在整体、远近、上下方面,要表现出空间层次,可以从不同角度观赏。无论仰望、平视、俯视或远观近赏都要有空间层次,才有情趣。

3. 顾盼呼应

叠石宜按山体脉络,岩层走向,峰峦的向背与俯仰作出相互有关联,有主次,有顾有盼互为衬托的布置。

4. 起伏曲折

山形要有高低起伏,在整个动势之中有曲折变化。山的路径要有曲折,形成山回路转之势。

5. 疏密虚实

石景应有疏密虚实的对比,忌均匀等同与平淡无奇。如山有岗峦洞壑,岗峦是实体,洞壑是虚体。壁山以壁为纸,以石为绘,则石处为实无石处为虚。虚实相衬,方能得体。应用疏密虚实,才能取得有对比、有变化的效果。

6. 轻重凹凸

是指叠石数量要适当,形状凹凸要自然,数量多则臃肿不灵巧,有笨重感,过少则显单调轻薄。只有轻重搭配,方显自然。叠石形状的凹凸犹如国画中的线条和皴法,凹凸变化应自然为宜。

二、选石

叠石造型的先决条件是选石。选择山石主要根据设计的总体构思和意境的设想,还要考虑岩石的纹理、色彩、尺度、质感和形态几个方面。

天然山石是自然界天然产物,由于所含矿物成分不同及成石环境条件不同,即使同种山石的外观也不尽相同。山石的质感是指石质颗粒粗细之差别,或粗糙,或细致,或光滑。山石之纹理是指石质所呈现的方向、纹理可能由同一色形成,也可能由杂色相间,形成条纹,山石的色彩有黄、青、紫、绿、红、黑、灰白等色,以淡黄、青灰居多。

选择山石的纹理色彩要使整体保持统一,要选择纹理相同、色彩调和统一为佳。纹理的显隐要相同,粗纹对粗纹,细纹对细纹,横裂纹和横裂纹拼,直裂纹与直裂纹拼。至于山石的色彩要注意“物以类聚”的原则,色彩要协调,不可有对比突变,以不破坏整体美为原则,微变是允许的。

选石要尺度合宜,要考虑空间的尺度,也要考虑采石条件及运输条件。例如石笋一般不十分高,仅1~2m左右高。大石与小石搭配使用,应以大石为主,小石为辅。

选石要选择石之态势,像人的姿态一样,有立、蹲、卧三种姿态(图3-5)。山石组合以后,山石之间要有主次、顾盼、呼应等各种情态(图3-6)。

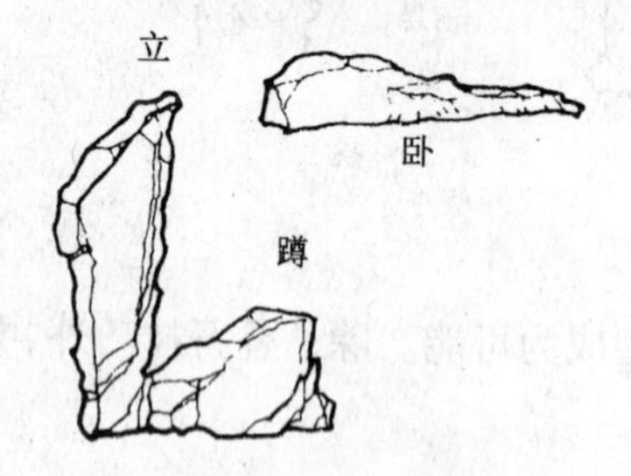

图3-5 立、蹲、卧

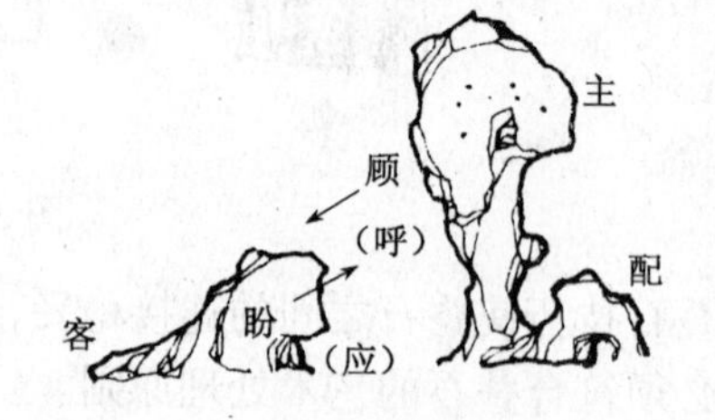

图3-6 主次、顾盼、呼应

选用山石除了纹理、色彩、质感、尺度及形态的选择外,还必须了解山石的使用部位,在假山的底部,要使用能负重荷的。表面的山石必须色泽纹理一致,不外露的山石可降低要求,悬挑的山石避免用垂直的纹理,以防发生断裂。

除了了解整体的牢固程度及重量外,还要了解山石的吸水性能,有吸水性能的山石会长青苔。是否符合设计意图,必须事先有全面的了解。

我国古典园林选石叠假山,常用太湖石,太湖石的选择标准常按瘦、漏、透、皱为美石的标准(图 3-7)。

所谓瘦,是指石形要瘦峭、壁立当空,肥胖无棱角者欠佳。

所谓漏,是指山石上有小孔眼,可贯通上下。

所谓透,是指水平方向有孔洞,由此通彼。

所谓皱,是指山石表面纹理明显、表面凹凸不平。

瘦、漏、透、皱只适合于太湖石的选石标准,不适合于其他山石。

选石除了以上所提到的要求外,还要注意不同风格的山石切忌混用。例如湖石玲珑多变,黄石浑厚古拙,风格决然不同,绝不能混用。叠石缝隙不可太琐碎等等。

图 3-7　瘦、漏、透

第四节　山 石 设 置

山石设置是指将石景类似作为陈设来布置,称为置石或点石。置石大致又可分特置、散置和器设三种。

一、特置

所谓特置,是将形象生动、姿态优美、石纹奇特的山石作单独陈设,自成一景。也可用同一品种的零星小石砌叠,如有一定技巧拼凑得宜,可以宛若天成。且可根据产地巧立动听的名称如青云片、青莲朵、鹰石、绘月等。特置的山石,可呈孤石独立,也可由两、三块石组成石景。景石可设基座,基座一般为石制须弥座或石磐;也可以不设基座,将景石的底部置于草坪、砂土或水中,大部分露出使其生动自然。

特置的山石,因藉自然塑造的条件不同而石相各异。如太湖石的瘦、皱、漏、透;石笋的修长秀丽;云南石林石的浑厚圆浑等都记述了山石成长的环境和岁月的痕迹。选择恰当的山石特置室内,会耐人寻味产生意想不到的效果。

置石也因为文化背景不同而呈现不同风格。图 3-8 为日本一室内枯山水平庭。三尊石"品"字形构图,一高两低一主两副,三石相依而立,以此象征佛家三尊。图 3-9 是墨西哥某住宅内庭特置的石景。敦厚奇拙,具有极强的雕塑感。

二、散置

散置是将山石作零星散点布置。这种置石既要不散漫零乱,也要避免均匀整齐,才能自然。所谓"攒三聚五"有散有聚,有疏有密,石姿有大有小,有卧有立,整体布局虽呈散点状,但相互有联系,彼此有呼应。日本传统点石,基本依照上述规律,将五种石型作二、三、五块组合,见图 3-10。

现代室内空间点石则不拘一格。或依环境需要而定,或依表述主题而定。如深圳金怡酒店大堂,弧形花白大理石墙面形成明快的基调,总服务台后的金属壁画成为视觉中心,与对面散置的景石及金色棕榈树相呼应,使空间景趣盎然(图 3-11)。又如日本某俱乐部石景,散置石呈螺旋线形定位,表达一种喷发的力量(图 3-12)。

有时,山石设置只是为了一份记忆和怀念。某冰岛大使馆,由火山熔岩块散置铺成的内庭,戏剧性地泛着红色的光。让人想起冰岛的火山,是一种纪念。

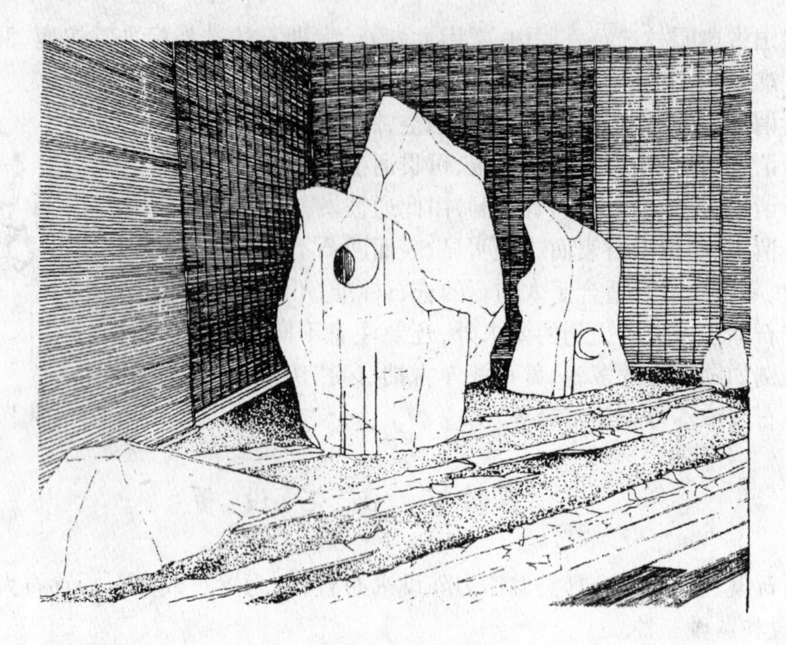

图 3-8 须弥山石景

图 3-9 墨西哥 GGG 住宅

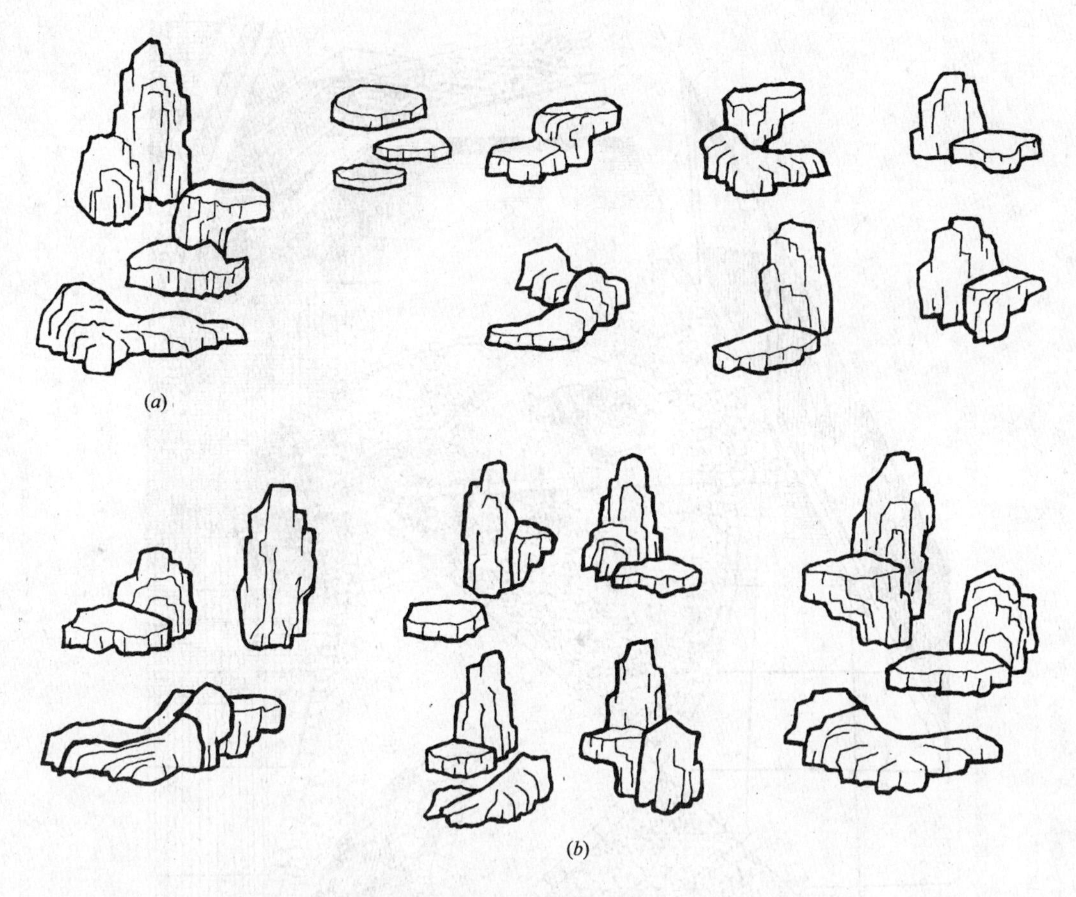

图 3-10　日本点石
(a)基本石型；(b)山石组合(二、三、五块)

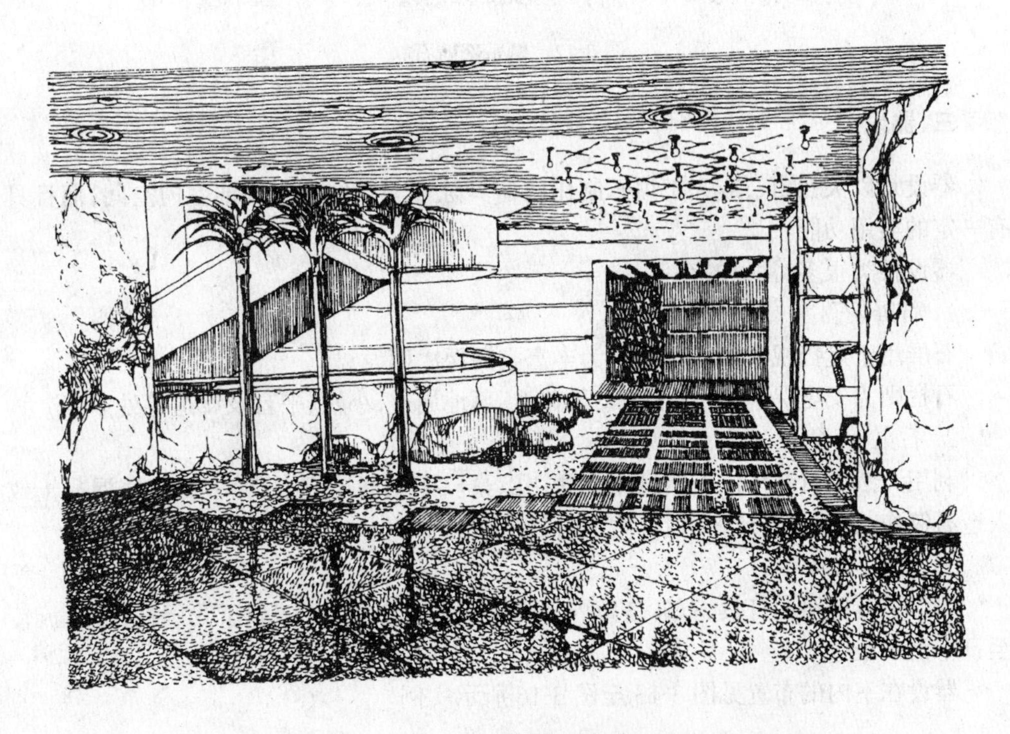

图 3-11　金怡酒店大堂

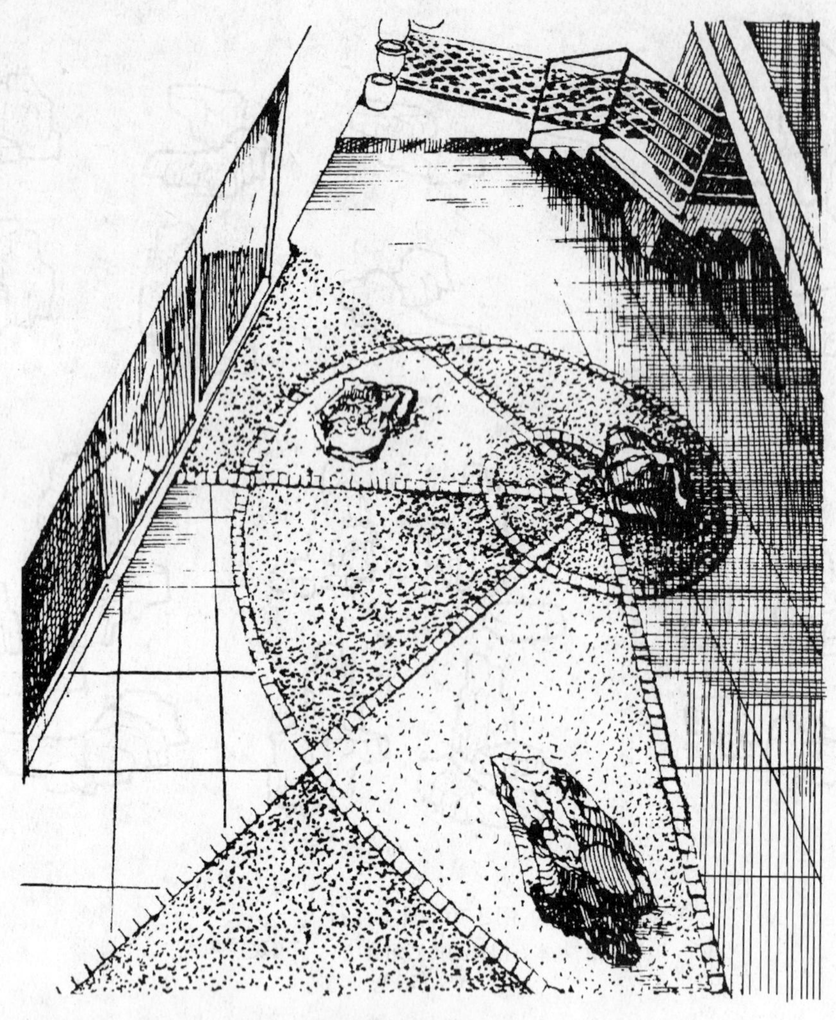

图 3-12 俱乐部前石庭

三、器设

器设是以天然山石或人工拟石制作的器具陈设。它们不仅装饰室内空间，而且具有一定的实用功能。

器设种类很多，常见的有：

1. 石屏、石栏

石屏用于遮挡视线、分隔空间，为丰富空间层次而设。

石栏则为安全保护之用，常见设于花池、草地周边，小桥、平台及廊道等处。

2. 石桌、石凳

利用天然山石制作供人休息用的凳、几、桌。人工塑造石桌、凳多为钢筋混凝土或人造石制作，有些还作成树墩状，增加自然情趣。

3. 石灯、石钵

石灯是石质照明灯具，石钵是为贮水洗手而用。石灯、石钵源于我国古代，后流传至日本沿用至今。

器设在室内的布置见图 3-13 至图 3-16 所示实例。

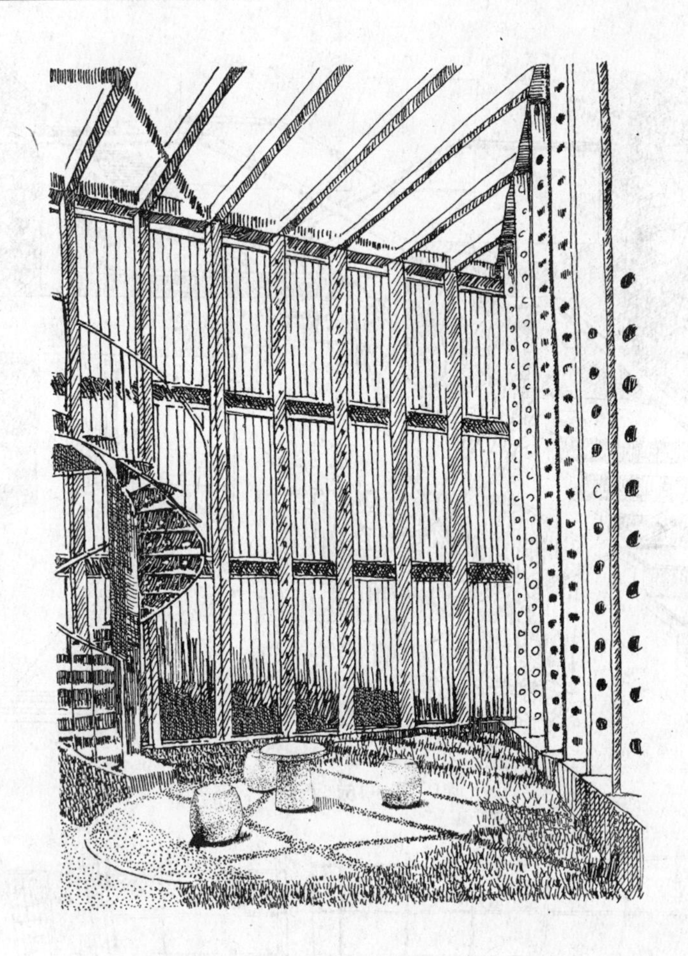

图 3-13 石桌石凳

图 3-14 石炉

图 3-15 石灯

图 3-16 石缽

第四章　室　内　庭

室内庭是从室外庭概念引申而来,是一种覆以顶盖的庭园或者说是着意进行绿化并具有一定景致的室内空间。

室内庭位于建筑内部,它有别于不受建筑围闭的园林空间,更有别于漫无止境的自然空间,它的空间界定性强。

室内庭位于建筑内部,因而无论是严冬酷暑,无论是白天夜晚,尽可在室内创造舒适的自然环境,供人们全天候享用。

第一节　内 庭 空 间

内庭空间是室内庭景观构成的基础。内庭空间往往因其位置,形式及界面的变化而呈现各异的形态。

一、内庭空间位置

室内庭空间位置根据建筑的整体要求而定。它反映了内庭与建筑内部及外部的关系。按其与建筑主体之间的相对位置而言,可分为以下几种情况:

(一)边庭

内庭在建筑主体一侧,至少有一边与室外相邻,其余几边则紧依建筑主体。这样的内庭自然成为室内与室外联系的介体。内庭毗邻室外一侧常采用视线通透的建筑处理,或是因为城市景观需要,让建筑具有开放性;或是因为室内景观需要,引进充足光线和四周景色;或是两者兼有之,见彩图 46~48。

德国汉堡一办公楼,平面是由入口大厅和六个办公单元组成的背靠背的梳形,梳脊是公共及交通部分,梳齿之间分别为六个边庭。整个建筑被一个长约 140m 宽约 75m 的筒拱形钢架与玻璃层所覆盖,较好地解决了大体量办公建筑内的视阈、景观、节能等一系列问题。工作人员不仅在各自岗位上能眺望庭院景色,午休时还可在庭院休息、用餐,甚至过往行人也能在街上欣赏这景色各异的内庭(图 4-1)。

日本苫小牧市立中央图书馆的圆弧形边庭,中心有一圆形水池联系着室内与室外。室内池旁一组叠石、树木伸枝展叶、盆栽花卉争奇斗艳,异常优美。内庭在冬季利用温室效应,而夏季利用排风装置,常年都能保持良好的小气候(图 4-19)。

(二)中庭

建筑围绕内庭四周,使内庭处于核心的位置,成为空间复杂功能组织的中介。

芬兰赫尔辛基某出版公司,四周办公室围绕一个偏转 16°的方形内庭。室内空间从小到大,从个人到公共,层次分明。充满天光的中庭内绿树、流水、景亭、园灯还有随意排列的桌椅。它像一个"城市广场",充满生气和活力(图 4-2)。

芬兰埃斯波诺基亚公司大楼内两个中庭,既作为节能的缓冲空间;又是工作人员休息、用餐空间;还兼作展示等多种用途的场所(图 4-3)。

图 4-4 为北京中国工商银行总行办公楼。是一个矩形和圆形结合的平面布局,在矩形区和环形区之间形成两个高 47m 的玻璃顶中庭,玻璃上方的光反射屏幕使室内一

整天都沐浴在柔和的自然光线之中。中庭环形区域层层挑出的弧形走廊及其上方的灯光,使空间具有动感和韵律感。地面采用意大利进口的雾面大花白及灰石的图案处理,加之挺拔的翠竹,极似一幅中国山水画。

(*a*)

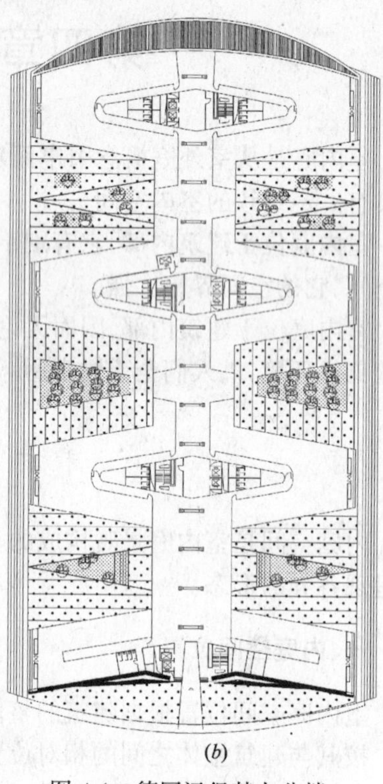

(*b*)

图 4-1 德国汉堡某办公楼

(*a*)边庭内景;(*b*)底层平面

(*a*)

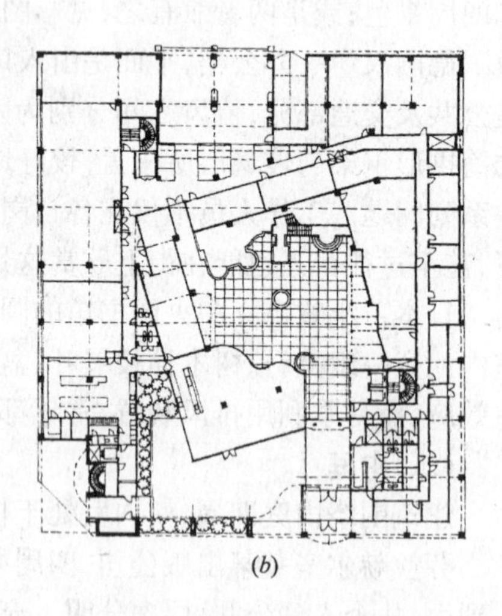

(*b*)

图 4-2 赫尔辛基某出版公司

(*a*)内庭;(*b*)平面

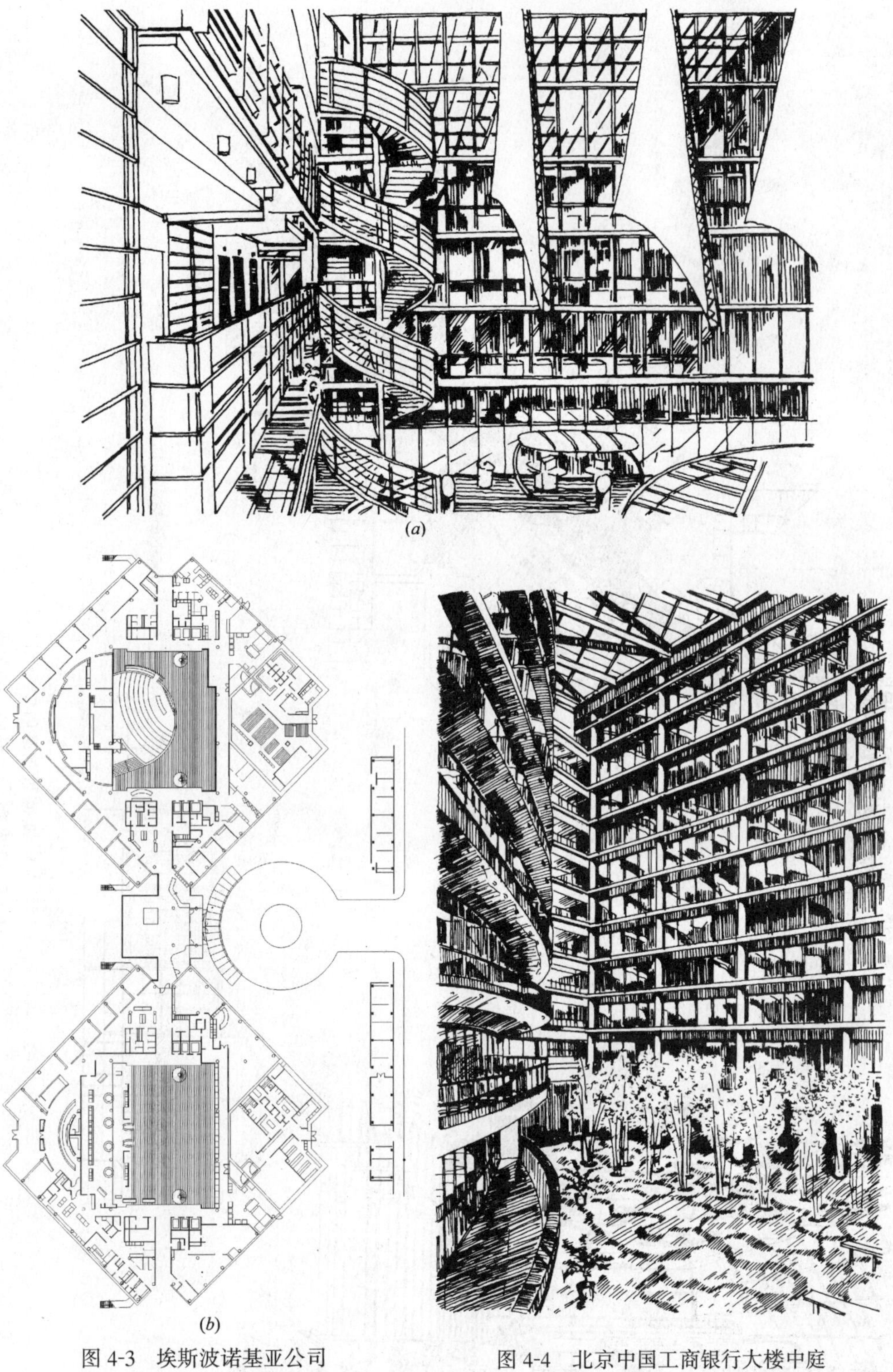

(a)

(b)

图 4-3 埃斯波诺基亚公司
(a)内庭;(b)平面

图 4-4 北京中国工商银行大楼中庭

条状中庭是中庭的一种特殊形式,它像一条室内街,具有较强的方向性。其空间往往结合功能构成时宽时窄、时曲时直的变化,以利于人流的流动和滞留。如瑞典斯德哥尔摩航空公司是由蝶形单元组合的办公建筑,内部有一条宽约 10m、长约 160m、贯通高度为 4~7 层的室内街。街的两侧布置了办公、商店、图书、健身、娱乐用房,餐饮空间布置在街的尽端,以便就餐时可眺望室外美丽的湖光水色。室内树木构成的绿景、竖向的楼、电梯和横跨街道的天桥,使空间形成垂直与水平、动与静的对比,颇具吸引力(图 4-5)。

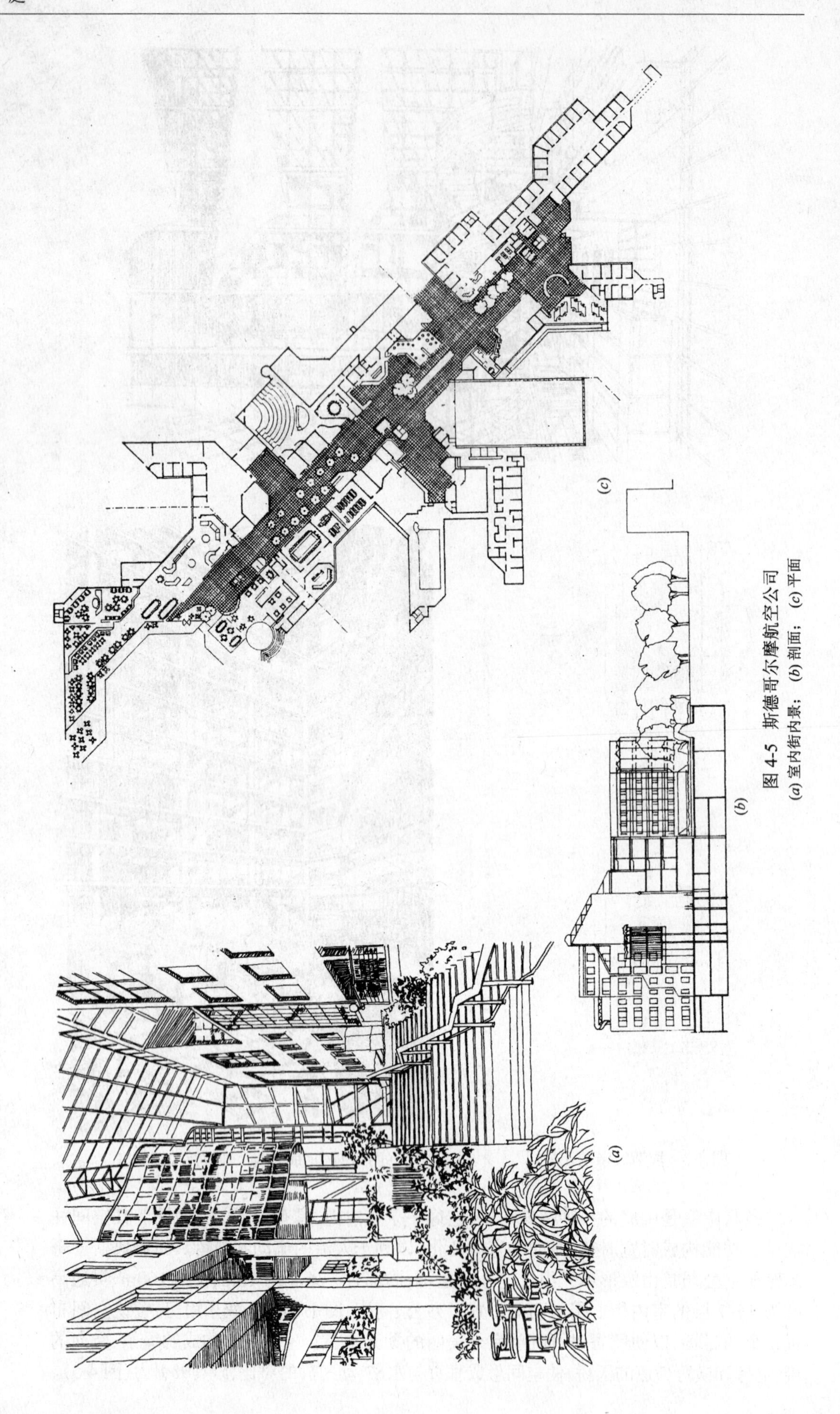

图 4-5　斯德哥尔摩航空公司
(*a*) 室内街内景；(*b*) 剖面；(*c*) 平面

图 4-6 澳大利亚悉尼奥罗拉广场内景

(三)连接庭

当内庭同时毗邻两座或两座以上建筑时,内庭起着连接体的作用,亦称连接庭。

澳大利亚悉尼的奥罗拉广场,在办公楼和公寓楼之间有一个飘浮着玻璃顶的内庭。空间内外渗透,弧形墙面的对比和立面的扭动又令空间产生了奇特的效果,艺术家设计的雕塑是这一内庭的点睛之笔。见图 4-19 的平、剖面和图 4-6 内景。

北京贵宾楼饭店的内庭是新、老建筑的连接体。既继承了老北京饭店的皇家风范,又延续了邻接的北京饭店西楼带有西洋风格的某些特征(图 4-7)。

图 4-7 北京贵宾楼饭店内庭

当建筑以单元体组合、衍生时,也常用连接庭作为中介。如土耳其某银行业务中心,依据地形高差及功能需要建成若干个三层高的办公楼,楼与楼之间用“街道”和“广场”连接。设计体现了现代技术与当地传统形式的巧妙结合(图 4-8)。

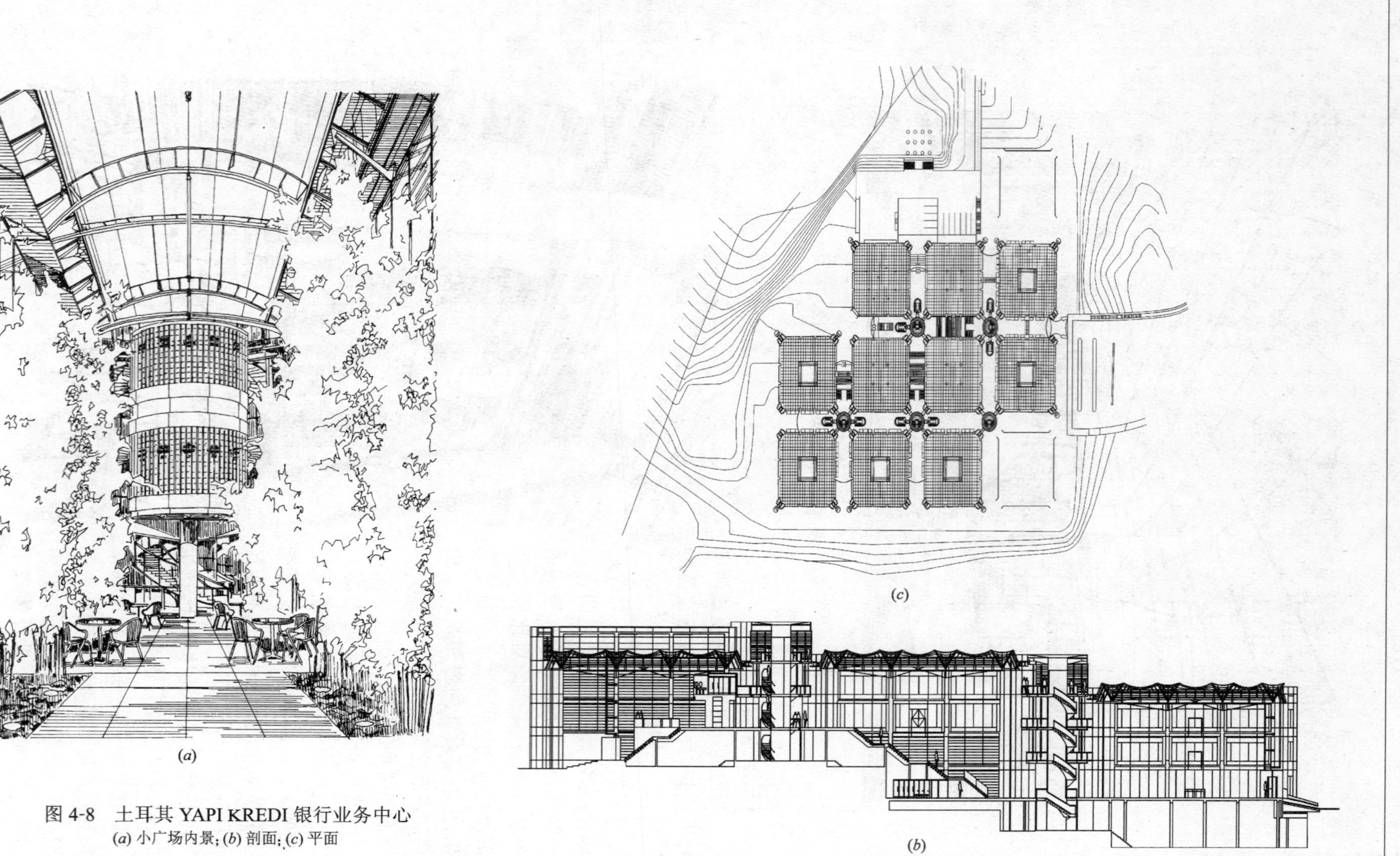

图 4-8　土耳其 YAPI KREDI 银行业务中心
(*a*) 小广场内景; (*b*) 剖面; (*c*) 平面

（四）多层庭

在主体建筑的高度方向每隔几层设一内庭，形成犹如空中花园的多层室内庭。

德国法兰克福商业银行即是较早的实例，它是一栋三角形塔楼。塔楼的三个角部为楼梯、电梯、管道等空间，其余为办公区。在三角形中部形成一个通高的中庭，这个中庭每隔12层用玻璃顶棚加以分隔以便阻断气流或烟的聚集。塔楼的每一层均由两片办公区和一片花园结合在一起，每个花园占据4层高的空间，并沿着塔楼呈螺旋形排列，层间花园使办公空间获得自然通风、自然采光和丰富的景观视野（图4-19）。

坐落于上海黄浦江畔的久事大厦是空中花园理念的又一实例。久事大厦地上40层地下3层。在主体建筑的15～17层、26～28层和36～40层分别设置了3个内庭。内庭挑空28m，其办公区的圆弧形界面层层后退，建造了一个四季常绿、花木争艳的具有高质量小环境的空中花园。花园内栽种了3棵小叶榕树，并种植了各种花草灌木。在这里还可眺望浦江两岸风景。体现了人与自然和谐统一的设计思想（图4-9）。

图4-10为日本群马县政府大楼的多层内庭景观。它像一个半圆形的街边花园广场，阳光从通透的格架洒进来，亲切宜人。

图4-9 上海久事大厦内庭

图4-10 日本群马县政府大楼空中庭院

(五)独立庭

即一些特殊用途的内庭,如植物展览温室,休闲健身的室内水上乐园等。

北京植物园展览温室就是通过人工创造适宜的气候条件,用以搜集和展示各类不同植物的场所。它可以保存植物资源、保护生物多样性。也为公众提供了四季观赏奇花异草,进行科普和环保教育的机会。温室内有四季花园,热带雨林,沙漠植物,热带兰及专类植物景观。图4-11是四季花园内景,一年四季突出不同主题。

图4-11 北京植物园四季温室花园

二、内庭空间形式

内庭空间形式受到各方面因素的制约,而这些制约因素往往成为设计构思创新的源泉。

1. 结合场地特征构思

场地条件包括地形、地质等,各地都有许多不同,需因地制宜,因地就势。

英国伊甸园工程就是一例,它是一所向公众开放,展示全球生物多样性和人类对植物依赖关系的展览温室。也是兼具教学和研究功能的研究所。工程坐落在一片崎岖陡峭的山地上,设计者结合自然地形,更新了传统的长条形玻璃温室的概念。用双层弓弦式结构、覆以透光的聚四氟乙烯薄膜嵌入空气垫做成的生物穹隆组合而成。可根据需要调节其大小和内部气候,并随着地形变化而转折起伏,就像生机盎然的有机体与环境融合在一起。是建筑地形化、地形建筑化的成功实践(图4-12)。又如位于日本神户港一块伸出水面宽90m长200m突堤上的东方饭店,结合场地特征设计成船的造型。既是历史的忆象,又是新生神户港的标志(图4-19)。内庭也相应设计成帆船状空间,船甲板似的挑台,绘有海域的地面,棕榈树及草亭休息座等都在诉说着海港的故事(图4-13)。

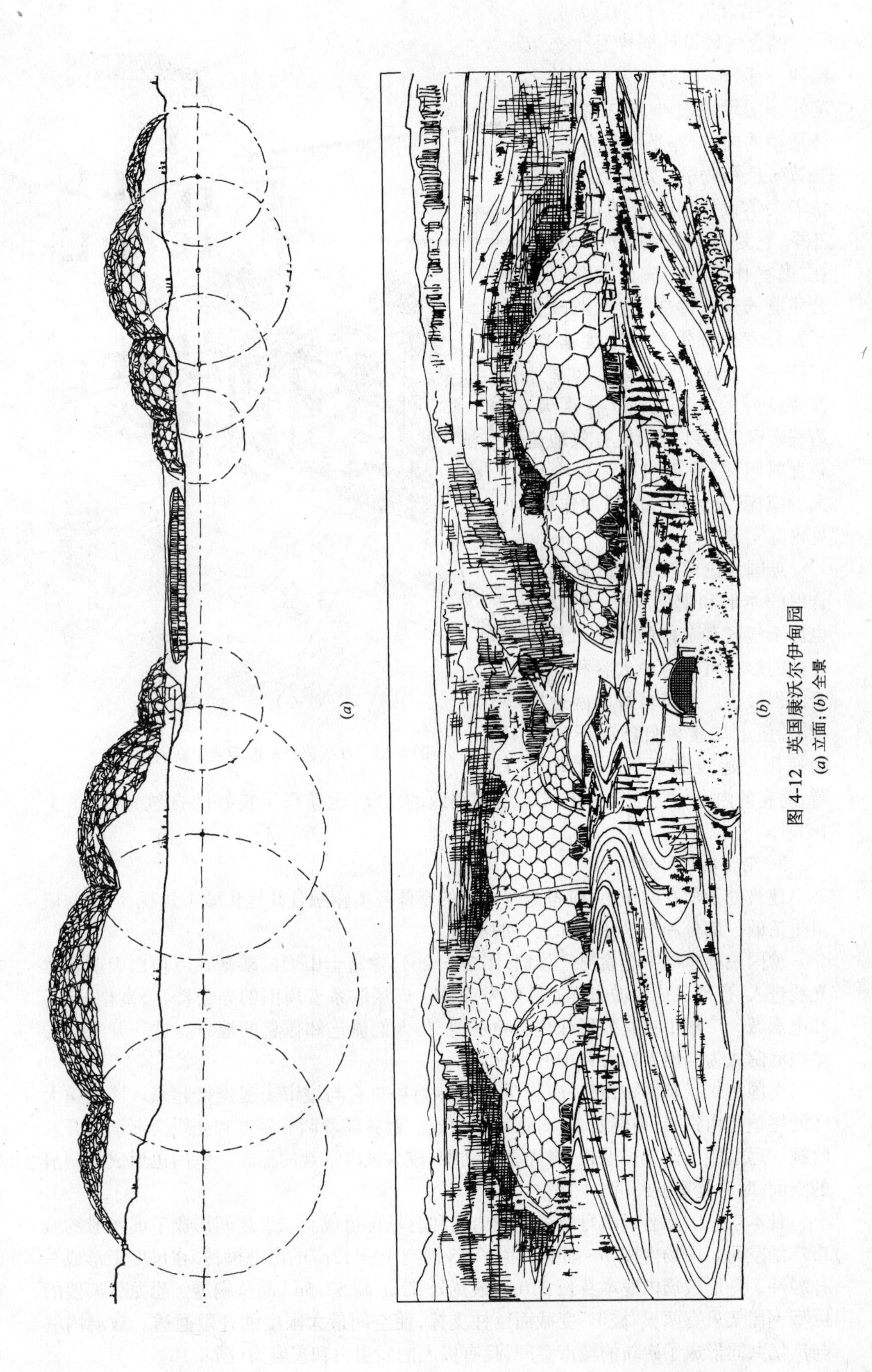

(a)

(b)

图 4-12 英国康沃尔伊甸园
(a) 立面；(b) 全景

2. 结合气候条件构思

结合气候设计同样是生态策略的一部分。内庭作为室内外之间的一层绿色缓冲，它在容纳群体活动的同时，亦是拥有自然光、充满绿色植物的"类自然"环境。清华大学设计中心楼的边庭，在冬季，它是一个全封闭的大暖房。在"温室作用"下，成为大开间办公环境的热缓冲层，有效地改善了办公室热环境。在过渡季节，它是一个开敞空间，室内和室外保持良好的空气流通。在夏天，边庭南窗的百叶遮阳板有效地遮蔽直射阳光，使室内成为一个巨大的凉棚，起到良好的缓冲作用，见内庭实录四。

图 4-13 日本神户东方饭店中庭内景

英国大伦敦政府市政厅大楼合理的体形和朝向，很大程度上也出于气候和节能的考虑。几何球体的形状可获得最大容积而使表面积最少。建筑自身向南逐层探出，使上层楼板自然为下层空间遮阳。建筑北面为一大玻璃罩，通高的内庭与层层楼梯形成了生动别致的空间，也获得了良好的自然光线（图 4-14）。

3. 结合城市环境构思

建筑处于所在的城市，应考虑与城市的整体环境相融合并优化城市景观；应成为城市生活的一部分和充满活力和人气的场所。

德国柏林索尼中心索尼广场（彩图 24～26），像富士山形的雕塑式屋顶白天引自然光线进入，夜晚又成为城市标志性的发光体。广场联系着周围的办公楼、公寓楼、商场和电影城。广场中央有弧形绿化和喷水池，是人们流连和休息的地方。这一开敞式的室内庭院成为当地人们心目中的"城市"。

美国密尔沃基博物馆，一座长 70m 的步行桥将它与城市街道连接起来。博物馆大厅的屋顶是由钢架、玻璃及 72 对钢翼片构成。钢翼随着调节温度和光线会渐渐张开或收拢。远远望去像飞鸟展翅、像光亮的动雕，成为城市景观的标志。室内也形成雕塑般的空间，时时光影变幻（图 4-15）。

日本东京国际会场由舟形的玻璃内庭和会场栋组成。二者之间形成了溪谷般的城市广场空间。广场内按 9m 间隔种植了 45 棵高 10～12m 的山毛榉树，在尺度上形成一种缓冲。舟形玻璃内庭本身长 210m，最宽处 32m，高 57.5m，晶莹剔透。恐龙骨架般的巨型钢屋架只有两根"梭形"变截面巨柱支撑，使空间最大限度的开敞通透。玻璃内庭与广场共同形成了崭新的城市空间，具有极大的吸引力和包容力（图 4-16）。

保留和深化地域特色也是结合城市环境构思的重要内容。图 4-17 是日本美秀美术馆。该建筑除了让参观者感受如诗如画的意境外，在空间形式方面既透出日本神庙样式的灵巧风格，又以现代面貌展现出来。尤其大厅天窗部分构思巧妙。弦杆与支撑犹如梁与柁，近100mm厚的玻璃复合层，固定在支撑杆上瓦色的椽条上。在屋面玻璃与钢管支撑杆之间的空间，设计了滤光作用的仿木色铝合金格栅。自然光通过天窗像梦幻般的影子泼撒在大厅内，让人想起传统的日本竹帘式的"影子文化"。这种空间形式既没有离开本土的源泉，又是现代的造型。

(*a*)

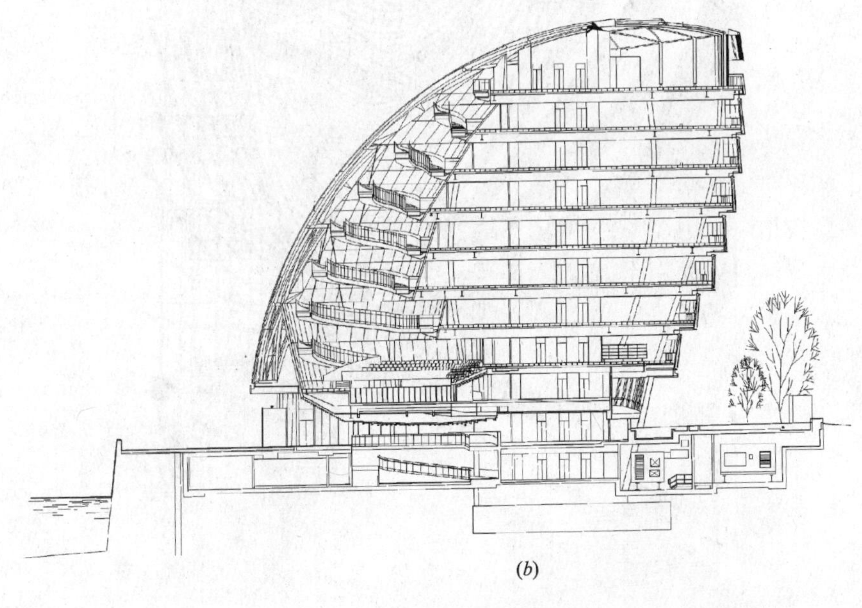

(*b*)

图4-14　英国大伦敦市政厅

(*a*)内景；(*b*)剖面

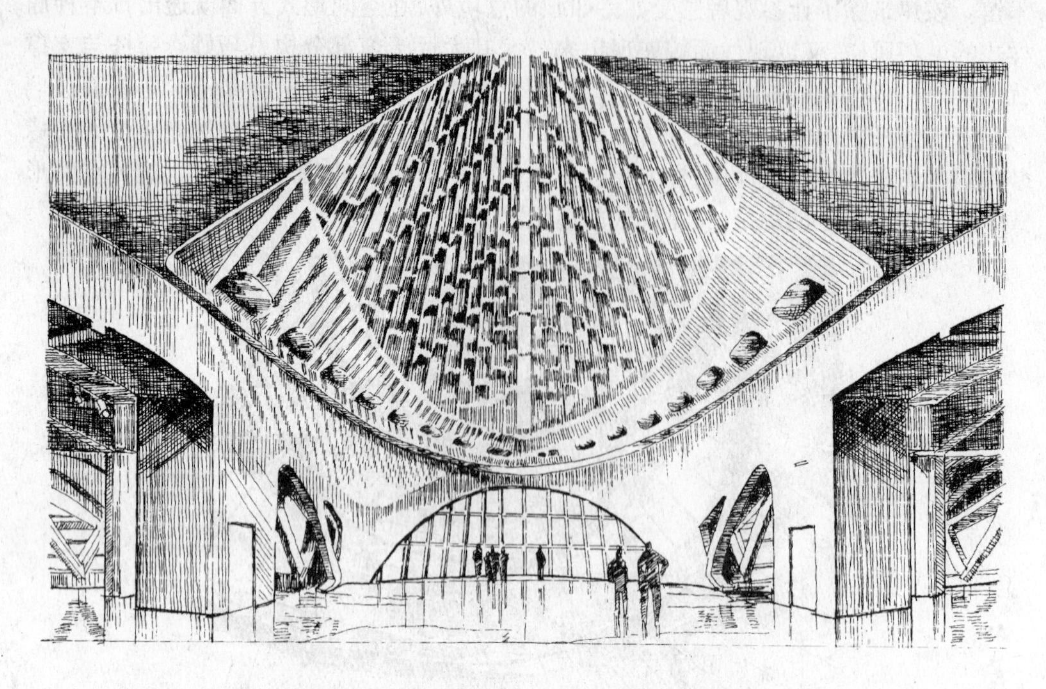

图 4-15　美国威斯康星州密尔沃基博物馆大厅

图 4-16　日本东京国际会场玻璃内庭

图 4-17 日本美秀美术馆大厅

4. 结合功能需要构思

成功的设计往往是空间形式与完善功能的完美结合。

德国柏林 DG 银行，从图 4-18 的剖面可见银行办公室仅短边一侧能获得直接的自然采光通风。因而中庭的功能之一就是为了周边的办公空间和会议、接待等空间争取自然光线和适当的自然通风。中庭覆盖了精致的玻璃拱顶，其中还设置了一个"马头"形的会议室及突起地面为下层空间采光的玻璃顶。DG 银行外形方正严谨但内部却蕴藏了一个惊人浪漫的中庭空间，让人耳目一新。

有时，某一主题、某一意象也能激发灵感成为空间形式的创意。如北京植物园展览温室以"绿叶对根的回忆"的构思，独具匠心地设计了根茎交织的倾斜玻璃顶棚，形成曲线流动的造型。仿佛一片飘然而至的落叶落在西山脚下。而中央四季花园大厅又如含苞待放的花朵衬托在绿叶之中，见图 4-11。

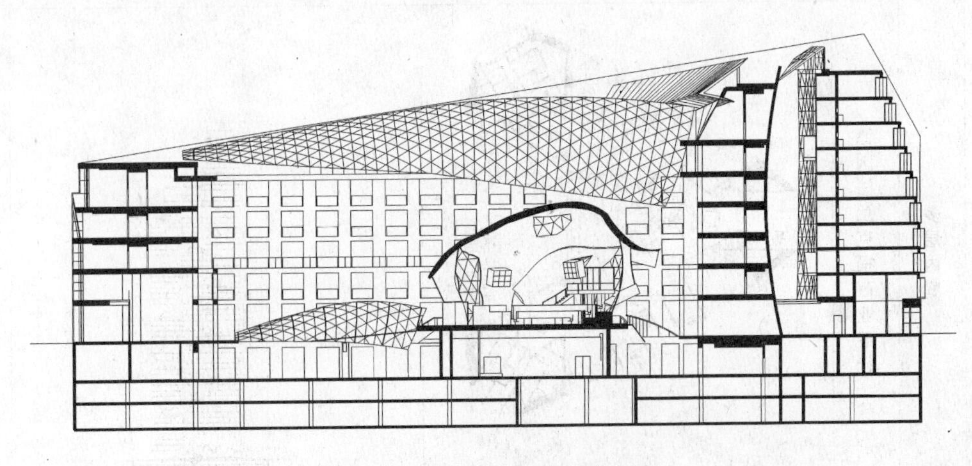

图 4-18 德国柏林 DG 银行剖面

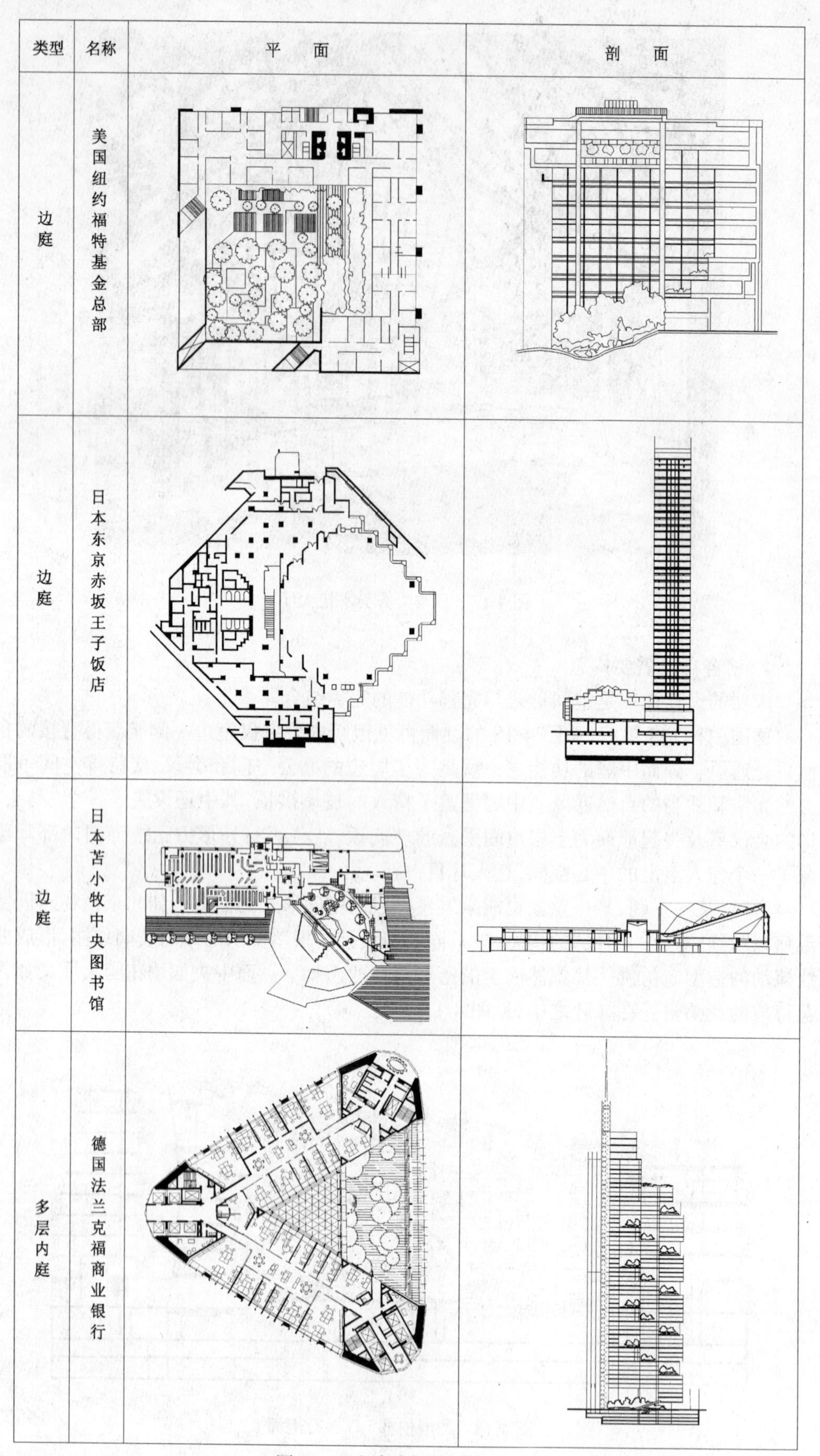

类型	名称	平 面	剖 面
边庭	美国纽约福特基金总部		
边庭	日本东京赤坂王子饭店		
边庭	日本苫小牧中央图书馆		
多层内庭	德国法兰克福商业银行		

图 4-19 室内庭空间形态(一)

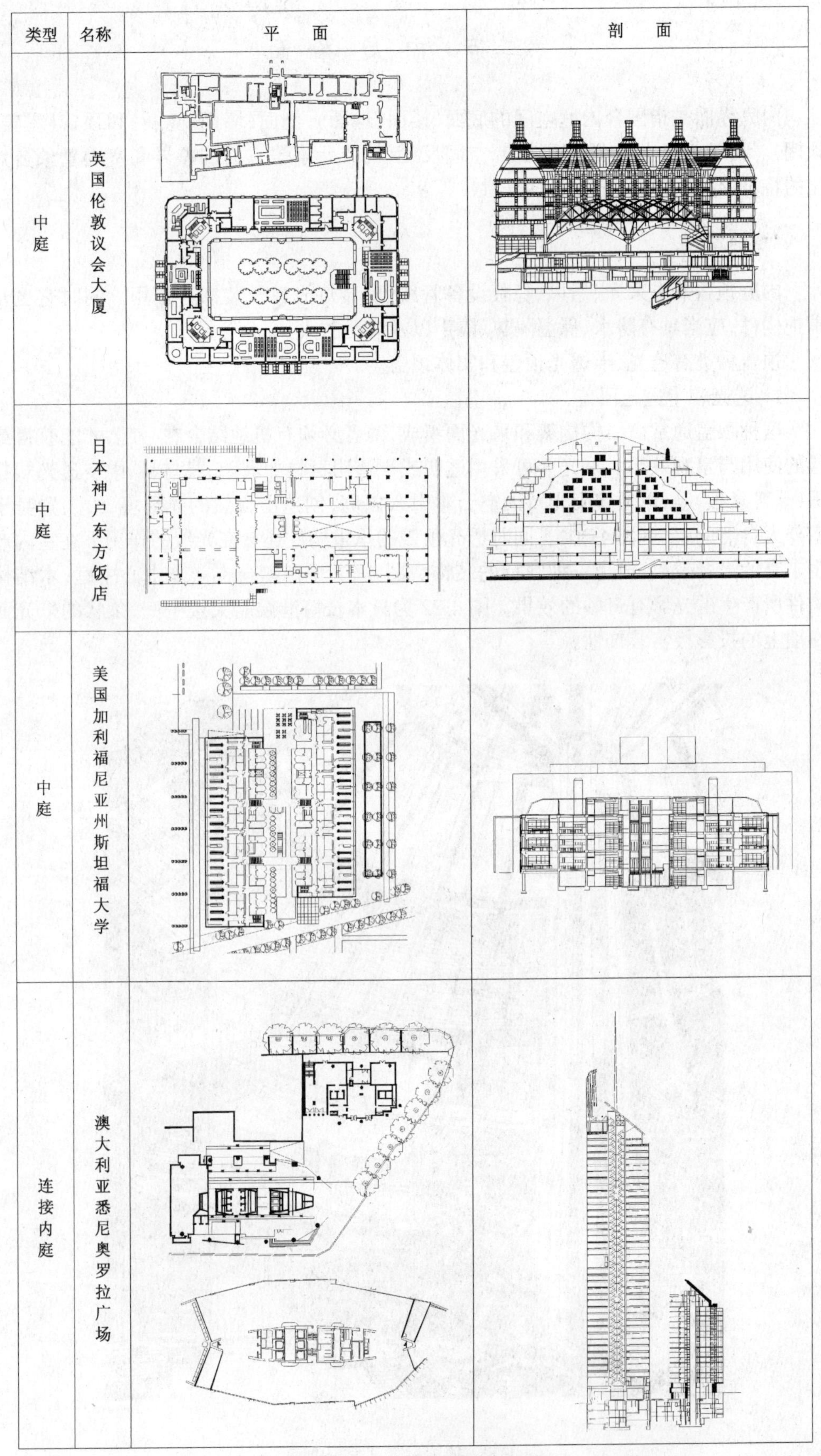

类型	名称	平面	剖面
中庭	英国伦敦议会大厦		
中庭	日本神户东方饭店		
中庭	美国加利福尼亚州斯坦福大学		
连接内庭	澳大利亚悉尼奥罗拉广场		

图 4-19 室内庭空间形态(二)

第二节　内庭界面

内庭界面是指围合内庭空间的底面(楼面、地面),侧面(墙面、隔断)和顶盖(屋盖、顶棚)。由于内庭空间在使用功能、空间尺度、构成元素等方面的差异和室内景象自然化的特征,导致其界面的极为多样性。

一、顶盖

内庭顶盖兼有采光、通风、隐蔽设备管线、安装灯光以及装饰等作用。同时它也是围护构件,应当具有防水、保温隔热、隔声以及满足防火、安全等要求。

顶盖种类有透光、半透光顶盖和实体顶盖。

1. 透光和半透光顶盖

这种顶盖通常由结构构架和采光面组成,两者必须有机地结合在一起,才能获得最佳的使用与景观效果。采光面可采用透明或半透明材料如玻璃、膜材料、中空透光塑料板(卡普隆板)等,以便将阳光及天空云彩引入内庭,创造出自然的光环境,给人置身于室外大自然的感觉(图 4-20)。同时透光顶盖的承重构件还会在光线的作用下在室内产生丰富的光影效果,成为一种独特的装饰。图 4-21 为日本仓吉未来中心中庭,木结构构件所产生的光影有奇妙的效果。图 4-22 为日本长崎港候船大楼中庭,条状的采光面在墙上的投影极富装饰性。

图 4-20　德国科隆某学校中庭

图 4-21　日本仓吉未来中心

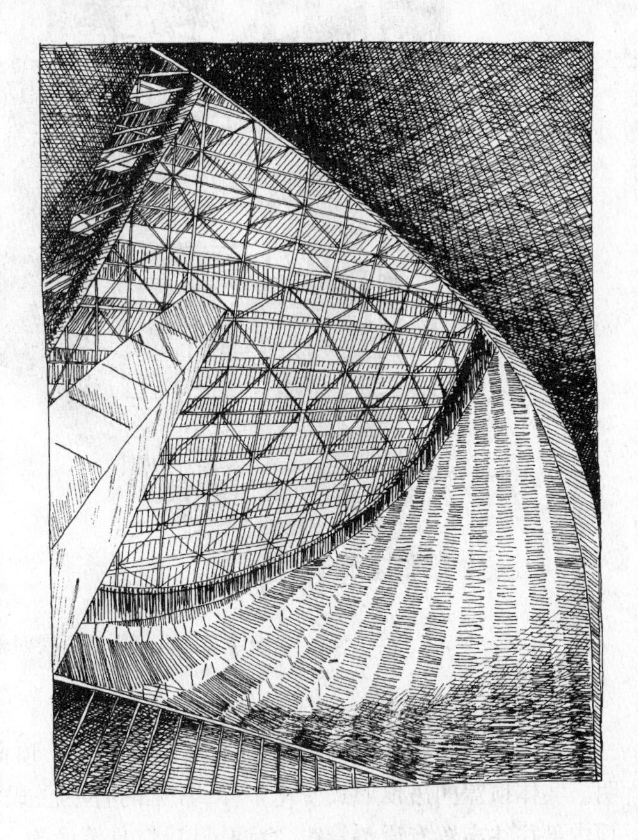

图 4-22　日本长崎港候船大楼

从内庭的光热环境考虑，可根据建筑所处的地域不同，采用不同的透光顶盖形式。寒冷地区的内庭可以着重考虑内庭的温室效应，利用太阳辐射增加室内的温度，提高内庭的舒适性，同时也利于内庭植物的生长，因此采光面可以采用透光性较好的面层材料。如图4-23为北京饭店新楼的四季厅，其顶盖采用透光性较好的玻璃，使室内阳光充裕。对于冬冷夏热或炎热地区，可以采用部分顶盖透光另外部分不透光的做法。既具有一定通透性又可以防止过多的太阳辐射进入内庭。不透光部分可布置灯光、设备管线等，使内庭的物理环境更加怡人。也可以采用透光性差一些的材料作为采光面，或者在采光面下部增设遮阳构件，遮阳构件可随季节和气候变化启闭，以保证室内有适宜的直射光而避免室内过热和能源的过多消耗。图4-24为美国丹佛国际机场，大厅的顶盖采用膜结构，造型简洁轻巧。由于膜材料的透光性呈漫射状态，因此室内光线显得较为柔和。

图4-23　北京饭店新楼四季厅

2.实体顶盖

实体顶盖主要由结构构件和吊顶系统组成。顶面无自然采光而主要依靠人工照明。实体顶盖的吊顶形式变化多样，常见的有单层式、分层式、单元式和悬空式等。吊顶内部往往布置有设备管线、空调风口、灯具等设施。如图4-25为日本埼玉大厦大厅。

图 4-24 美国丹佛国际机场大厅

图 4-25 日本埼玉大厦大厅

由于实体顶面的造型可根据需要而变化,因此其在内庭中还具有其他一些功能。

(1)界定空间:利用吊顶的高度、材质、色彩的变化,配合内庭的平面布局,可以强化空间的界线。图 4-26 为日本大阪某购物中心利用吊顶的多种变化和醒目的色彩来限定休息区,同时也使该处成为内庭的视觉中心。

(2)引导暗示:在有引导人流作用的空间中,吊顶也可作为一种导向因素,通过吊顶线形的变化给人以某种方向性的暗示。

图 4-27 是顶盖造型示例。

图 4-26 日本大阪 PANSO 购物中心

图 4-27 顶盖造型示例(一)
透光拱顶

(a)穹顶

(b)半透光穹顶

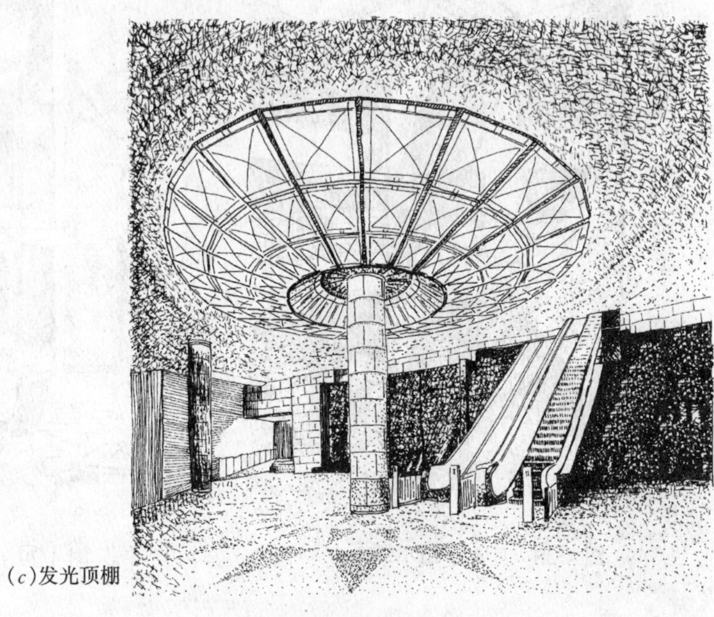

(c)发光顶棚

图 4-27 顶盖造型示例(二)

二、侧面

内庭侧面的围合形式及构成元素较多，除了常见的实体墙面外，还有柱廊、隔断、回廊、栏板、门窗洞口、楼梯、观光电梯等多种元素。

1．实体墙面

实体墙面通常作为分隔构件，起分隔空间作用，也可作为内庭的背景。图4-28为日本千川小学中庭，其一侧的实体墙面通过表面的凹凸变化，形成一个具有装饰效果的背景墙。

2．柱廊、隔断、玻璃墙面

柱廊、隔断、玻璃墙面等也是界定空间的构件，但与实体墙面比较，它的界定更具通透性。使内庭空间与相邻室内空间、内庭空间与室外空间之间相互流动与交融。让身处内庭的人们视野所及超越所在空间的范围。

与室内相邻空间的交融：常见的是柱廊、隔断等形式。图4-29为某商业空间，利用柱廊将休息空间与中庭分隔，增加了空间层次。日本大阪亚太贸易中心内庭，纵向墙面为一片深红色框格，间有锯齿形挑台和弧形栏板，三座海蓝色天桥斜向跨越内庭，使在其中的人们可以产生仰视、俯视、静观、动观的变化情趣。见图4-30。

与室外空间相互渗透：内庭外墙面处理常采取嘉则收之，俗则蔽之的原则。用大片玻璃墙面，可借室外美景于室内，或将内外景色连续、绵延。见彩图46～48德国慕尼黑凯宾斯基饭店中庭，透过玻璃墙面看室内、室外绿化景色互借互补的情景。

图4-28　日本千川小学中庭

图4-29　某商业中心室内

(a)

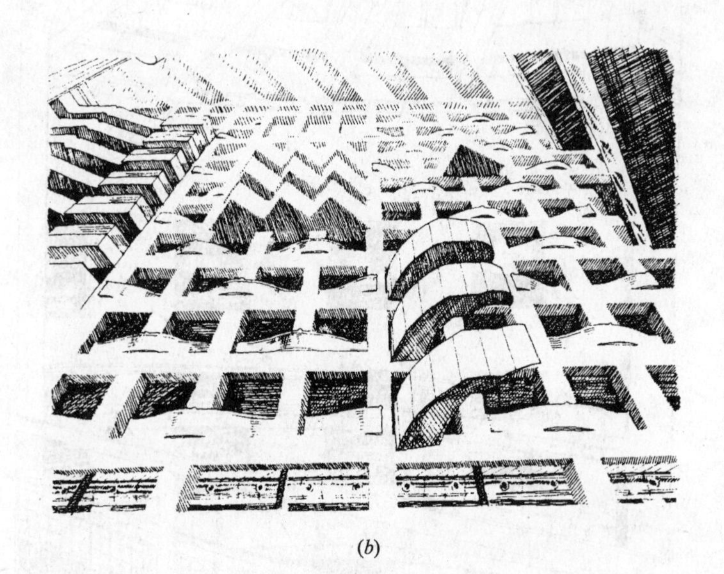

(b)

图 4-30 大阪亚太贸易中心
(a)内庭;(b)墙面细部

3. 门、窗洞口

门、窗的设置在满足交通、采光、通风的同时，也形成了空间的相互渗透，增加了空间的层次。门、窗洞口也是形成框景、对景、借景的手段，给人以空间深深，景色无穷尽的感受。另外，门窗作为墙面的构图元素，既是装饰也反映了空间的特色和风格(彩图31)。

图4-31为北京香山饭店内庭墙面上的窗洞。大面积粉墙上的海棠景窗将空间与景物层层推进，使之深远。

图4-32为美国亚特兰大美术馆中庭。盘旋而上的动线让人们透过回廊上的窗洞看到一幅幅变幻的画面。

图4-33为奥地利银行大厦中庭，一侧实墙面上的窗洞在大面积玻璃的映照下极具装饰效果，并给人以强烈的视觉冲击。

图4-34中所见是美国俄勒冈综合科技大学教学楼内庭，众多开向中庭的门窗使得内庭具有室外空间的效果。

图4-31 北京香山饭店室内景窗

图4-32 亚特兰大美术馆中庭

图 4-33　奥地利银行大厦中庭

图 4-34　俄勒冈科技大学医疗健康教学楼

4. 回廊、连廊、栏杆与扶手

回廊、连廊、栏杆与扶手是为了解决交通联系和安全需要而设置的。它们是内庭侧面常见的构成元素，运用得好，可以丰富垂直方向的空间层次。

上海金茂大厦凯悦酒店圆锥状的中庭内，层层内缩的回廊，明暗交替的轮廓线，具有极强的节奏和律动感（彩图 21）。

日本京瓷酒店合抱状的中庭，13 个楼层的回廊与挑台的集合使室内蔚为壮观（彩图 22）。

连廊则犹如空中桥连接着楼层间的交通。图 4-35 为日本东京国际会议中心中庭，高大的中庭一侧由层层回廊环绕，中间穿插布置了多座钢结构天桥连廊。连廊采用玻璃栏板，使视线无遮挡。斜向天桥使深远的内庭空间显得动感十足。

图 4-36 为美国旧金山现代艺术博物馆中庭的空中桥，钢结构桥架玻璃桥面和栏板，给人以新奇之感。

图 4-35 日本东京国际会场空中走道

图 4-36 美国旧金山现代艺术博物馆空中桥

栏杆、扶手的主要作用是安全保护,用于中庭的回廊、挑台、楼梯等处。通常有实心栏板,全透明玻璃栏板,木质或金属漏空栏杆等。实心栏板具有较强的雕塑感与安全感(图 4-37)。透明的玻璃栏板,视线通透,正被越来越多地采用(图 4-38)。木质或金属的漏空栏杆由于其造型丰富多样,装饰性强,也被广泛地运用于中庭之中,见彩图 15、16。

栏板有时也可与绿化相结合,形成立体绿化景观。图 4-39 为日本横滨某建筑中庭。栏板外挑出花槽,种上藤蔓植物。使室内充满绿色,也软化了中庭的界面,同时还具有一定的装饰性。

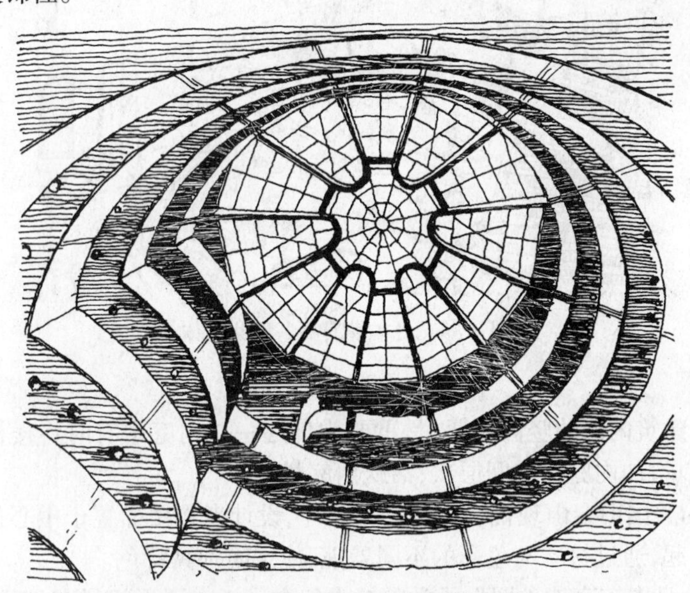

图 4-37　美国古根汉姆博物馆中庭

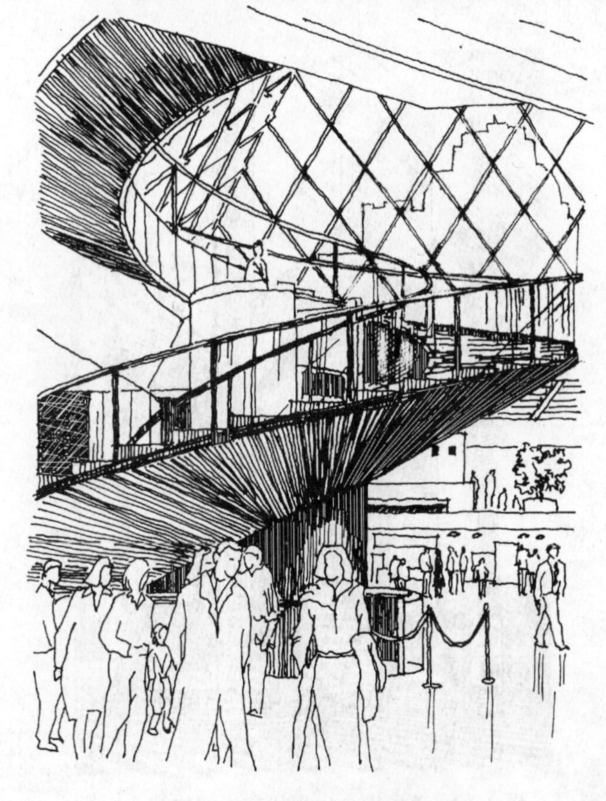

图 4-38　法国卢浮宫地下大厅

图 4-39　日本横滨高岛屋共同体

5．楼梯

楼梯作为建筑内部的竖向交通，是重要构件之一。内庭中有时将楼梯作为侧面的构图元素，可以增加内庭的空间层次，活跃内庭景观。

图 4-40 为美国旧金山现代艺术博物馆大厅，设计者将楼梯置于中心位置与墙面有机地结合在一起，通过材质与色彩的不同处理，使空间别具特色。

图 4-41 为日本东京丰岛冈女子学院二木纪念讲堂。弧形楼梯与灯具、地面巧妙地组合在一起，加强了中心感。

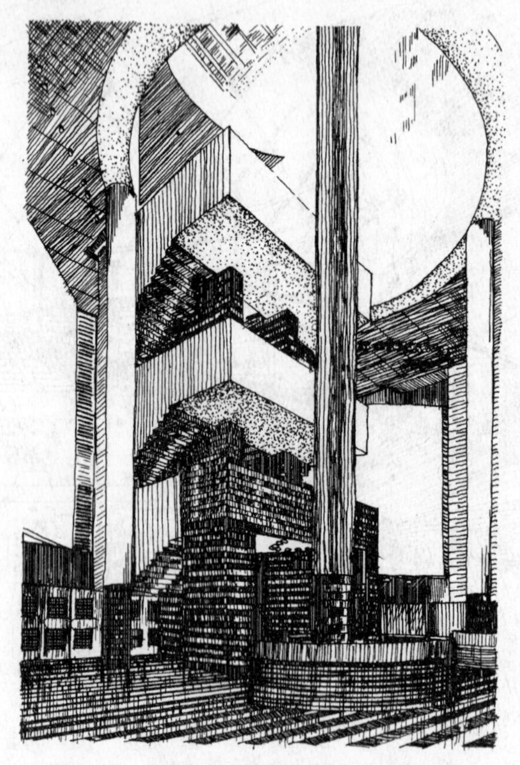

图 4-40　美国旧金山现代艺术博物馆大厅

图 4-41　日本丰岛冈女子学院二木纪念讲堂

6. 观光电梯

电梯也是建筑内的竖向交通。而观光电梯除了可以解决竖向交通外,本身还是一个很好的装饰构件。上下运动的轿厢活跃了中庭的气氛。当人们置身其中时,不但可以观景还可以引起他人的注意。

图 4-42 为美国瑟罗克湖岸中心中央大厅,两部观光电梯与装饰性雕塑相互呼应,使大厅充满生气和活力。

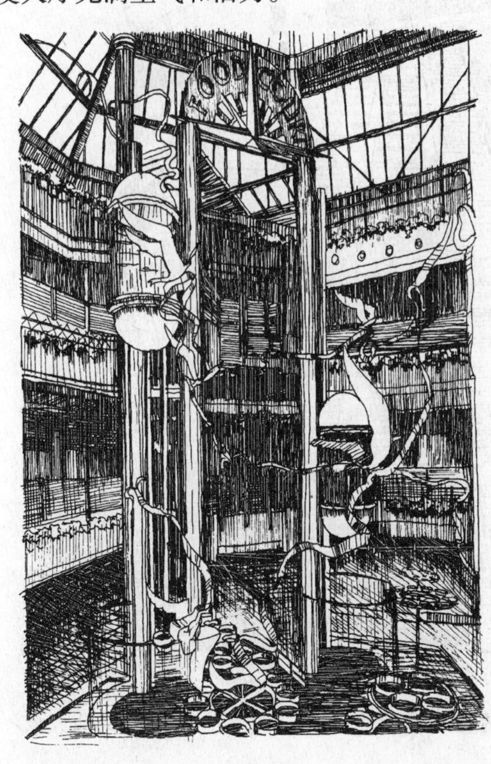

图 4-42　美国瑟罗克湖岸中心中央大厅

三、底面

底面作为内庭中人员活动与各种设施的主要载体，往往能直接体现内庭的基本功能与要求。它所包含的元素也较多如铺地、绿化、水面、山石等等。

常见的底面种类：

1. 实体地面与铺地

实体地面与铺地主要作为人流交通，人员活动以及家具陈设的场所，因此它应有足够的强度和耐久性，同时也应具有一定的观赏性。其所用的材料也是多种多样。如石材地面、人造石材地面、木地面、玻璃发光地面、塑料地板、地毯等。

2. 绿化地面

绿化是内庭底面的一个重要元素。它能起到柔化空间、美化空间与模拟室外空间的作用，在内庭应用较多。常见的布置方式有花坛、花槽、树木、草地等。

3. 水体地面

水体也是内庭底面的一个重要元素。常见的形式有水池、溪流等。平静的水面给人以宁静致远之感。动态的水流则充满生机与希望，可以活跃中庭气氛。

由于绿化与水体等内容在其他章节另有叙述，本节只就实体地面来谈。

图 4-43　日本名古屋 JR 大厦室内广场

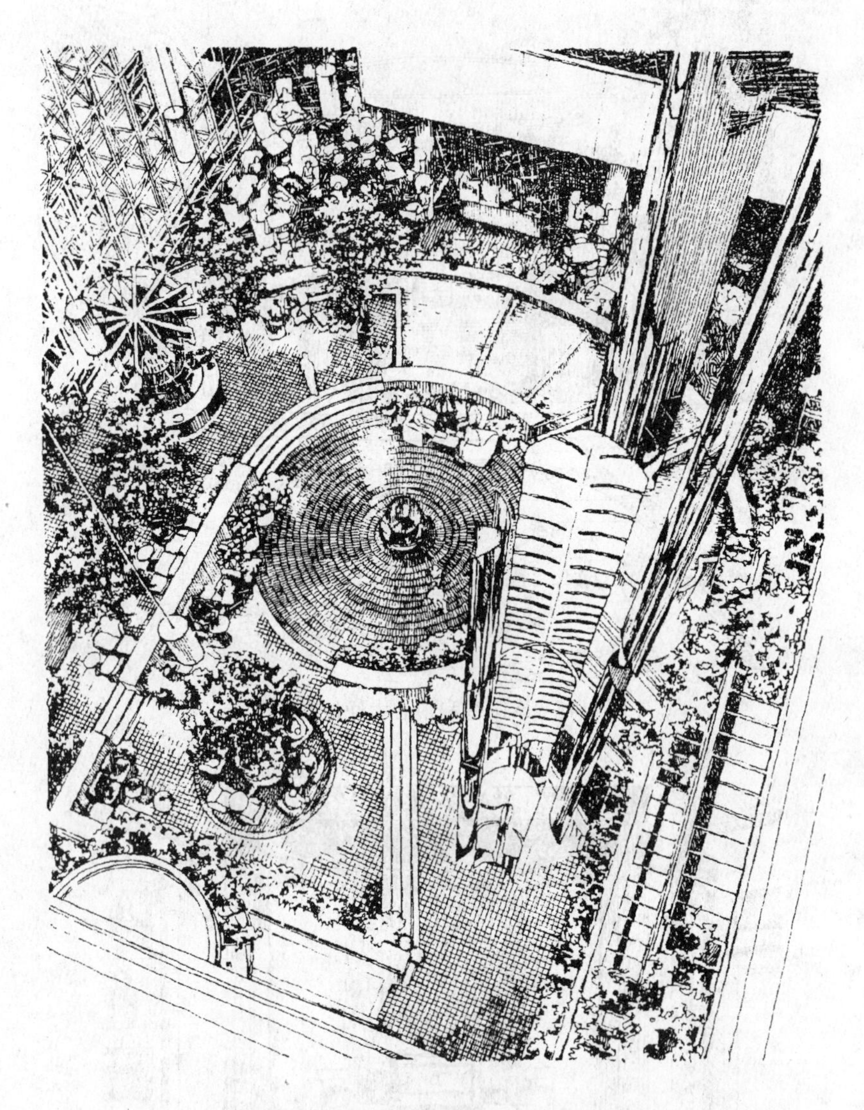

图 4-44 得克萨斯州凯悦酒店内庭地面

实体地面铺装对完善内庭空间起着多方面作用。

• 地面作为背景，衬托家具、陈设及人的活动。充当背景的地面铺装，在色调和质感上应与表现物有一定反差，且不宜有太醒目的图案或其他引人注目的特点，以免喧宾夺主(图 4-43)。

• 地面材料、图案的变化，或是地面竖向高差的变化，可对空间进行象征性的分隔。图 4-44 是美国得克萨斯州凯悦酒店内庭地面的分隔与联系。

• 在一些作为交通空间的地面上，地面图案的导向性可微妙地引导人流运动的方向。有时还无形中影响人们行走的节奏与速度，见图 4-45。

• 地面图案本身也可作为观赏对象。尤其在高大的中庭，人们往往可在高处俯瞰地面，地面图案的变化会令人感受到不同地域特色、不同风格和不同的寓意。见图 4-46。

图 4-47 为几种不同地面图案示例。

图 4-45 泰国塞利中心大厅地面导向

图 4-46 某大厅地面

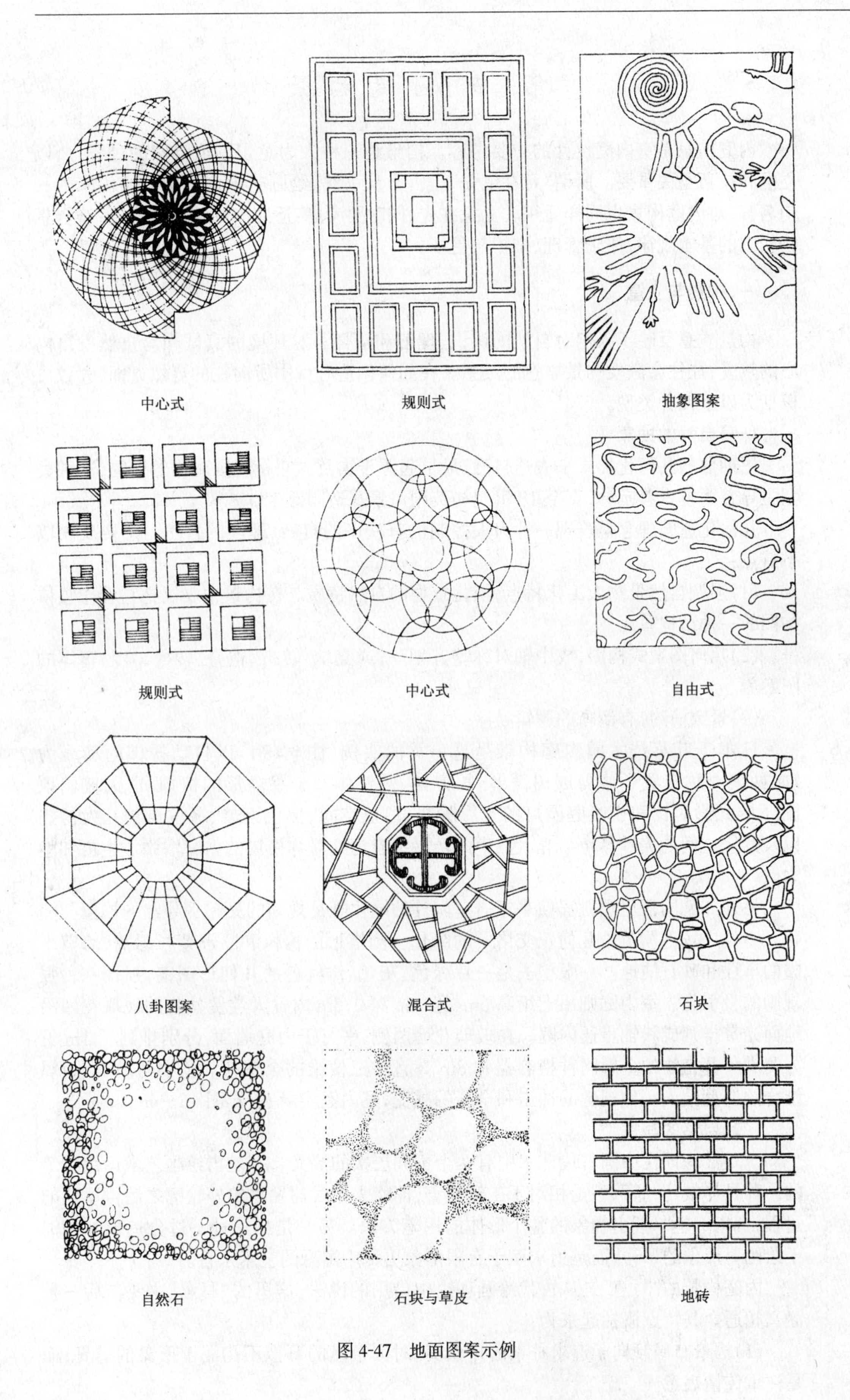

图 4-47 地面图案示例

第三节 内 庭 构 景

内庭构景是室内庭设计的重要内容。构景是一种人为意识创造自然的过程,所以立意和技巧至关重要。所谓"意在笔先"是古人从书法、绘画艺术创作中总结出来的一句名言,对内庭构景也同样适用。立意在先,同时要考虑:适应内庭的功能需要;符合景物构图的基本规律;便于管理、维护与更新。

一、构景与立意

构景立意反映了人们对自然的认识、理解和情怀。对环境的真诚和对自然发自内心的热爱,往往会激发构景立意的灵感。在如何创造心目中所向往的自然方面,大致可概括为以下四种类型。

(一)自然的抽象

用抽象的几何化形式来表达自然,最早起源于埃及。它是规则对称的格局,这种类型主导着西方古典园林,直至18世纪初英国风景式造园诞生。

几何化造园理念是表现一种为人控制的有秩序的自然、理性的自然。主要反映以下特点:

(1)强调自然景物人工化特点,淡化景物的自然特质。在构景中仅仅把它看作整体构图的一种结构单元。

(2)几何图案式构图,或中轴对称整齐划一,或交织、转折、重叠、转换,显示整体的图案美。

(3)景致简约,有清晰的逻辑秩序。

日本千叶某技术园内庭构景是这一类的实例(图4-48)。以自动扶梯的动线为轴,两侧对称布置了修剪成树篱形、长方体、圆锥体及金字塔形的植物。白天玻璃顶棚下的光影对比和夜晚庭园灯的光影朦胧;白色空间、黑色钢琴、绿色植物互为衬托以及萦绕空间的美妙琴声。光、色、声的巧妙结合为这对称格局的内庭增添了生机和魅力。

另外如德国慕尼黑凯宾斯基饭店室内外的绿化既是规则的又超乎寻常的抽象与变化。室外广场上覆盖着几何正交格子的绿化。圆塔形的橡树和欧洲紫杉绿篱,修剪平整的草坪和砂石铺地。一眼望去是一片绿色、灰色、洋红色的几何形图案,强调一种强规则的吸引力。室内庭则由七组高6m、宽6m、深0.5m内置天竺葵盆栽的玻璃花墙沿地面光带排列成斜轴贯通内庭。在玻璃花墙两侧,平行于内庭墙面,分别排列了1m见方爬满藤蔓植物的金属网种植容器和8m高直角三棱锥的金属树。植物与玻璃、金属结合的造型给人一种视觉的冲击和全新的感受,见内庭实录五、彩图46～48。

(二)自然的写意

"写意"一词在中国古代艺术中有两个不同层次的涵义。一是指绘画艺术运用毛笔的一种具体技巧,"写意"是相对于工笔而言,即略去用线勾勒物象外轮廓之后再填色的过程,直接一笔"写"出物象的整个形体的用笔方法。另一是指一种不过分追求和拘泥于绘画对形象的摹写,而是追求赋予有限形象更深广寓意的艺术宗旨。

内庭构景的"写意"是从古代绘画理论中借用的说法,这里的"写意"主要与后一种涵义相通。其特点概括起来为:

(1)构景布局倾向于追求朴素的自然美,对大自然的摹拟不拘泥于形象的逼真,而是注重传情表意。

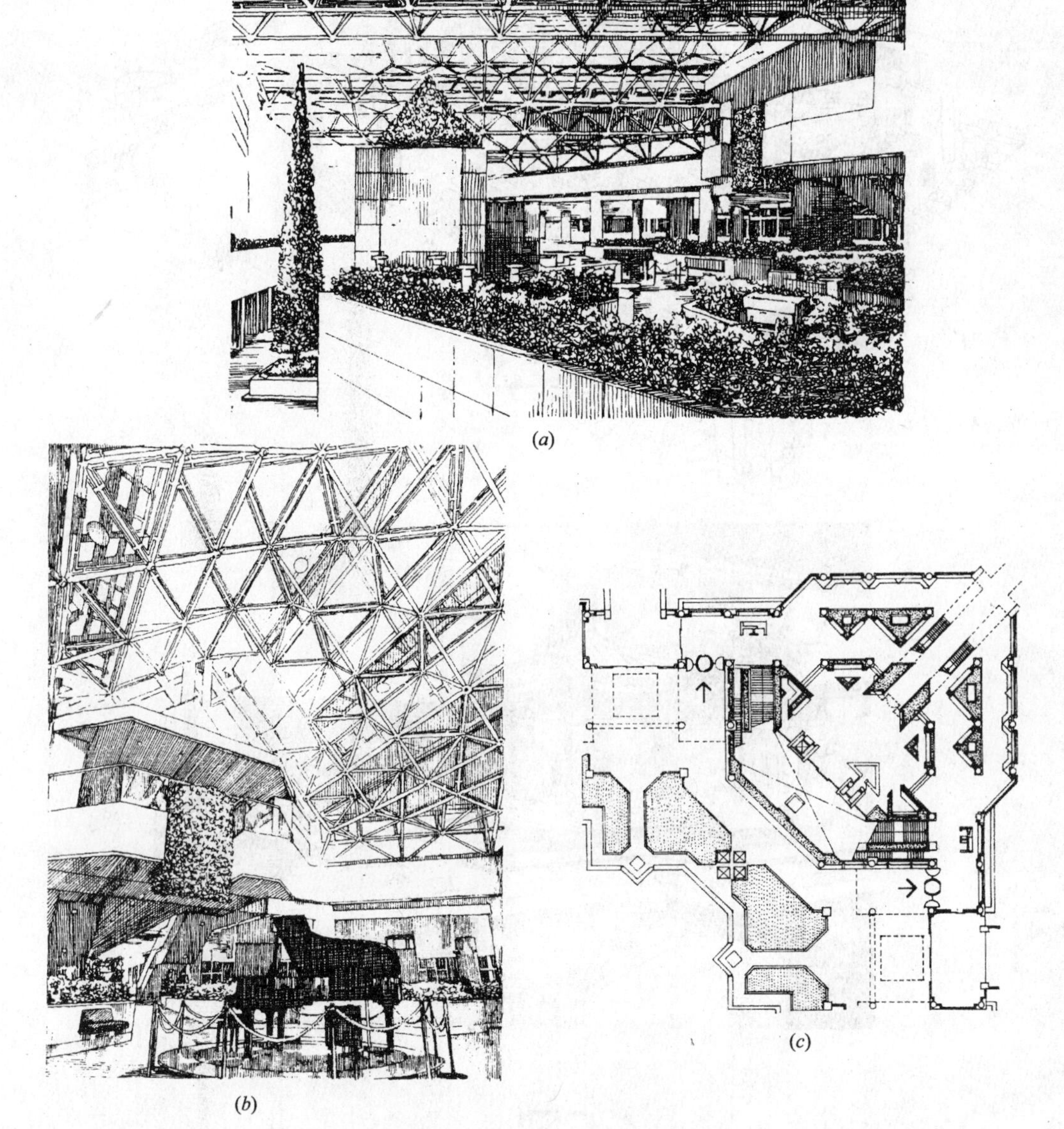

(a)

(b)

(c)

图 4-48 千叶某技术园内庭

(a)内景之一;(b)内景之二;(c)平面

(2)如《园冶》所说“花间隐榭,水际安亭”,“房廊蜒蜿,楼阁崔巍”。构景元素除山、水、花木以外,亭、廊、建筑还有小桥都成了融合沟通的要素。

(3)因借得体,妙造景观。“因”即构景因庭制宜,“借”即借景。充分利用室外美景借得入内,或是采取庭内景观之间的互借如对景、框景等手法。

加拿大蒙特利尔假日枫华苑酒店内的“趣园”是现代共享空间与富有中国传统文化气息内庭的结合。园内由水、石、花木、亭、桥、檐廊等精心组合,周围是酒店服务总台、商务、会议、中西餐厅、酒吧等公共服务设施。汉白玉栏杆的曲桥贴水而行,水中设一小亭,既是景观又可供人观景。可谓宜人得体,意态横生(图 4-49)。

又如内庭实录二和彩图 36~38 的中银大厦大厅,以竹、石、水写景营造出一个具有浓浓中国味的现代园林。人们不仅可在大厅内观景;在厅侧廊道也随处可通过月门和景窗在逆光的框景中欣赏明亮大厅内的群石和竹林景观。

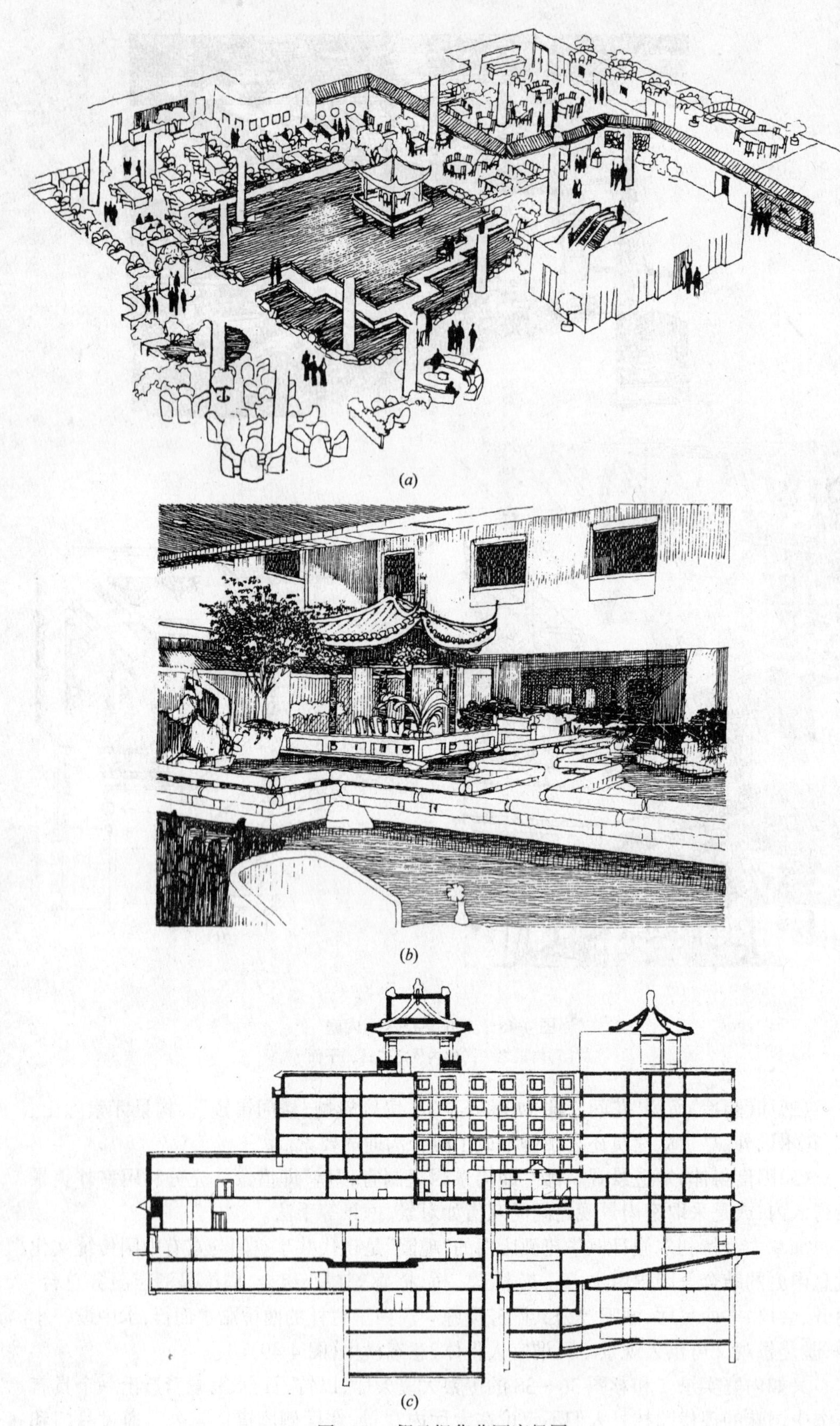

(*a*)

(*b*)

(*c*)

图 4-49　假日枫华苑酒店趣园

(*a*)趣园俯视;(*b*)内景一角;(*c*)剖面

（三）自然的象征

自然的象征强调景物表现的纯粹性和主观体验的重要性。就景观说来，如果说自然的写意接近中国山水画的风格，创造一种滃然晕染的效果，则自然的象征类似素描，重视描绘自然的构造力。较具代表的是早期日本的一些庭院，受禅宗和茶道的影响，崇尚和、静、清、寂。追求一种主观的静思和顿悟。如日本龙安寺石庭，东西长25m，南北宽11m，石庭运用了高度洗练的技巧，在限定的空间中满铺白砂，每天被耙出各式各样的波纹，象征大海。有15块石头自东而西分为5、2、3、2、3五组象征五个群岛，疏密有致地散落在白砂之中。除了石根略有几簇苔藓之外，全院了无花草树木。大海与孤岛是对宇宙秩序的想像，白色反光强调浩瀚的宇宙空间，启发无限的永恒与有限生命的对比。

日本东京湾希尔顿饭店的“星辰庭”，将传统形式与天体符号相结合，在耙有水圈的砂面上散置了球形照明灯，象征分子、原子模型。白石墙面上有青石镶嵌的古典书法日、月、星辰。石庭试图用科学的观点来描绘宇宙秩序（图4-50）。

图4-50　东京湾希尔顿饭店的星辰庭

有些内庭运用直线构景也具有一定特色。自然界景物，本来几乎不存在纯直线，运用直线这一最基本的线型来描绘自然，是一种象征手法。对于日本，直线线型也根植于他们的风土。在他们传统建筑和服饰上都能看到这一特征。图4-51为日本一社区中心内庭，在一片方向性很强斜铺的灰绿色条石地上，平顶石头以150mm为模数，高低错落地围绕中心石依时针旋转方向有序地散置。铺地的石缝间有浅浅的流水和犹如稻穗低垂状的细小喷水。四周有草地、灌木和枫树，非常优雅。

（四）自然的写实

自然的写实倾向于田园情趣和自然之享乐。是较为贴近大众生活和欣赏品味的一种类型。

这种类型在构景方面不拘一格。不论是规则式布局、自然式布局或是两者的结合，一般均以简洁、自然取胜。如一片花圃、一片草地、一池清水、一注喷泉等，展示了自然景素本身丰富多彩变化万千的美。在构景手法上较多地运用以对比而求统一。如体量对比，小中见大；体形对比，水平廊架与室内树；虚实对比，池水与山石；动静对比，流水喷泉与山石花木；

色彩对比,浓绿的观叶植物配以姹紫嫣红的花卉等。使景物突出、景色生动。

图 4-52 是尼亚加拉河畔的彩虹中心。在高约 36m 的红色钢架和玻璃组成的屋盖下是冬季花园和现代共享空间的结合。园内棕榈树、常绿阔叶树及灌木花卉或单植或群植错落有致,喷泉水池点缀在绿丛之中。石铺小径弯弯曲曲,粗砺的毛石矮墙围合的休息空间内设置了木制长椅和庭园灯。飞架上空的钢架天桥及飞鸟似的雕刻更增添了室内的生机和活力。

当漫长冬日来临时,室外一片洁白,而园内却充满了红、黄、蓝、绿、青紫、橙彩虹般的色彩,给人别有一番感受。

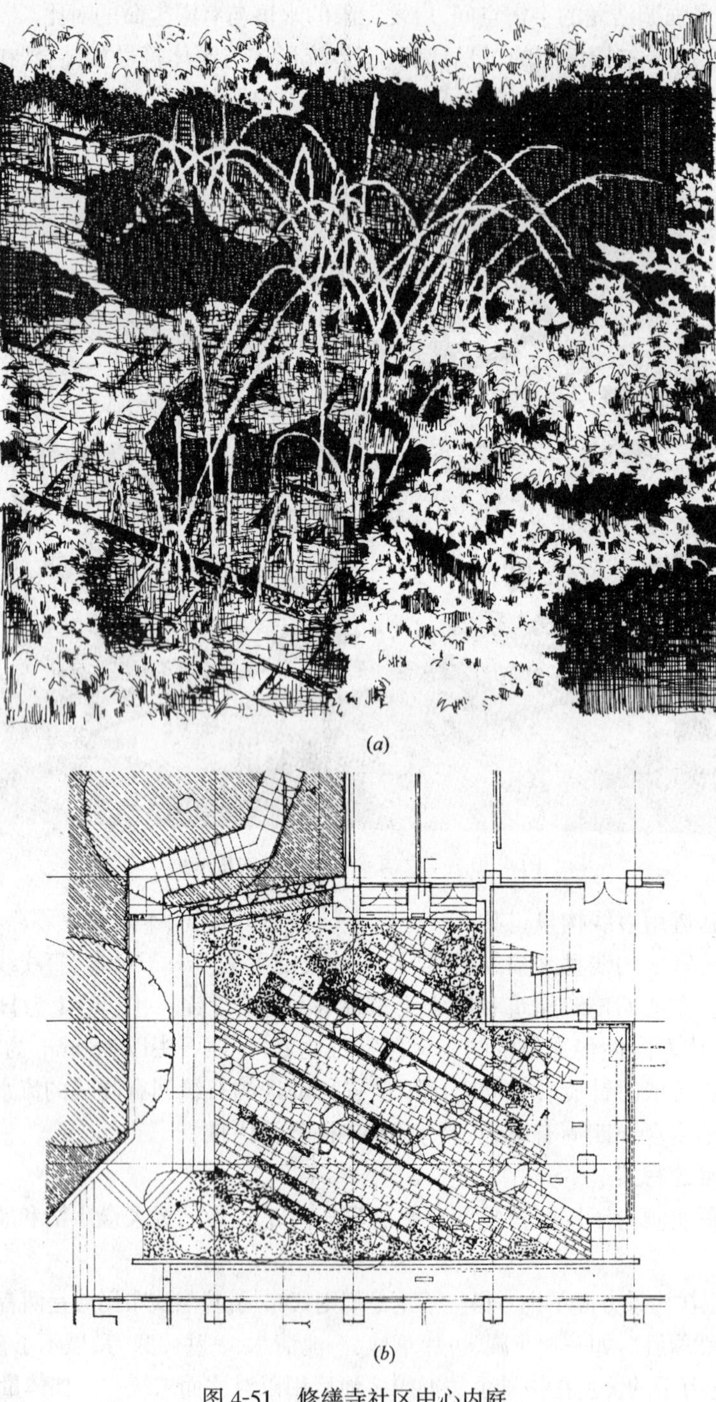

(*a*)

(*b*)

图 4-51 修缮寺社区中心内庭

(*a*)景观;(*b*)平面

(a) (b)

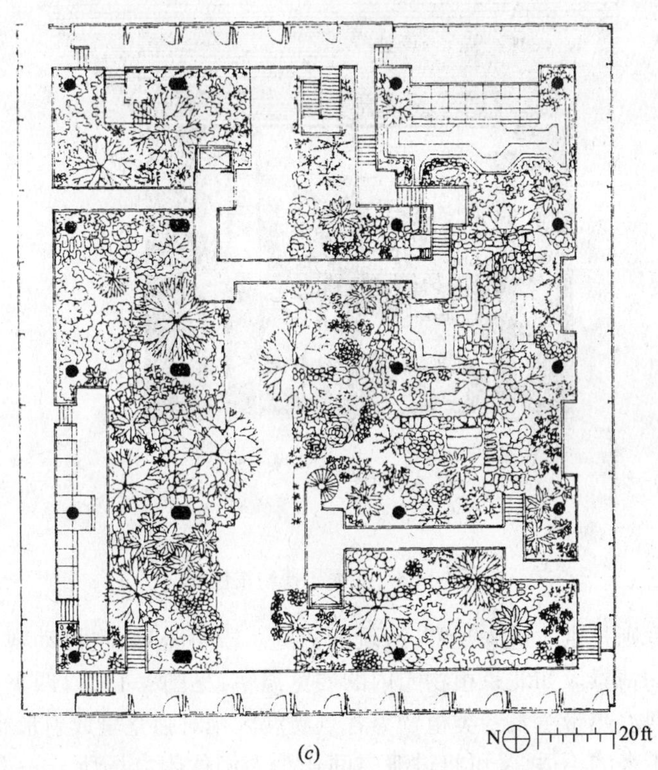

(c)

图 4-52 彩虹中心
(a)、(b)内景;(c)平面

二、构景与功能

内庭构景在立意同时还应考虑室内功能，以提高空间价值和环境品质。内庭功能概括说来，大致有下述几种类型。

(一)以观赏功能为主的内庭

这种内庭有静观式和回游式之分。

静观式内庭常设在厅、室一侧，借庭内花木、水石景入室内。如瑞士巴塞尔曼尼尔博物馆，展厅一侧的庭院景色成为逆光雕塑的背景，是一种绝妙的衬托(图4-53)。又如日本仙台市仙台文学馆，建筑跨越谷间，完整地保留了场地的自然景观。在建筑的适中位置，有一圆形天井。人们可在二层的入口大厅和三层的展示室从天井俯瞰地面自然景色(图4-55)。

图4-53　曼尼尔博物馆展厅

回游式内庭则是供人进入观赏、游玩的内庭。既可坐观、也可动观，人在其中回游获得步移景随的情景。如北京植物园内的展览温室，见图4-11，以四季花园为中心，热带雨林、沙漠植物、热带兰及专类植物等各景观展区相对独立呈放射形布置。这样既可调节温差给人带来的不适，又可将过渡空间作为人们休闲之场所。一条水平游览路线与垂直观光电梯和全玻一钢楼梯串连起来，让参观者一览无余。

美国伊利诺伊州莫莱市迪尔公司的内庭花园(图4-54)。在明亮的斜拱状玻璃顶下，布置了季节性植物花床，单植的垂叶榕以及覆盖树根和岩石的英国长春藤，垂吊的波士顿蕨点缀其间，绿意盎然。花岗石铺成的小径将人们引向休息室和餐厅。

(*a*)花园内景

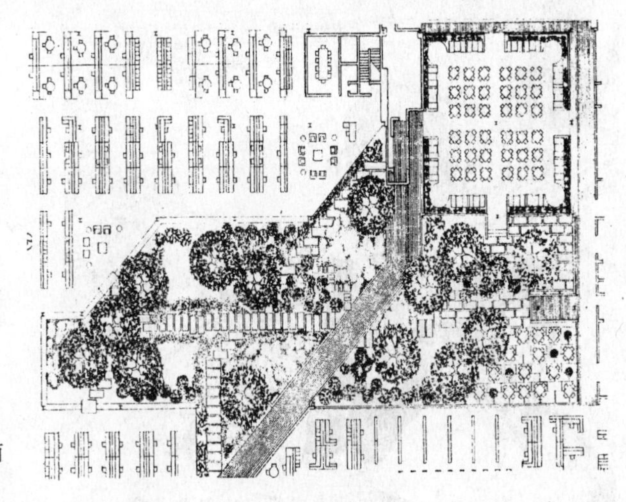

图 4-54 迪尔公司内庭花园 (*b*)平面

(二)以交通功能为主的内庭

人员流通是这种内庭的特点,因此自然景素布置应有助于人们的行动有明确的导向,并在完成行动的过程中经历一次审美的体验。图 4-56 是由地铁口通往购物中心的室内庭,圆形水景作为人们在空间转换时的休息和导向设施。另外如英国"伦敦之晨"电视台,建筑中间为长约 30m、宽约 10m 作为联系各空间的交通内庭。向前是临河餐厅,上二楼是各办公室。内庭从东到西分别布置了象征远东(日本亭子式休息室)、中东(美索不达米亚式楼梯)、地中海(希腊爱奥尼克柱式山门)、美国西部(仙人掌花园和达拉斯摩天楼镜面玻璃墙)的景色,以强调这一电视中心的世界性(图 4-57)。

图 4-55　仙台文学馆景观

图 4-56　交通性室内庭

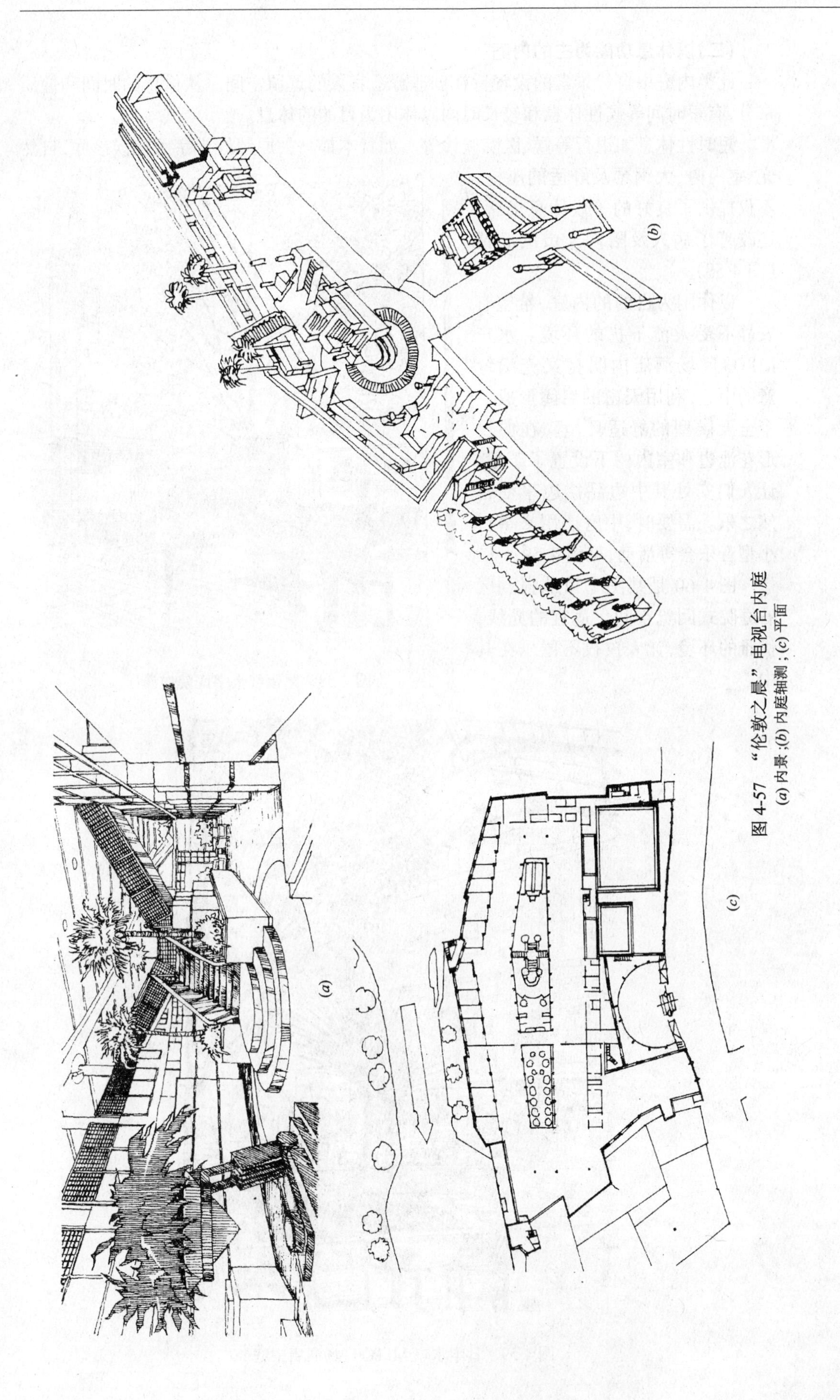

图 4-57 “伦敦之晨”电视台内庭

(a) 内景；(b) 内庭轴测；(c) 平面

(三)以休息功能为主的内庭

此类内庭中自然景素的设置旨在创造舒适宜人的逗留空间。从休息的时间和性质来分,有短时间等候性休息和较长时间以休闲为目的的休息。

短时性休息如银行等候、医院候诊等。如日本郡马县原镇红十字医院候诊厅,自然光、室内树、大钢琴及舒适的座椅,不仅提供了良好的等候休息场所,还改善了病人及陪同人员的心情(图4-58)。

以休闲为目的的内庭,希望有安静不受人流干扰的环境。水户MITO广场酒店内明亮又充满绿意的中庭,利用天窗的启闭形成一个全天候型的舒适环境。在曲尺形花池边和室内树下设置了茶吧,让人们安处其中边品饮边享受自然之乐。需要时,中庭还用来举行小型音乐会等活动,见图4-59。

图4-60是某图书馆从报刊区看庭院式阅览空间。适宜的光线,优雅的环境,让人孜孜不倦乐在其中。

图4-58　原镇红十字医院候诊厅

图4-59　日本水户MITO广场酒店中庭

图 4-60　图书馆庭院式阅览空间

(四)以健身功能为主的内庭

为人们运动、娱乐、健身提供了一种全天候的自然环境。如美国某儿童乐园,专为慢性病儿童患者定期疗养之用。室内充满了自然和童趣。一踏入门厅,脚下响起音乐声。沿着黄色的石铺地进入四层高的内庭,然后可乘车沿坡道直达温室花园。花园内有枝叶繁茂的室内树,色彩艳丽的花草、活泼的鸟禽和水生动物。孩子们在这样的环境中运动、娱乐、学习、生活获得身心健康(图 4-62)。室内水上乐园是这类内庭的常见形式。集休闲、健身、研修为目的的日本大阪休闲健康创造馆,内设温泉游泳池、娱乐活动室、咖啡厅、会场及研修室等。从入口大厅进入建筑主体——一个高 20m 的中庭。其中央是一圆形运动浴池,一侧可见注入步行浴池的瀑布,另一侧则是浅滩喷水池,还有一年四季随气候与之启闭的浴场。中庭玻璃采光顶用遮光幕调节自然光的射入,晚间遮光幕作照明演出之用,如星空的景象等。健康创造馆室内空间富有变化,其休闲水景在满足健身功能同时还极具观赏性,见图 4-61。

图 4-61　大阪休闲健康创造馆内景

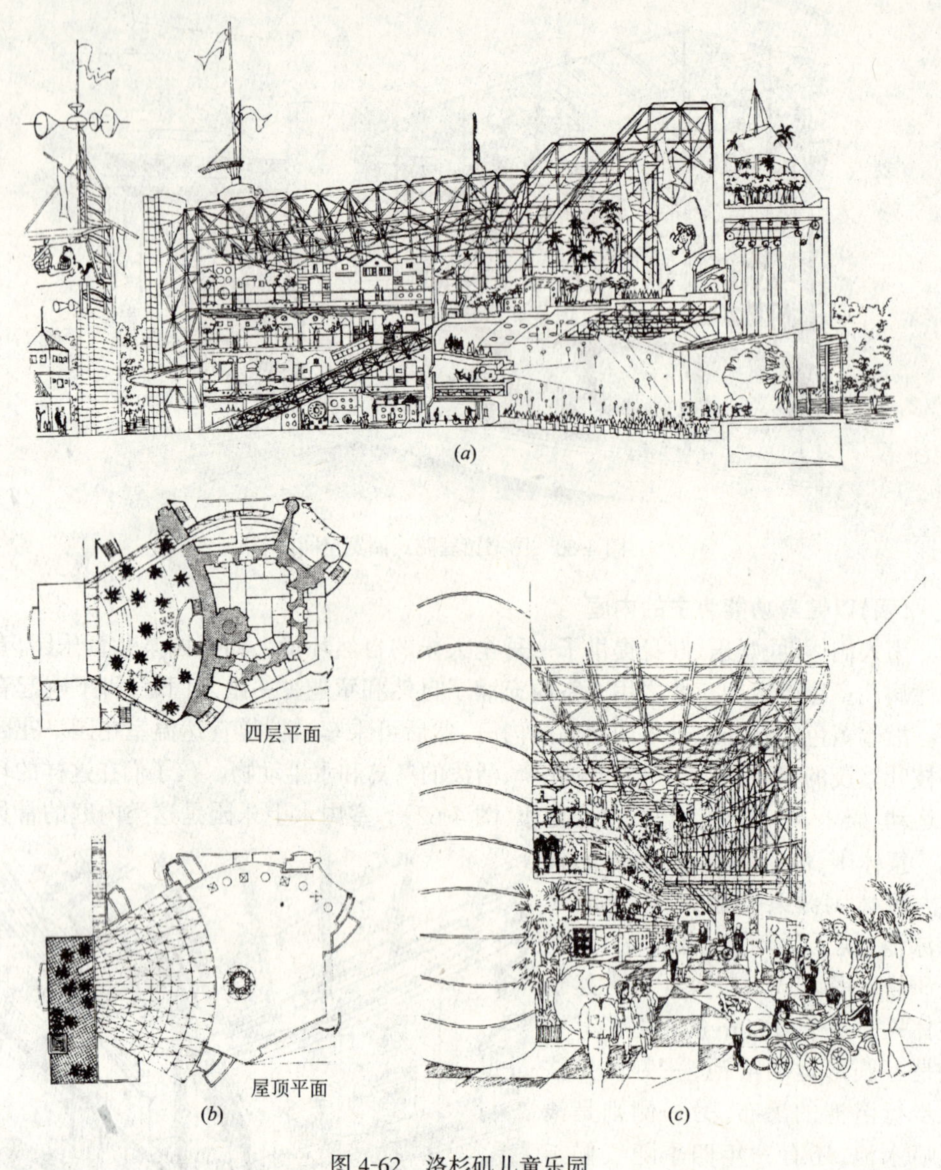

(*a*)

(*b*)

(*c*)

图 4-62 洛杉矶儿童乐园

(*a*)剖视;(*b*)平面;(*c*)内庭

(五)具有综合功能的内庭

它往往集休闲、娱乐、集会等多种功能,且处于复合性建筑的核心位置,成为复杂空间组织的中介。某种程度说来,相当于一个有顶的城市开放空间,为人们创造了公众化全天候的公共活动环境。综合功能内庭中自然景素构设常作为各功能区的界定和景观中心

美国纽约原世界金融中心塔楼之间的内庭,曾经是极具魅力的公众活动场所。在约 38m 高的采光拱顶下,按方格网栽植了 16 棵近 10m 高的棕榈树。人们在树间穿行如同林中漫步,还可透过树干和玻璃墙一览哈德逊河景色。树冠形成的次空间能适应不同使用功能,如节日的欢聚、宴请、各种演出活动等。半圆形台阶和平台既可作讲台、舞台,也可当作观众席,见图 4-63、图 1-17。

有时,内庭面积并不十分大但又需作多功能使用。这种情况,室内绿化在尺度上宜

精巧并尽量沿周边布置,使空间相对集中以便增加使用的灵活性。日本富来镇住宿交流中心,在其金字塔采光顶下,有一面积约 300m^2 的中庭。台阶式绿化与室内踏步结合靠一侧布置。这里,有时作聚会场所,有时作餐饮空间等(图 4-64)。

图 4-63　原纽约世界金融中心内庭内景之一

图 4-64　富来镇住宿交流中心中庭

三、构景的形式美

对内庭自然景物美的体验包括视觉、嗅觉、听觉、触觉等几方面。但就人感知的信息说来，更多地偏重于视觉审美。因而赋予自然景物以美的形象就十分重要了。内庭构景运用植物、水、石、小品等素材，点、线、面、形状、质感、色彩等造型要素构成美的秩序，就需要掌握形式美的一般原理。

1. 统一与变化

统一与变化是形式美原理中的主要关系。在景观造型中，统一意味着部分与部分及部分与整体之间的和谐关系。统一的首要一点是恰当地选择表现立意主题最直接、最有效的素材，尽量不混杂使用多种景素。如果选用的景物素材在体形、体量、色彩、质感等方面具有一定程度的相似性或一致性时，往往给人以统一感。变化则表明部分与部分之间的差异。为避免呆板单调的感觉，应求统一中有变化。

北京昆仑饭店四季厅内的“碑林”是以石材材质一致、形态相似和布置的高低错落、疏密有致，而取得统一变化的和谐效果(内庭实录一)。

美国斯坦福大学临床科学研究中心内庭中天窗细密的格栅、庭内丛密的修竹和二侧工作室半圆状波形玻璃墙。它们之间形状、材质、色彩各不相同富有变化，但在节奏和韵律上求得了协调统一，给人一种优雅的美感(图 4-65)。

图 4-65 斯坦福大学临床科学研究中心内庭

2. 相似与对比

相似与对比的表现是多方面的。如景物素材的形、色、方向、比例、虚实、明暗等都可以作为相似与对比的因素。

相似是由同质部分组合而产生的效果。景素之间相互关联或含有共同因素、共同属性,给人以平稳、和谐的感觉。与相似相反的概念是对比。对比是异质部分组合时,由于视觉强弱差异所产生的效果,给人以生动而鲜明之印象。

相似与对比有多种手法,如烘托手法,优势手法等。“万绿丛中一点红”就是这种动人景象的写照。

图 4-66 是日本山国中心的玻璃内庭,像“城市起居室”般的空间内,飘然而落的瀑带注入一池清水中。两种水景之间形成了方向、动静、光影的强烈对比,使室内在静谧中增添了生机。

图 4-66 日本山国中心内庭

3. 对称与均衡

景物依照一个中心或一条轴线作相同排列称为对称。无论是中心对称或是轴线对称都是最规整的组织状态。图 4-67 为食庭室内景物两种不同的对称格局。

均衡是由对称演化而来,均衡的构图没有明显的对称轴和对称中心,但具有相对稳定的构图重心。它是运用一种心理体验,如在形状方面:垂直线比倾斜线显得重,圆形比长方形重;在质感方面:粗糙比光滑显得重,实体比通透重;在色彩方面:红(黑)比蓝(白)显得重;在心理因素方面:感兴趣的或出乎意料的显得重。运用上述原理使构图达到美学意义上的均衡。如德国慕尼黑凯宾斯基饭店内庭,金属树与树篱分别排列在成角布置的玻璃花墙两侧,获得相对均衡的布局(内庭实录五)。

4. 尺度与比例

尺度与比例是指景物与空间在部分与整体和部分与部分之间在形与量方面的相称,给人一种相宜得体的感觉。

景物应与其所在空间的尺度相协调,在近人的部位同时应考虑与人的尺度相适应。如彩图 38 北京中银大厦大厅水池内粗犷的云南石林山石和两侧花池中挺拔的竹林与这宏伟大气的空间相得益彰。

(*a*)

(*b*)

图 4-67 食庭

(*a*)对称格局之一;(*b*)对称格局之二

至于比例，一般说来黄金分割比、整数比、平方根矩形等都是匀称、优美的比例，见图 4-68。

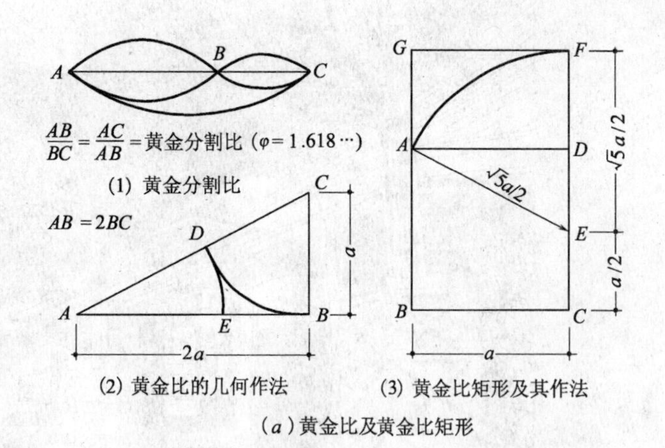

（a）黄金比及黄金比矩形

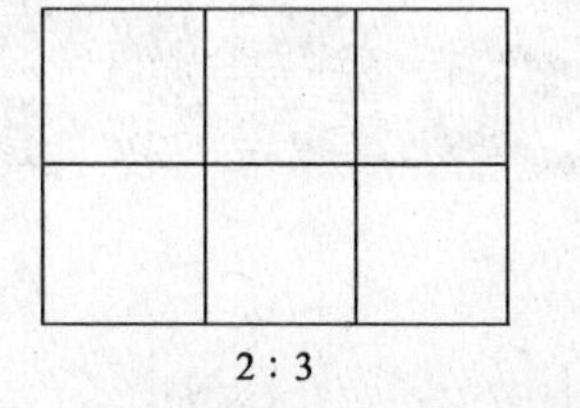

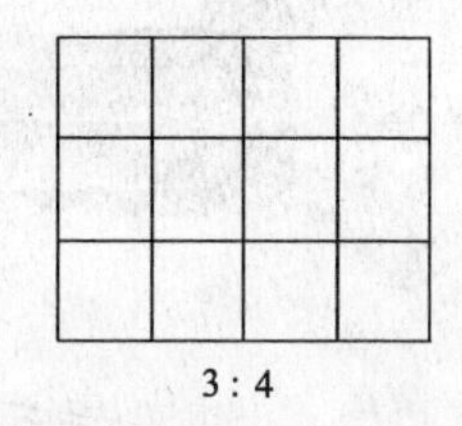

（b）整数比矩形

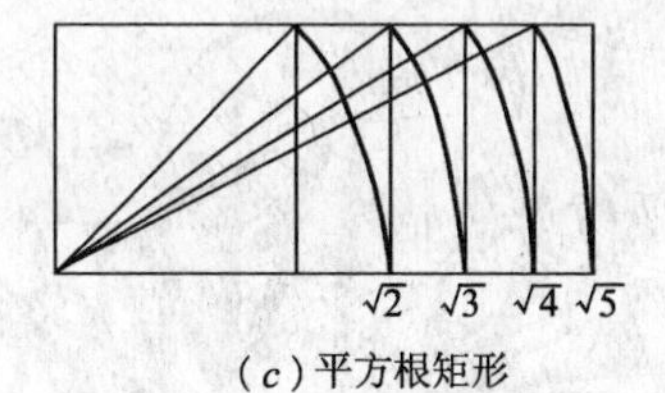

（c）平方根矩形

图 4-68　比例

(1)黄金分割比：线段分割使两部分之比等于部分与整体之比称为黄金比。

(2)整数比：线段之间的比例为 2:3、3:4、5:8 等，或由数列组成的复比例 2:3:5:8:13 等称整数比。

(3)平方根矩形：平方根 $\sqrt{n}$（n 为正整数）比构成的矩形为平方根矩形。以正方形的对角线作边长可作得$\sqrt{2}$矩形，以$\sqrt{2}$矩形的对角线作边长可得到$\sqrt{3}$矩形，依此类推。

比例美反映在景物与空间之间，有时并不一定可用数字精确计算。但含有一定模数关系的比例同一性所形成的有机联系，会加强室内的整体感和细部的完美。内庭实录二的中银大厦就是一例。

5. 韵律与节奏

韵律是指景物的某一主要形式如形状、光影或虚实关系作有规律地连续重复而产生的。让人领略到一种节奏的运动，使静态空间产生一种微妙的律动感。韵律一般有以下几种形式：

简单韵律：简单韵律是由一种同形、同色的景观元素按一种方式重复，或几种方式交替重复而产生的构图。单纯、鲜明。

渐变韵律：渐变韵律是连续重复的景物元素按一定规律有秩序地变化形成的。如形状由大而渐小或由小而渐大；色彩由淡而渐浓或由浓而渐淡；排列由疏而渐密或由密而渐疏等。这种渐次的变化给人以余韵未尽的印象，轻快生动。

发散韵律：由中心发出的放射形布局。既向心又发散，均衡、活泼。

图 4-69 为某商业中心内休息座绿化布置的两种韵律感。

以上所述是构景形式美的一般原理。景物的形式美固然能给人以赏心悦目的感受，而景物给予听觉、嗅觉、触觉的美感有时却能触动心灵。如“非必丝与竹，山水有清音”和“千万里寻不来的故园，会在一朵矢车菊上嗅见”都说明了声响和气味的景效作用不可忽视。

(*a*)

(*b*)

图 4-69　休息座绿化

(*a*)简单韵律；(*b*)发散韵律

第四节　内 庭 景 物

内庭景物,有以植物为主题的,以水景或山石为主题的。不同景物主题,使内庭景观各具特色。

一、植物内庭

以植物为主的内庭,一般有两种情况。

一种是庭内以景为主,相当于温室花园。如位于美国纽约曼哈顿中心区的福特基金会大楼。12层的办公室围合了一个通高的大空间,其上为玻璃顶,其下是一个近 1300m^2 的绿色内庭,成为各层办公室的良好景观。第42街在建筑的西南边,第43街相对在东北边,两街高差约一层楼,通过室内花园联系起来。该内庭花园是20世纪60年代世界办公建筑中第一个大规模的室内花园。当时选择了亚热带和温带植物,如广玉兰、红桉树(*Eucalyptus sideroxylon*)、黄檀(*Jacaranda acutifolia*)、日本柳杉(*Cryptomeria japonica*),以及999株灌木和148棵藤蔓植物,21954棵地被植物和18棵水生植物。花园完成以后发现,冬季的气温可以控制在春、夏、秋季的平均温度上。因此,这些要求较多光照的亚热带和温带植物逐渐被较耐荫的热带植物所取代。尽管树种发生了很大变化,但所产生的视觉效果却没有变。花园的植物采用地下管网水肥系统灌溉。该系统带有定时器,并与液体肥料的喷灌装置相连。灌溉水采用大楼各个点收集起来的冷凝水。这是一种环保措施,福特基金会大楼内庭开创了一种全新的城市空间,成为纽约钢筋混凝土、玻璃建筑群内的一块具历史意义的绿洲(图4-70、4-71)。又如美国宾夕法尼亚州的迈恩安全设备制造公司总部。其中庭达18.3m×64.3m,上方为作色玻璃铺就的拱形天窗,下面为三层共享空间的花园。其中二楼有一斜插过中庭的人行通道,增加了交通功能,又扩大了花园的观赏面。花园主要以垂叶榕作上木,下层多为耐阴性的肾蕨、白掌、露水草等多年生草本,并用变叶木、一品红等色叶植物增加色彩(图4-72)。

另一种,也为最常见的是庭内以与功能相关的家具设施为主,植物点缀其中,起到组织空间,调节空间和美化环境的作用。

(一)空间组织

1. 空间的过渡与延伸

运用植物的连续布置而获得空间的自然过渡与延伸。如在内庭入口处的顶棚、墙面或地上布置花卉树木,形成一种室外化的室内空间,使人从室外进入建筑物内部时有自然的过渡和连续感,如彩图27和图4-73。为了加强这种过渡与连续感,在植物选择上最好能重复或部分重复过渡空间附近的室外环境中植物的种类,不能求得一致时,可在形态、质地、大小或色彩等方面重复。同时在配置方面也应有连续感。另外,也可通过内庭的窗、玻璃墙等通透的围护体,使内外植物相呼应,以增加空间的开阔感和深远感。

2. 空间的提示与导向

内庭空间常因其功能的综合性而需要某种提示和导向,以有利于人流的组织。室内植物因其具有独特的观赏特征,能较强烈地吸引人的注意力,而巧妙含蓄地起到提示与指向作用。如在空间转换处,台阶、坡道的起止点,主楼梯等位置,运用花池,盆栽作为提示(图4-74)。或是借助于有规律设置的花池,悬垂绿化形成无声的空间诱导路线。为了加强提示与导向,植物选择应在其质、色、形及尺度上有吸引人的特点,如龟背竹或春羽的大形异叶、刺葵、巴西铁、苏铁的形态，花烛、鹤望兰奇特的花，四季海棠、瓜叶菊的色或藤蔓植物柔软的体态，修剪成形的植物雕塑等。

3. 空间的限定与分隔

内庭空间常常由于功能上的需要而划分为不同的区域。如交通、休息、餐饮等。这些空间的形成都可以用室内植物来达到或得以加强。而且可以运用其不同的尺度和体量围合成封闭程度不等的空间。图 4-75 是用较高的花槽分隔的空间。图 4-76 是利用背靠种植植物限定空间，形成各自独立的休息座。

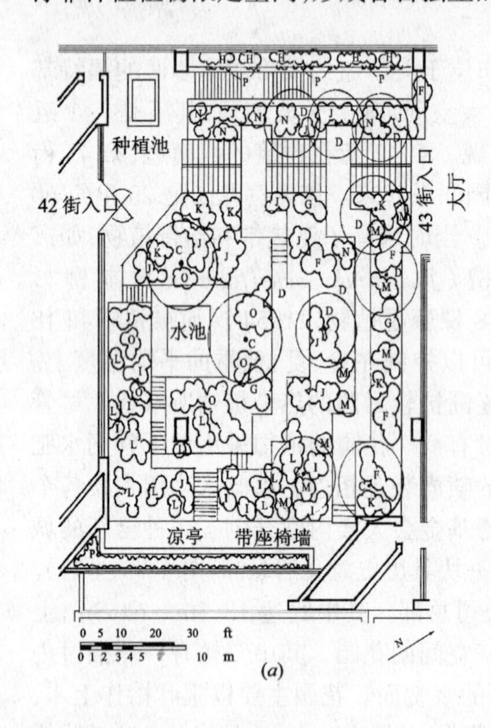

(*a*)

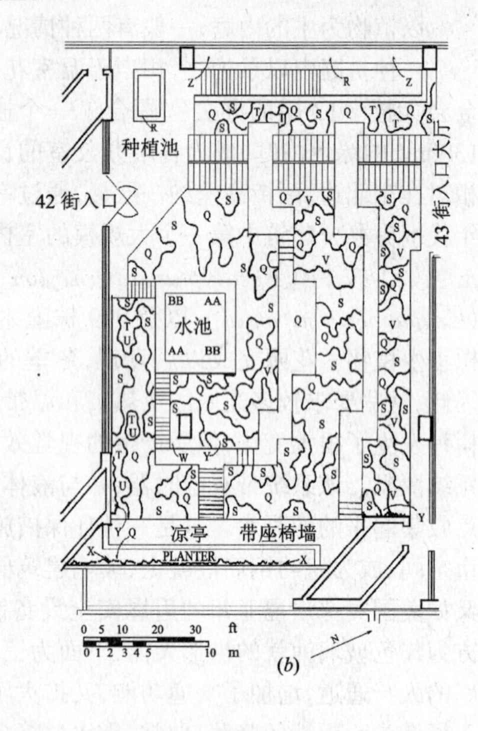

(*b*)

C	广玉兰	Q	婴儿地毯草
D	垂丝榕	R	麦冬
F	山茶"第一红"	S	结缕草
G	山茶"纯洁"	T	园叶旱蕨
H	火红倒挂金钟	U	流苏耳蕨
I	日本马醉木	V	铁角蕨
J	杜鹃"阳山荣"	W	清明花
K	杜鹃"阿尔比安"	X	圣地亚哥红叶紫花
L	印度杜鹃"孔雀开屏"	Y	薜荔
M	印度杜鹃"美丽"	Z	赤汁喇叭藤(紫威属)
N	钝叶杜鹃"冰岛"	AA	热带睡莲
O	杜鹃"粉边"	BB	箭叶慈菇
P	络石		

图 4-70 纽约福特基金会大楼内庭花园种植设计

(*a*)最初乔灌木种植设计平面图；(*b*)最初地被种植设计平面图

图 4-71 纽约福特基金会大楼内庭花园

图 4-72 美国迈恩安全设备制造公司中庭

图 4-73　加拿大温哥华法院入口绿化

图 4-74　美国雷诺克斯广场室内

图 4-75 重庆加州乐园花园宾馆茶厅

图 4-76 美国缅因州购物中心室内

（二）空间调节

1．尺度的调整

利用室内植物重塑尺度宜人的空间，这是内庭设计中常用的手法。如九龙海景假日酒店内庭，三层高的空间中，四个顶天立地的木构方亭，上置盆栽植物，下层设休息座，圆柱形晶体吊灯从顶棚穿过盆栽层，改善了大厅空间的空旷感觉。空间尺度的调整除采用悬垂方式的盆栽小植物外，大多采用枝下高较大的植物如蒲葵、垂叶榕、鱼尾葵、竹等成阵列种植，形成顶界面，其下部为活动或休息空间。如图 4-78 为美国伊利诺伊州帕克韦北广场高达五层的中庭内黑橄榄树和垂叶榕的树冠下，亲切宜人的就餐空间。

2．界面的柔化

室内植物以其独特的曲线，多姿的形态，柔软的质感和悦目的色彩，“柔化”内庭坚硬的界面，使人产生亲切的感觉。悬垂大片蔓性植物的挑廊，让常春藤、薜荔、喜林芋、菱叶白粉藤等，任其缠绕，使自然气氛倍增。柱子上悬置花池，赋予生硬的钢筋混凝土构件以勃勃生机。从梁上或天窗架上悬吊盆栽植物光线通过枝叶投下的花影，使空间产生意想不到的艺术效果。图 4-77 为美国格林尼治凯悦饭店，利用攀援植物薜荔柔化生硬的柱子。

3．空间的充实

室内常会出现一些难以利用的剩余空间，如墙的角落，楼梯上空和底下，家具或沙发的转角和端头等。用绿色植物来填充这些空间会使空间更完美，并景象一新。一般在窗台可陈设小型盆栽或悬吊植物以开阔和美化窗景；在墙角或沙发旁可置大型观叶植物如南洋杉、垂叶榕、龟背竹、棕榈类；在楼梯一侧可每隔数级置一盆花或观叶植物；在转角平台可配置较大型植物。图 4-79 为住宅室内墙角绿化。

图 4-77　格林尼治凯悦饭店内庭

图 4-78 美国帕克韦北广场中庭内景

图 4-79 住宅室内绿化

(三)空间情调

现代内庭空间常倾向不同风格。这些风格的形成除了在室内装修、家具、陈设上反映外,利用植物可以加强这种气氛。植物有一定的分布区,并在形态上反映了一定的气候特性,因而有地域特色。此外,植物可以喻志、寄情而达到深一层的境界。

以地域性而言,中国的植物分布有这样的特点:热带地区的植物是常绿的,以大型叶为主,并有许多大型藤本和附生、气生性植物,如棕榈科、天南星科、兰科等植物;亚热带地区植物虽仍以常绿为主,但叶变小,质变厚,有代表性的植物是樟科、茶科、木兰科等植物为主;温带地区则以落叶为主,叶更小,植物四季季相明显,代表性植物有杨柳科、榆科、山毛榉科植物等;寒温带则以针叶植物为主,树形塔状,叶针状,鳞状等,如雪松、塔柏等。此外,仙人掌科还代表了干旱气候环境。如果加入人工因素,还有城市型和乡土型植物的区别,如菊、牡丹、玫瑰等为城市栽培型;狗尾草、芒香蒲等为乡土型。内庭绿化如果根据地区特点,选择适宜的植物就可以获得独特的风格和情调,例如在许多温室种植棕榈类植物反映出热带滨海景观情调;种植有气生根的大榕树反映出热带雨林景观情调;种植仙人掌、霸王鞭等植物反映出干热气候景观特点。

植物具有的象征意义还可喻志寄情。如朝鲜象征和平幸福的"金达莱",蒙古驱邪恶的"干枝梅"等,在中国很多植物的象征意义与古代文人的诗文题韵有很大的关系,如竹"未曾出土先有节,纵凌云处也虚心"是写其形态;"群居不乱独自峙,振风发屋不为之倾,大旱干物不为之痒,坚可以配松柏,劲可以凌霜雪,密可以泊晴烟,疏可以漏月,婵娟可玩,劲挺不回"是写其性格,因此被人化为最有气节的君子,使人钦佩,达到"宁可食无肉,不可居无竹"的程度了。中国的这种竹文化也影响了日本。把竹与日本的文化与环境结合,创造出有日本风格的内庭绿化。如日本关西空港室外以大量的植树建造人工森林,并将其绿化带引进空港大厅以及登降廊厅两翼内部。旅客大厅宽达 275m、深 31.2m、高 20m、贯穿四层的共享空间,其南北两端室外庭院分别整齐地栽植了 120 株翠竹,列植的竹子从室外延伸至室内以玻璃幕墙相隔。室内沿纵向布置了一排方形和长方形树池,树池以朝鲜草或常青草本植物作地被,栽植具有关西本地特色的 10 多种常见树木,其中有罗汉松、广玉兰、山茶等。室内植物成为"门户空间"的一种标志,给刚刚通过海关入境踏上日本国土的旅客一种天然的柔情,明显的地域感和季节感。浓绿的草木与大厅内洋红色的壁面,蓝色的空调设施和黄色的照明等相映生辉,表现了自然和技术,人和机械共存这种双重意义上的同一性,见图 4-80、4-81。

图 4-80 关西空港旅客大厅内景

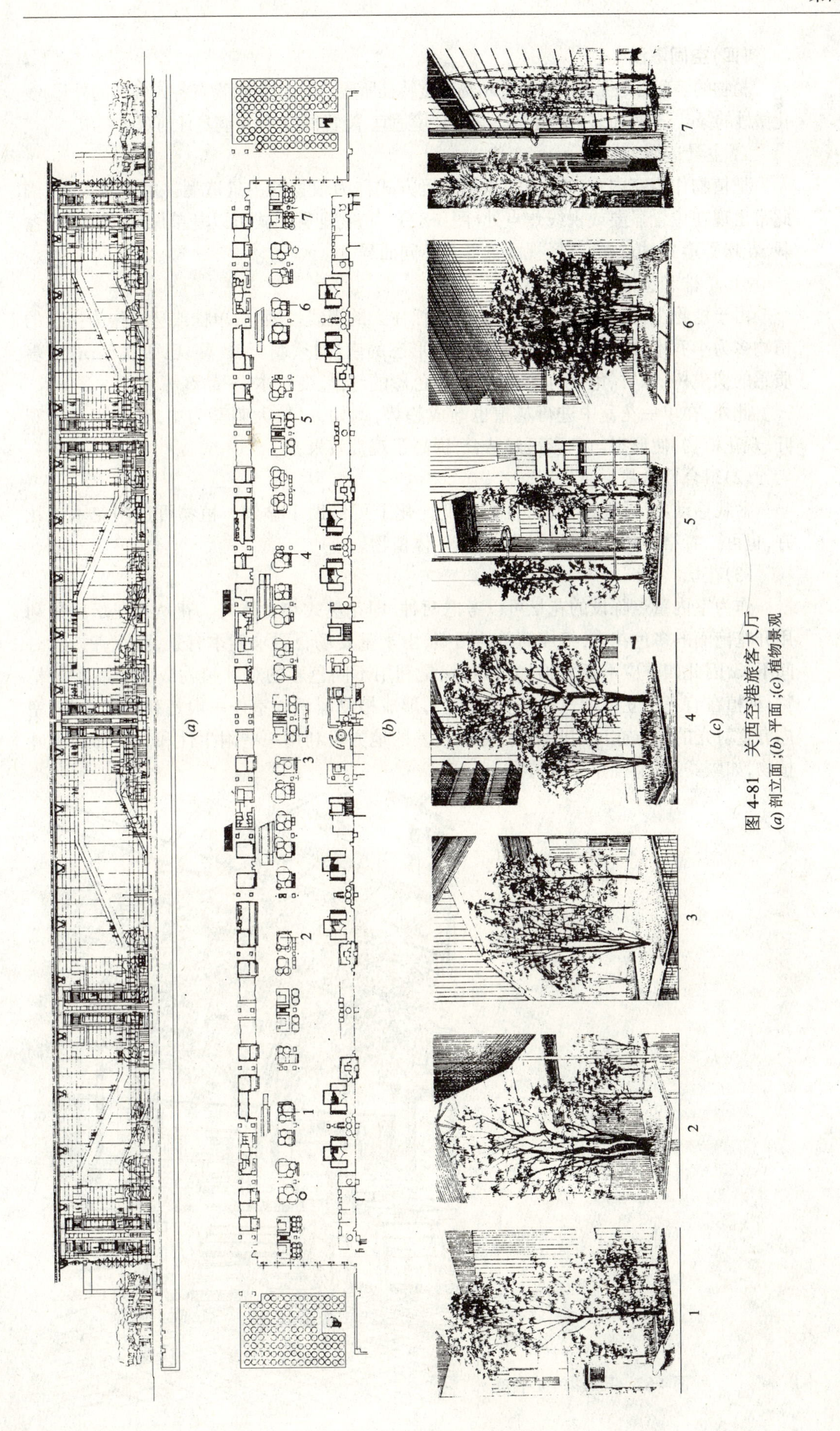

图 4-81 关西空港旅客大厅
(a) 剖立面；(b) 平面；(c) 植物景观

(四)空间陈设

植物的表现力是无限的。正像植物观赏特征所展示的那样,植物有各式各样的外形,变化微妙的绿叶,芳香而多彩的花冠。只要环境适宜,配置得当,就可满足任何观赏要求。

1. 主景造型

把植物作为室内重点装饰的绿化配置方式称为植物的主景造型。由于是重点,因此常出现在位置显要或视线焦点处(图 4-82)。植物配置形式可以是单株、丛植、组合盆栽、花坛等形式,植物的选择视配置形式不同而异。

(1)单株和丛植

由于植物少,植物的个性要突出才能抓住人的视线。因此,单株或丛植作为主景的植物多为小乔木或大中型灌木,如有优美形态的南洋杉、刺葵、树蕨、巴西铁等;有显著质感的橡皮树、棕竹、龟背竹等;或有夺目色彩的红桑、变叶木、一品红等。

此外,在单一花盆中进行丛植也渐成趋势,例如,以较大刺葵为主,其下用低矮观叶、观花植物,使形态与色彩很好结合,提高了观赏效果。

(2)组合性盆栽

盆栽移动灵活,更换方便,且在高低变化上可借助于盆架。植物可选用花木或花卉,也可二者结合相互衬托、对比,突出主体植物。

(3)花坛

作为室内重点陈设的花坛可以考虑两种,即花丛式和立体式。花丛式花坛就是利用开花艳丽的多色花卉,组成简单的图案,由于重要场合要求四季有景,而花卉持续时间不长,因此四季应不断更换;立体花坛是利用不同色彩的观叶植物或花叶兼美的植物,种植在有一定立体形式的基质骨架上,形成植物雕塑。室外一般是利用五色苋,室内有直射光的地方亦可用此植物,光线较差的地方可利用一些附生性和气生性的观叶植物,如蕨类、凤梨科和兰科植物。

图 4-82　某购物中心食庭

2. 背景衬托

室内植物作为主景栽植因光照、湿度、温度等的影响而仅限于一些特殊地方。但以绿叶为基础作为一种配景元素则可布置在室内任何位置，见图 4-83。

室内作背景植物宜选用观叶植物，以绿色作为背景基调。根据室内色彩的变化，也可选用彩叶植物作背景，如紫苏、花叶芋等。此外在质感上宜选用细质感且枝叶紧密的植物，如薜荔、常春藤、塔柏等。

3. 协同陈设

植物与灯具、家具等结合形成一种综合性的艺术陈设。如将小型白炽灯以不规则形式散布在绿化之中，与装饰绿化结合为一体。图 4-84 为与家具结合的绿化陈设。

图 4-83　植物作为座椅背景

图 4-84　绿化协同陈设

二、水景内庭

内庭水景有休闲水景和装饰水景两类。休闲水景以健身娱乐为主,也有观赏性。如水上乐园、泳池、浴场;装饰水景则以观赏为主。内庭选择水景作为装饰和观赏主题,常以其尽可能丰富的形态变化来满足内庭的需要。诸如平静、流动、跌落、喷涌。有的水姿粗犷、有的水姿纤细、有的水姿激越、有的水姿妩媚,千姿百态。静态水景可体现空间的静态美,动态水景可增添空间动态美。水景还因其随形性和流动性,灵活有效地将空间内众多要素联系起来,使之成为有机的整体。

内庭水景的处理方式,大致有以下几种:

1. 基底式

以水面为基底,实体空间及景观要素穿插配置于水体之中。美国亚特兰大桃树广场旅馆,六层高的中庭犹如漂浮在人工"湖泊"之上。自动扶梯、步行天桥横贯其间。圆柱间的船形酒吧掩映在花木之中。水中倒影如织、波光粼粼。室内音雕好似枝头鸟群歌唱,令人心旷神怡(图 4-85)。

图 4-86 为日本千叶某综合研究所的中庭,位于研修楼和住宿楼之间。庭内绿荫之下有茶吧和餐座布置在架于水面的平台上,设小桥与中庭相连。提供既融于大空间,又相对独立而安静的环境。

图 4-85 亚特兰大桃树广场旅馆中庭

图 4-86 千叶某综合研究所中庭水面

2. 贯通式

贯通式一般为带状水体景观,它往往强调顺水寻踪的导引作用,用以表达空间的流动性和连贯性。如水体贯穿展览动线,贯穿休闲、购物动线等。

商业街采用贯通式水体是较为常见的一种形式。如日本阪急地下商业街,街中一条小溪,溪内设彩色自控喷泉,溪上架立小桥。沿着溪水逐次展开商业街空间序列。小溪尽端为一水池,池中布置喷水时钟,池的上方是一个 12m 高的装饰性喷水(见图 2-42),这里是景观序列的高潮。又如香港铜锣湾食街中的“水巷”。巷的长度约 50m、宽约 7m,中间为一个宽窄不等左右横斜的水池。水池的宽窄是与两旁食店的入口相配合,入口处留有回旋空间。池中的水态各不相同。或为斜向分流的小叠水;或为涌泉;或为间歇高低喷泉,池边散置各色盆栽植物,形成一颇具魅力的水景景观。虽然这条水巷目前已不见踪影,但仍让人记忆犹新(图 4-87)。

日本福冈博多水城,围绕半环形的运河组织了购物、娱乐、文化、教育等多种空间。建筑临水面时进时退,时虚时实。水池标高趋近于铺地,且水池深度较浅,人们可以方便、安全地亲近水体,营造出河边嬉戏、漫步的自然野趣。在光影摇曳的水面中,太阳、星、月、大地和海的构思要素穿插其间(彩图 7~10)。而日本芝浦港清水建筑大厦的内庭水景,则给人以另一种感受。一条折线形的流水依绕着地面方格形图案曲折蜿蜒,从室内延伸至室外,与室外广场上由声控喷泉和迷宫式水路组成的水景相呼应,隐喻着古代东京水运网络(图 4-88、4-89)。

图 4-87 香港原铜锣湾食街“水巷”

3. 中心式

以水景为中心组织周围空间及景观。如日本广岛旅馆以圆形水庭为中心组织总台、电梯厅、商店、餐厅等公共设施。一条坡道环绕水池盘旋而上至二楼的宴会厅。人们沿坡道而行,步移景随,空间亦收亦放。俯视池水,波光荡漾、倒影如织。池中“日辉”喷泉更是清新夺目,(图 4-90、4-91)。又如英国伦敦议会大厦,四合院式的办公建筑中间为一宽 30 余米、长 60 余米、高约 20 余米的中庭。中庭采用橡木拱架玻璃屋顶加局部遮阳处理。庭内居中为长方形水池，池中有低喷水的涌泉。池的两侧整齐地排列着修剪得体的无花果树。中庭作为室内各空间联系的中介，也是日常进行交流活动的场所(中庭平、剖面见图 4-19、内景见图 4-92 和彩图 17)。

图 4-88　清水建筑大厦内庭“运河”

图 4-89　清水建筑大厦室外“迷宫”水景

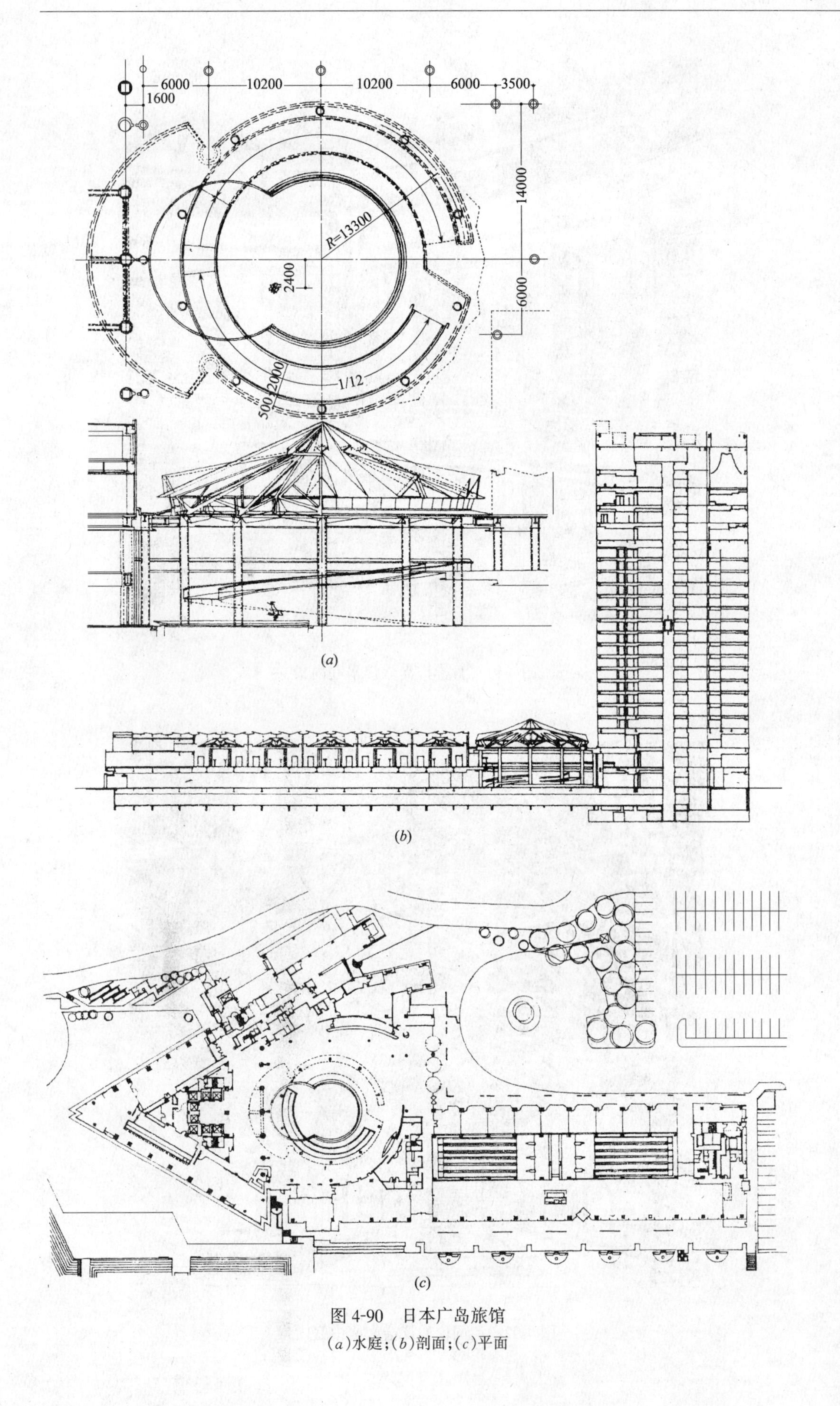

图 4-90　日本广岛旅馆
(a)水庭;(b)剖面;(c)平面

图 4-91　日本广岛旅馆水庭内景

图 4-92　英国伦敦议会大厦中庭内景

4. 焦点式

将水景有意识地加以强调和突出，使其成为空间的视觉焦点和趣味中心。作为焦点的水景，往往具有吸引人的特征。如水姿优美动人，且水色、水声俱佳。图 4-93 是一食街的内庭。挺秀的室内树环绕水池，池内彩色自控喷泉变化多姿，成为室内景观焦点。香港太古城商场内滚动式喷泉更是别具一格、令人注目的水景。这一名为“禅泉”的水景，中央是一个直径约 1m 多的空心石球，四周为均匀布置的单射流喷水。当单射流喷水向石球内慢慢进水，使石球注满水后，球身则自动向一侧倾倒，球内的水涌泄入圆形水池内。水泄后，石球自动返回原来位置，如此周而复始。但每次倾倒的方向不相同，水涌泄的情景也不一样。这种与众不同的水景形式，不仅赏心悦目，还耐人寻味。它隐喻了“谦受益”、“满招损”的人生哲理(图 4-94)。

图 4-93　食庭内水景

图 4-94　太古城商场室内“禅泉”

5. 围合式

利用水体对行为的限制，来界定、围合空间，既能保证所界定空间的相对独立性，又能保持视线的连续与开敞。

内庭实录三是上海威斯汀大酒店中庭。近乎方形的中庭内有一黑色花岗石圆形平台的大堂吧。平台中心正菱形黑色花岗石基座上，托着一丛红色晶莹剔透象征“火”的雕塑。16棵经人工处理的蒲葵按网格状均匀列植其中。形、色各异的桌几、沙发椅散置于树下。在方形与黑色圆形平台之间是白色卵石铺底的浅水池，池中涌泉周围有透明的“浮萍”和灯光照明。中间岛式大堂吧处于池水围合之中，十分幽雅。见彩图39、40、41。

荷兰某林业研究所中庭，有一“小河”环绕的图书室。小小的平台挑出在水面上。这里提供了阅读与交流知识的宁静、优美环境(图4-95)。

图4-96为泰国曼谷第二国际机场设计，从餐厅望空港中心。热带植物、细长比例的柱子和临水的空间特征，恰当地反映了泰国传统的风格。

图4-95　荷兰某林业研究所中庭

图4-96　泰国曼谷空港中心(设计)

6. 背景式

水幕和喷泉构成的水景垂直面，常以其闪光的水色、悦耳的水声而获得一般装饰材料难以达到的动人效果，成为室内空间的背景或对景。

澳大利亚悉尼坎比塔大厦内庭休息空间，种植了15m高的棕榈树和无花果树，还有一幅6m高的水幕墙。植物和水景使这仅有一线天光的“狭谷”般的空间，绿意盎然、水声潺潺，充满生机(图4-97)。

日本某健康科学综合中心内，跨越中庭连廊下的“雨之泉”水景(图4-98)，雨帘般的落水在安息香树的衬映下，成为进入内庭的第一景观。

图4-97 悉尼坎比塔大厦内庭

图4-98 健康科学综合中心室内雨泉

三、山石内庭

掇石叠山也是人们亲近自然的一种方式。古人曾有赏石而悦、据石而坐、倚石而眠、枕石而濯、叩石而歌、登石而远眺等怡然的憩逸情致。现代人也钟情于山石的古拙与野趣,在内庭叠山置石作景。

内庭山石景主要有以下几种类型:

(一)假山

假山即人工摹写自然界山之形态而筑造的山景。自然界山的形态很多如坡、阜、岗、谷、壑、峰、悬崖、峭壁、洞、岭、峦、岫、麓、涧等。但由于内庭空间的局限,庭内的假山,多为象征近山的峰形和壁形;象征远山的连峰形;象征涧的岩泻形和象征湖海中岛的岛形。

峰形假山须有主峰,其两旁有高低不一的劈峰或低峦相呼应,宜合"主峰最宜高耸"、"客山须是奔趋"之理。切忌几个山峰都高耸,平齐作笔架式。应参差起伏、高低有致。图4-99是上海商城内庭弧形楼梯中央的山石组景。峰石有主有次,小石如低峦相呼应。与峰形山的立砌不同,壁形山则是叠石而成。从图2-21广州白天鹅宾馆内庭剖面清晰可见壁山的肌理。山之高处置金亭,两旁悬葛垂萝,下留洞穴,瀑布深潭,风格古朴,景色格外宜人。

远处的山,看起来峰连峰自然延绵。图4-100为日本东京加拿大使馆的庭景。它概括地表现了日本与加拿大之间的环球景观。沿室内周边依次为日本石庭、太平洋水庭、加拿大石庭、大西洋水庭。其中加拿大石庭的山石棱角分明、肌理粗犷,令人联想起加拿大西部的落基山脉逶迤绵亘、怪石嶙峋的壮丽景观。而日本石庭则体现了岛国的特征,以砂代水、以石代岛的枯山水,石景细腻圆润。在图4-101日本宫崎室内水上乐园中也能见到群山连绵起伏的景象。尤其当夏季晴天,将拱顶开启引进阳光和海风时,让人完全置身于大自然之中的感受。

图4-99 上海商城弧形楼梯之间假山

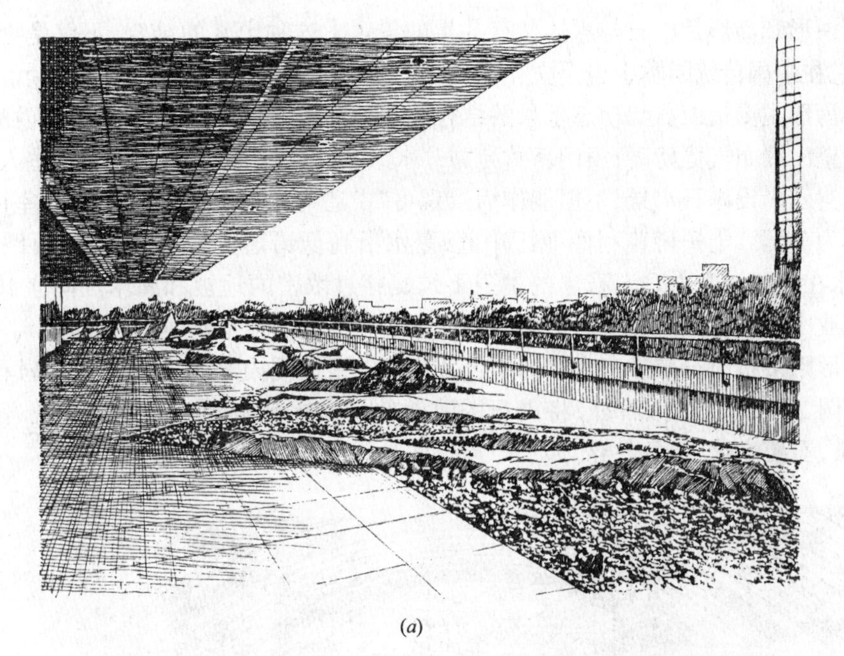

(a)

(b)

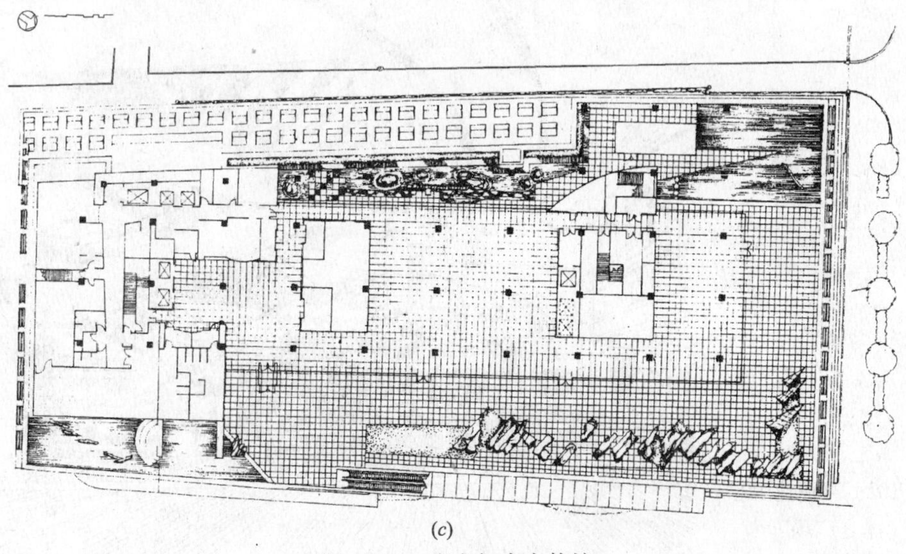

(c)

图 4-100 东京加拿大使馆

(a)加拿大石庭;(b)日本枯山水;(c)平面

岩泻形和岛形是山石与水体共存共生的景观。这种山水的结合，不仅是物质意义上的，它在中国传统园林中也是文化意义上的智仁结合。山与水刚柔相济、动静结合。

岩泻形主要指山石与动态水景的结合。如前面所述的广州白天鹅宾馆内庭的“故乡水”，壁山瀑布气势磅礴；澳门新竹苑“归”水景，细腻婉约寓意深刻。在一些人流众多的商业空间内设瀑石水景，不但能作为景观可赏，还可减低噪声影响和湿润室内空气。彩图5为美国波士顿科普利商业区中庭，瀑水沿高低错落、形态各异的立石跌落至小溪，溪水在两侧抛光大理石石岸的护卫下蜿蜒穿过浓密的地被和灌木。图4-102是日本某商业中心“瀑之广场”。假山和瀑布成为室内的主景和基调声。

岛形则多指山石与静态水景的结合。北京中银大厦内庭水池中的七组岩石(图4-103，彩图38)，似岛也似石林，将山石的雕塑效果发挥到极致。无论是平视、俯视、远观、近赏，石姿变化、景色各异。

图4-101 日本宫崎室内水上乐园

图4-102 某商业中心“瀑之广场”

图 4-103 北京中银大厦内庭石景

(二)石壁

石壁多为与墙体结合的岩壁。石壁的构思一般源于两种情况：

1. 源于自然界的岩壁

(1)因地制宜与环境共生：如黔西北的金织洞接待大厅，依山就势、因石制宜。结合建筑现场奇石异石塑造室内空间与壁面。柱子也用粗石贴面。大厅正中还立着彝十月历法图腾柱。这种结合环境的空间处理，突出了贵州地域及文化特征(图 4-104)。

(2)体象和回归自然：图 4-105 美国怀俄明州杰克逊国家野生动物博物馆大厅，采用当地石材嵌理的石壁与原木做的梁及地面上刻印的野生动物足迹，让人感受回归原始自然环境的氛围。

(3)自然岩壁的忆象：经过人们的记忆与提炼而再现的岩壁。图 4-106 为农业科学馆展厅的石壁。作为分隔墙既避免展室在视线上的一览无余，又引导了人流。另一处位于美国华盛顿贸易、会议中心的石壁，是对附近天然玄武岩峭壁的纪念，并进行了人工化的抽象。从图 4-107 中可见，石壁像是钟乳石林，又像是剧场的大幕参差有序地悬垂而下。当内庭作为展示和演出空间时，石壁便成为戏剧性的背景。

2. 源于传统园林的“藉以粉壁为纸，以石为绘也”

这种石壁犹如石绘的立体画，很具装饰性。如新加坡美国使馆内庭石壁，利用石材质地的对比和色彩的微差表述主题，有浮雕和如画的效果(图 4-109)。现代室内也有采用精致细腻的大理石浮雕壁面，壁面美丽的图案随着光影而变幻，使空间熠熠生辉(图 4-108)。

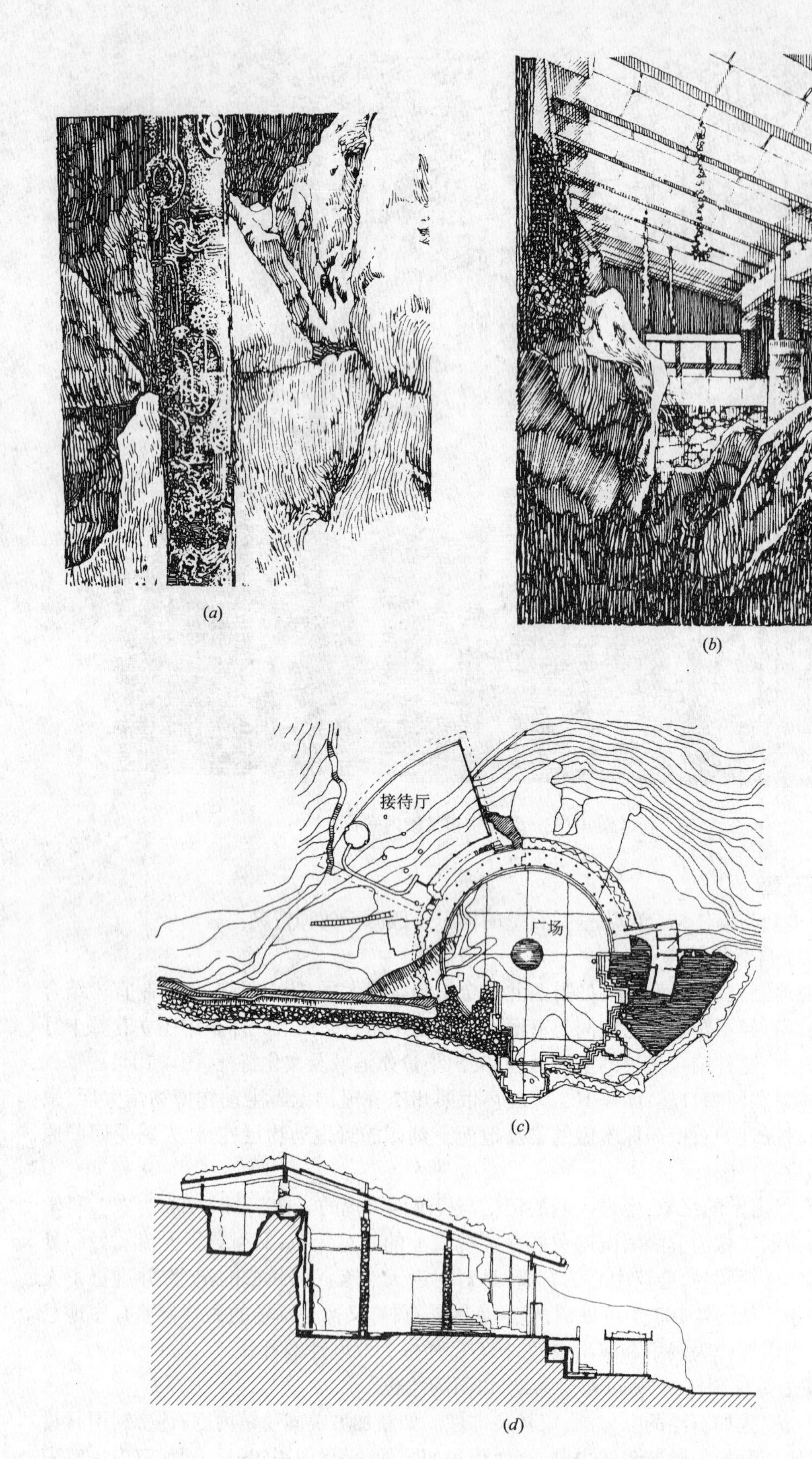

图 4-104　金织洞接待厅
(a)彝十月历法图腾柱；(b)大厅内景；(c)平面；(d)剖面

图 4-105 美国杰克逊国家野生动物博物馆

图 4-106 日本秋田县农业科学馆展厅

图 4-107 华盛顿贸易、会议中心内庭石壁

图 4-108 大理石浮雕壁面

图 4-109　新加坡美国使馆内庭石壁

(三)立石

立石分特置和群石。

1. 特置

特置的山石,一般小巧宜人,有自然形的也有几何形的。不论哪一种,都应选造型、质地、色彩和纹理优美者为佳。

彩图 16 的上海万豪酒店中庭,钢琴旁特置的太湖石剔透玲珑,作为休息座中间的陈设,宜细观近赏。

图 4-110 美国亚特兰大某会议中心,红色带有残缺美的几何形花岗石立在池中,非常鲜明而醒目。

2. 群石或散石

当内庭空间较大时,群石能形成气势,烘托气氛,不但可近观还可远赏。

如北京昆仑饭店中庭,一组长方形毛石叠砌成较规则的高低错落的造型。石面镌刻有关昆仑题材的古今名家书法,苍劲古朴者有之,潇洒飘逸者有之,再现了古碑林的墨气古风。与室内绿树、碧水互为衬托,有景有情,情景交融,见内庭实录一。

有些内庭倾向于创造亲近自然的和谐环境,在室内大片大片绿化,大片大片立石。如美国伊利诺伊州迪尔菲尔德帕克韦北广场中庭,近三万平方米的室内,170t 天然砾石错落其间,在宽大厚实的象耳叶海芋,纤细柔软的肾蕨和色彩鲜艳的凤仙花拥簇下欲隐还现。蓝砂岩石板路在高大的黑橄榄树和垂叶榕的掩映下,蜿蜒曲折,逶迤延伸(见彩图 45)。

图 4-110　美国亚特兰大某会议中心

另一种情形为散石，大小不等的散石经过精心设计，进行巧妙的布置。散石布置要考虑恰当的态势，该静则静、该动则动依室内环境要求而定。散石的动势取决于石纹方向和棱角的变化，椭圆形或长方形的石块沿长轴方向具有运动感。倾斜的石块由于偏离垂直线也给人以运动感。大小石块组合也会有一种趋势。散石布置，石块间要主次分明，有分有聚。切忌大小相似、高低平齐、距离均等。散石布置与环境之间要以形状、色彩、质感等对比来表现自身的魅力。

有一些传统内庭的石景组合很有特色。如日本清乐寺的七贤庭是以石喻人的一组石景。庭内一侧是三三两两的竹丛。地上一片波纹弯曲的白砂之中有七块石头，分成四组成直线或远或近地排列于方形地坪的对角线上。七块石头的材质不同体态也不同。大的是青黑色河石，圆润敦厚；小的是绿色片石，棱角分明。七块石头在一条线上左右顾瞻、相互照应(图 4-111)。

现代室内散石组景，多种多样。有些不仅供观赏，还兼具其他功能。如图 4-112 日本福冈购物中心内庭的三块圆石，分别是商店导购的招示牌。

图 4-111 七贤庭石景

图 4-112 日本福冈购物中心内庭

第五章　内 庭 小 品

内庭小品是指室内各种环境道具,它对于提高内庭的使用价值和观赏价值起着不可忽视的作用。内庭小品包括内容很广,本章仅就较常见的亭、桥、雕塑、灯具、种植容器加以叙述。

第一节　亭

亭由于体量小而集中,并有相对独立而完整的建筑形象,正越来越多地被运用到内庭中来。它们以玲珑秀丽、丰富多样的造型成为内庭一景。亭在内庭中往往成为画面的中心和人们驻足观景或休息之所。因此亭同时具有"点景"和"观景"的作用。

一、亭设计应考虑的因素

第一,亭的设置,无论就其造型和所处位置都应充分发挥其"点景"和"观景"的作用。澳门新竹苑内庭就是一例(图 5-1),庭内山石、绿化、瀑布、池潭构成一个极具岭南风格的园林景观。高处设亭,人歇其中可以一览内庭景色,而亭子本身也成为景观的焦点,为内庭增色。

图 5-1　澳门新竹苑内庭一角

第二,亭的造型、体量、材料与色彩应根据其所处的环境和所要表达的主题而定,使之与内庭环境融为一体。图 5-2 为英国伦敦方舟内庭的双层圆亭,造型别致、轻巧活泼,与内庭圆形采光顶、弧形栏板及周边曲线形构件互相呼应成为一个和谐的整体。图

5-3为奥地利旅游代理店中庭。拱形的发光顶棚下,透过宽大的金属棕榈树叶,可以望见架于大理石基座上具有浓郁印度风格的休息亭。光亮的金属亭顶和柱子映射出四周的环境,成为内庭最吸引人的空间。人们坐在其中,会联想起东方久远的文明,令人神往。这也恰恰是旅行社所要表达的主题。

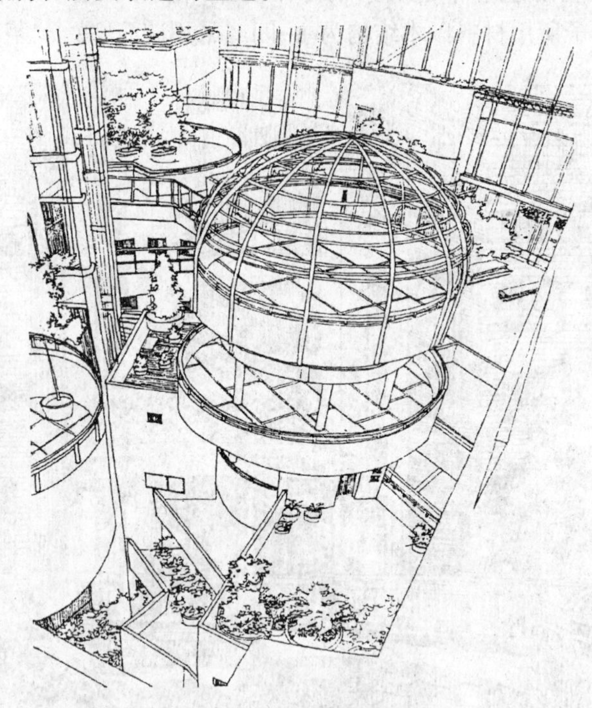

图5-2 伦敦方舟内庭圆亭

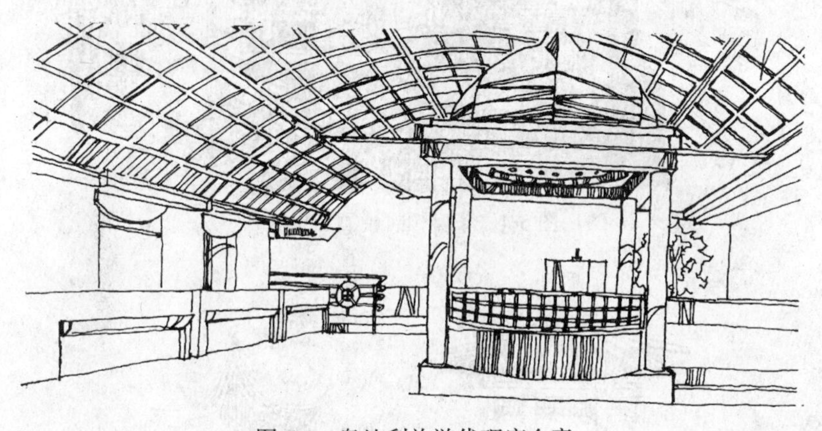

图5-3 奥地利旅游代理店金亭

第三,亭有时可以作为限定空间的手段。在大空间中设置亭子以获得一个尺度宜人的小空间。营造一种大中有小,内中有外,相互渗透流动的空间氛围。很好地满足不同人群的活动,使其各得其所、融洽相处。美国华盛顿凯悦酒店高大的中庭内跨水面凌空架桥设亭,构成一个相对独立的休息空间。既满足人们安静地休息、交谈,又共享中庭内绿色景观和热闹气氛(图5-4)。

二、亭的形式与造型

就亭的形式与造型而言都是多种多样。这主要取决于其平面形状、组合方式、屋顶选型和所用材料等。

以中国传统的亭子说来,平面有方形、多边形、三角形、圆形、扇形和组合形等;立面造型有单檐、重檐和三重檐等。另外中国传统亭子还因为地处南方或北方，分为南式亭和北式亭。北式亭雄浑粗壮，屋面坡度小，屋脊线平缓，屋角起翘小，色彩艳丽浓烈，装饰华丽，常施彩画，屋面多用琉璃瓦。南式亭俊秀轻巧，形象活泼，体量较小，屋面坡度较陡，屋脊线弯曲，屋角起翘高，色彩素雅古朴，装修精巧，不施彩画，屋面多用青瓦（图5-5）。中国传统亭子所用材料以木结构为主，间或采用砖石、竹子、茅草、树皮等材料。

图 5-4 华盛顿凯悦酒店中庭

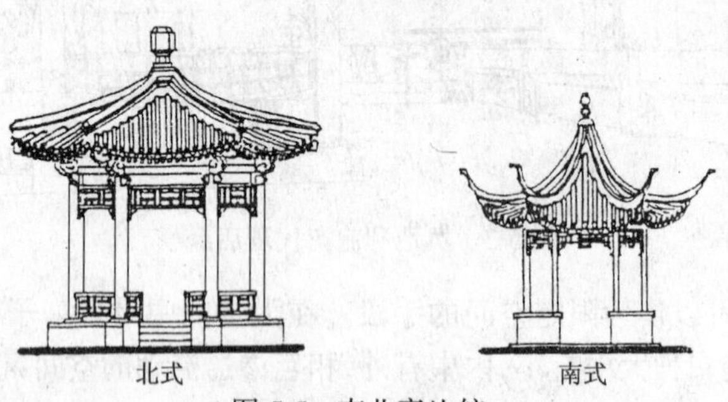

图 5-5 南北亭比较

正如同建筑一样，不同国家或地域的亭子各具不同特色。因而就有了中国式亭、印度式亭、意大利式亭等，让人一眼就能感受到不同风格。图 5-6 为美国佛罗里达州彭布罗克商业街，内庭中央抬高的基座上建一意大利式亭子。亭四周流水环绕，层层花卉盆栽拥簇。图 5-7 为美国得克萨斯州奥斯汀湖岸商业中心室内广场，以州政府大楼形象为主题的电梯亭屹立一角，成为室内醒目的标志。

现代室内亭其形式和造型大多不拘一格、没有定式，根据需要设计，只求神韵不求形似（图 5-8）。

图 5-6 美国彭布罗克商业街内庭

图 5-7 美国奥斯汀湖岸商业中心内景

图 5-8　现代亭式样示例

第二节　桥

“桥”意味着沟通与联系。

以水面见长的内庭，桥是必不可少的构景要素。它起着连接和导引作用，同时又点缀着水面景色。旱庭水意的内庭则在陆上铺桥带出水意。一些现代内庭更是天桥飞架纵横，就像城市的立交桥，使空间层次变得极为丰富。

桥，就其构筑的材料而言，有木桥、钢筋混凝土桥、石桥、金属桥和玻璃桥等。

桥，就其形式而言，有单跨平桥、曲折平桥、拱桥、空中桥和汀步等。

一、单跨平桥

小水面架桥取其轻巧质朴，常采用单跨平桥。单跨平桥，有的取与内庭地面齐平且采用同一种铺面材料一气呵成，只有两侧栏杆提示桥的特征；有的桥面略高或低于内庭地面，二者之间用踏步连接。图 5-9 为一中庭，植物掩映下彩色花岗石与卵石相间的地面，一个步行小桥跨越线形水域，不设栏杆，更显简洁自然。而图 2-43 室内平桥是架于小溪池壁之上，置两步台阶，将水边咖啡座与办公室联系起来。小桥两侧白色弧形金属栏杆，使平直中有了点变化。杭州国际假日酒店内的平桥则取自江南小桥流水之意。顺着几级踏步，在桥底两侧有两级跌水与小桥相映成趣。小桥的矮栏以手工凿毛青石做基座，配以朴拙的实柚木扶手，见图 5-10。

图 5-9　美国匹兹堡迈恩安全设备制造公司中庭

图 5-10　杭州国际假日酒店室内平桥

二、曲折平桥

这种桥多用于稍宽的水面,为了避免单跨直线平桥过长的单调感而设曲折平桥。曲折平桥使内庭延长了回游路线和增加了观赏点。如加拿大蒙特利尔假日枫华苑酒店趣园内汉白玉栏杆的曲桥,低贴水面曲折多姿,步于其上饶有意趣(图 4-49)。又如日本大阪亚太贸易中心内庭水面上是一座三向平桥。中间圆形平台上植以假室内树,水面上彩色喷泉绚丽多姿。桥的形态新颖别致与现代空间十分协调(图 5-11)。

图 5-11　亚太贸易中心内庭的桥

三、拱桥

拱桥的形象常会与水乡联系起来。水乡的桥下通行船只需要一定空间，而且拱形对桥的结构也有利。拱桥引进室内给人以一种传统的意味。北京王府饭店大厅内，一座洁白的大理石拱桥横于飞瀑池潭之上，连接着大厅和二楼的回廊(图 5-12)。有时，当室内由于有突出地面的梁或管道妨碍通行时，局部设立拱桥连接，也不失为一种巧妙的解决方式，见彩图 30。桥架于枯水之上称为旱桥，在日本枯山水内庭较常见，如图 5-13 矶边亭餐厅内，地面以白砂示意曲折流水，其上架拱石小桥，平添几分情趣。

图 5-12　王府饭店室内拱桥

四、空中桥

当内庭空间贯通数层甚至十数层时，空中桥跨越内庭以便捷的方式加强了层间联系，方便人们到达空间各点。图 5-14，直径约 30m 的倒圆锥形内庭中，一座长 16m 左右的黄色弧形桥在二楼斜跨内庭。桥的一端连着候船大厅，另一端连着饮茶室和餐厅，方便旅客使用。色彩亮丽的桥身犹如空间雕塑成为室内的标志。

当内庭空间高大时，往往需设多层空中桥以方便联系。日本大阪亚太贸易中心弧形的室内庭见图 4-30，一侧为深红色格架间有深绿色锯齿形挑台和弧形栏板；另一侧是浅灰黄色的层层挑廊，三座海蓝色天桥交错穿越内庭。醒目的色彩和强烈的动感，给人一种全新的感受。

空中桥有时可作为极佳的观景点，因位于高处，视线居高临下，室内景色尽收眼底(图 5-15)。

空中桥也可兼有舞台功能，新加坡莱佛士城呈风车形平面的内庭，一到节日庆典，开阔的天桥上表演者穿行其间，下面观看的人群欢呼雀跃，热闹非凡，见图 5-16。

图 5-13 日本矶边亭餐厅内景

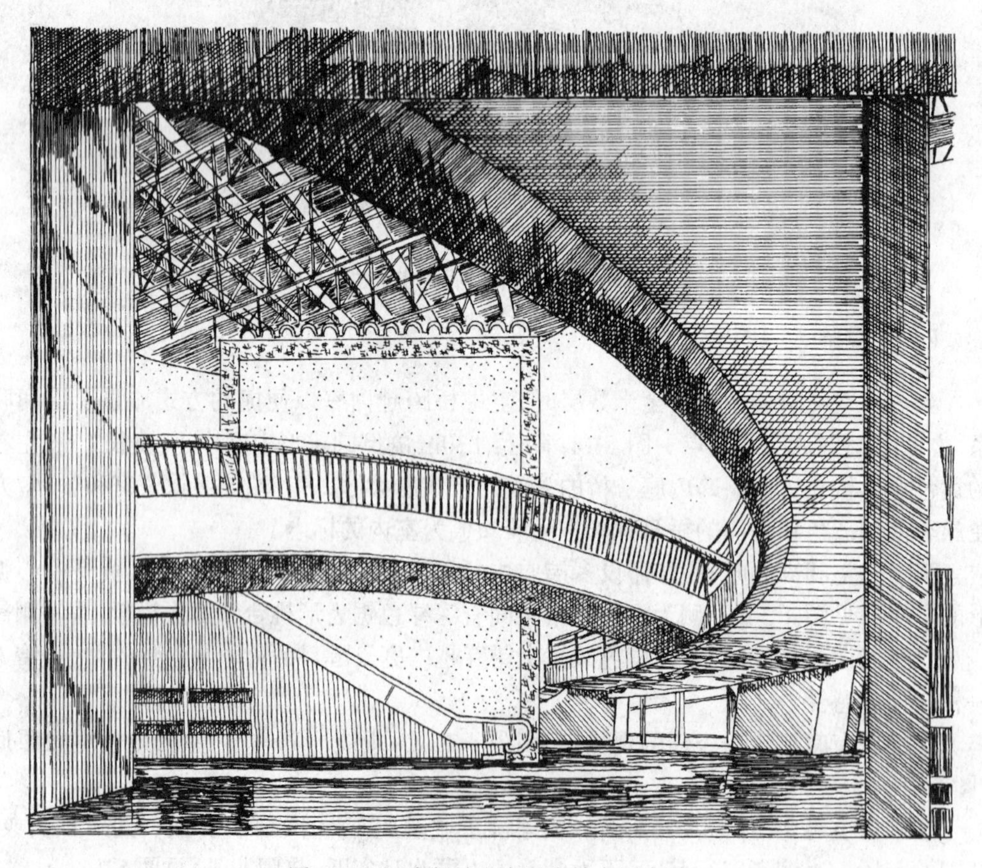

图 5-14 日本长崎港客运大楼大厅内景

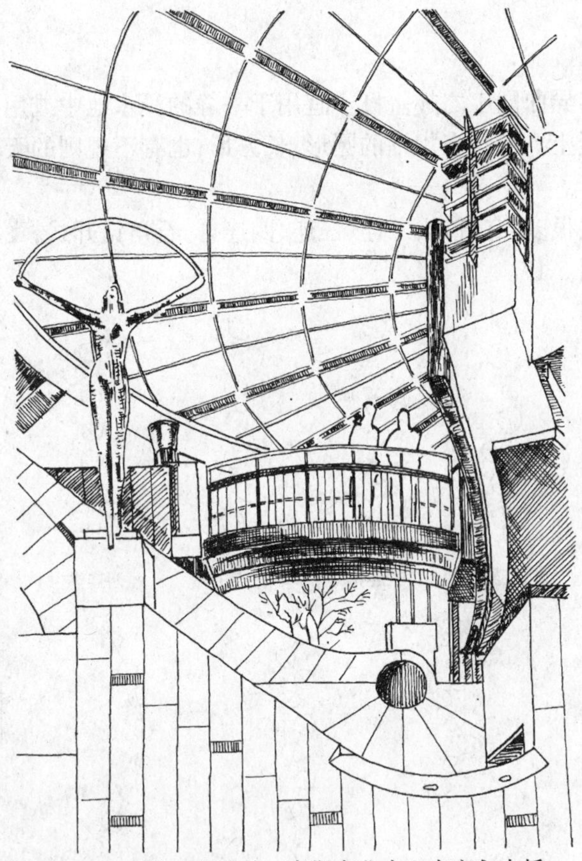

图 5-15　维也纳哈其—豪斯商业中心内庭空中桥

图 5-16　新加坡莱佛士城内庭空中连廊

五、汀步

以汀步代桥有异曲同工之趣。汀步宜用于平静的浅水池中或用于枯山水内庭。材料多选用石或混凝土。形状有规则的圆形、长方形；也有不规则的天然石形或仿树桩形等。

汀步排列形式很多，有直排，二连、三连、四连排，石角错开式，飞雁形，千鸟形，弧线形，筏排等，详见图 5-17。

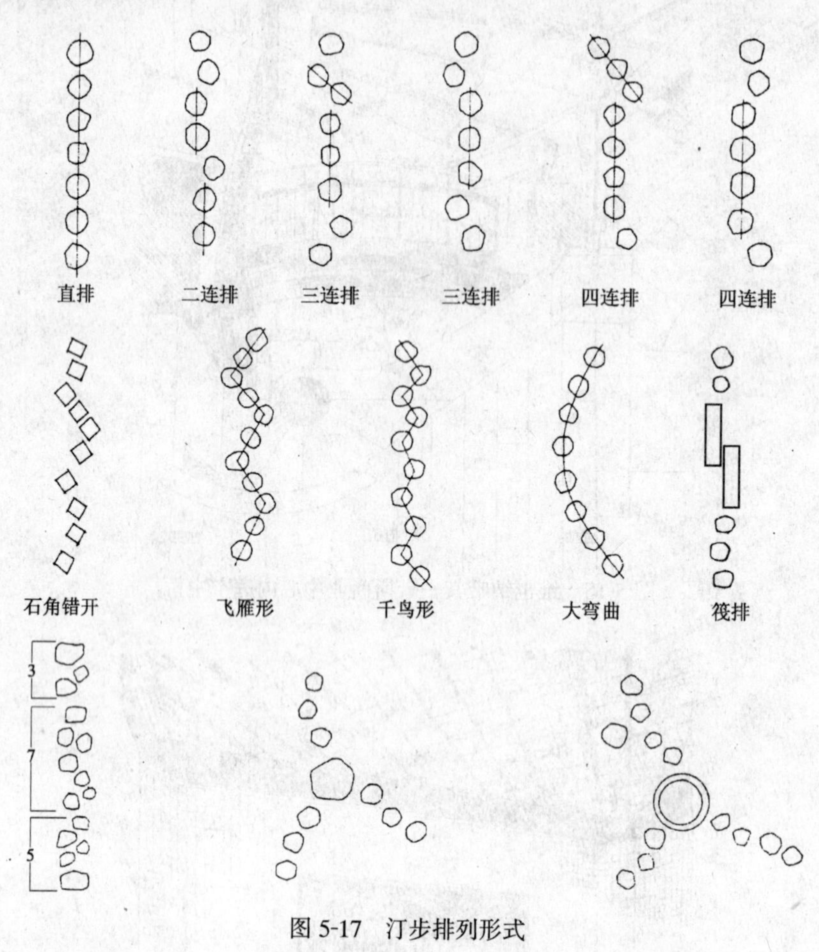

图 5-17　汀步排列形式

第三节　雕　　塑

雕塑是室内庭中富有生气的小品，它既是构成空间环境的一部分，又常以其宜人的尺度和精美的造型点缀着内庭，成为画龙点睛之笔。

内庭雕塑按所起的作用可分为纪念性雕塑、主题性雕塑、装饰性雕塑和功能性雕塑。

一、纪念性雕塑

纪念性雕塑是以雕塑的形式来纪念人或事，常布置在空间的重心位置或视线的焦点处。北京清华大学建筑系馆门厅，二层高空间内南北两侧墙各有一通高的凹槽，凹槽中放置了能代表中、西古典建筑艺术标志的汉白玉柱式，一为古希腊雅典卫城山门的爱奥尼克柱式；另一为中国宋代木结构柱式片断。梁思成先生半身塑像立在嵌有中国宋代柱式的侧墙前,以纪念梁思成先生的业绩与贡献(图 5-18)。美国俄克拉荷马城国家牛仔博物馆挑出水面的玻璃大厅内,立着一座名为“END OF THE TRAIL”的雕塑,讴歌富有传奇色彩的 cowboy 精神和历程,见图 5-19。

图 5-18 清华大学建筑系馆内梁思成塑像

图 5-19 美国国家牛仔博物馆“END OF THE TRAIL”雕塑

二、主题性雕塑

主题性雕塑是为了揭示某一主题，它不具体地表现某人或某事，但却包含着一定的思想内容和文化背景。

主题性雕塑可以采取直观的手法点题，如“翼”广场内的雕塑。“翼”广场位于日本广岛一座综合性建筑内，作为商业建筑和酒店建筑的连接体，也是建筑与城市空间、自然空间对话的中介。广场内引进了天光、云影、植物和风（飘动着的彩旗），用深红大理石做基座，用透明材料雕塑的“翼”立在入口处，成为广场的标志（图 5-20）。

主题性雕塑也可采用含蓄的手法切题。日本东京附近的惠比寿广场上悬挂的“天籁”钢雕与这一地区优美的环境和浓浓的文化氛围相映生辉（图 5-21）。

图 5-20　“翼”广场内主题雕塑

图 5-21　“天籁”钢雕塑

以雕塑来表达和深化某一主题，让人们加深对主题的理解。如美国洛杉矶加利福尼亚科学中心内庭雕塑(图 5-22)。科学中心的主旨是为人们从微观到宏观展示人类生命的起源与发展，当参观者从入口进入内庭，第一眼就能望见 12m 高处由 2500 多个铝片组成的雕塑，不停地进行聚集与扩散的运动。雕塑的结构与形态加深了探索生命这一科学主题。

图 5-22　美国加利福尼亚科学中心内庭雕塑

三、装饰性雕塑

装饰性雕塑是内庭雕塑为数较多的一种类型。它常结合内庭环境需要，或单独设置；或与水体、花木组合，起点缀装饰的作用。

装饰性雕塑常具有美的造型，使人因其形而产生情进而取其意。澳大利亚悉尼皇家剧院圆厅内悬挂的雕塑，在灯光下熠熠生辉(图 5-23)。另一座名为"水晶·金·花"的玻璃雕塑，在低照度的室内晶莹闪烁、光影交织(图 5-24)。

装饰性雕塑有时也用来表达人们心目中美好的向往。日本今治市市立图书馆内庭绿色植物上空是一只抽象的红色飞鸟，烘托出一种自然之趣，表达人们尊重自然、向往自然的情结(图 5-25)。

装饰性雕塑也可寓知识性与教益，让观赏者赏心悦目的同时，运用自己的思维去发现去创造。如美国太阳信托投资广场花园办公楼内，一座类似拓扑图形又极具塑性的白色雕塑,造型柔曲优美,具有发人深思的艺术表现 。这一雕塑与室内植物、室内水景沿轴线依次布置,形成了景观序列与变化,见彩图 33、34。

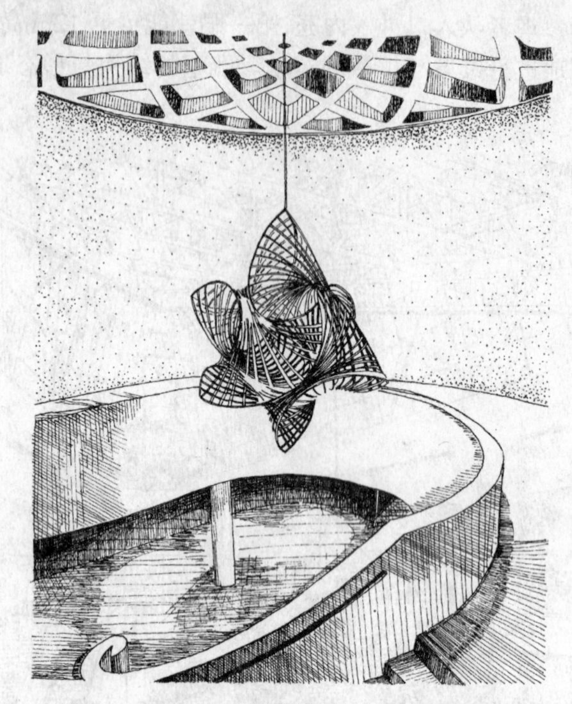

图 5-23　澳大利亚悉尼皇家剧院圆厅内雕塑

图 5-24　日本静冈水晶公园室内雕塑

图 5-25 日本今治市市立图书馆内庭

四、功能性雕塑

某些雕塑除具观赏性外，还具有实用功能，如时钟、灯具、大型玩具等。功能性雕塑因其具有美的造型而提高了它们实用时的趣味性和生动性。

位于美国拉斯韦加斯的市政中心，建筑构思源于当地环境，建筑就像屹立在砂石中的一座雕塑，保持永恒的魅力。室内细部也与整体构思相一致，大厅中的立灯用深绿色波形立杆托着橙红色灯罩，就像沙漠中的奇葩，别具新意(图 5-26)。

时钟在室内常常也是不可缺少的设施。尤其在大型公共空间内，为使时钟的尺度和形式与所在空间相匹配，采用雕塑造型会取得较好的效果。图 5-27 室内造型时钟庄重而醒目。

在室内游乐场所的大型玩具，往往采用功能性雕塑，以引起儿童的兴趣。如戏水池中跃出水面的海豚造型喷水口、鲸鱼造型的滑梯等。

雕塑按表现方式又可分为具象雕塑和抽象雕塑。

具象雕塑常以某一历史事件、名人轶事或动物、植物为题材，形象结构真实，如图 5-28中的飞马栩栩如生，象征飞马精神，给空间增添活力；又如图 5-29 休息座因中间的玫瑰雕塑而得名"玫瑰园"。

抽象雕塑则以其抽象性给人带来更多思考和想像，每一观赏者都可能有不同的解读和启示。澳大利亚悉尼奥罗拉广场室内由艺术家肯·亚苏达设计的雕塑，似两个根植于地面的蛋形石雕，相互依偎而立，与流光四溢飘浮其上的玻璃顶棚构成一幅高雅的画面，见图 4-6。图 5-30 为设置在日本某软件开发研究中心内庭的雕塑，极为光亮而精致。

图 5-26 美国拉斯韦加斯 CLARK 行政中心大厅

图 5-27 造型时钟

图 5-28 飞马雕塑

图 5-29 玫瑰雕塑

图 5-30 日本岐阜 SOFTOPIA 中心室内雕塑

雕塑按形态分又有固定雕塑和活动雕塑两类。

前面提到的实例,基本上属固定雕塑。

活动雕塑是在外力作用下作规律机械运动的一种雕塑。一般说来,它可以利用力矩、力偶、空间力系、悬索受力原理和流体力学原理等构成活动雕塑的运动系统。如日本横滨车站内一座由水的势能引发系统平衡破坏形式旋转的活动雕塑。其动运形式的复杂性和运动规律的变化性创造了独特的观赏效果(图 5-31)。也有用气流作为动力的,如图 5-32 中央大厅顶盖下是两组由杠杆原理构成的活动雕塑,在气流作用下作不对称平衡运动,具有强的力度感。

活动雕塑也可用来作场景表演,某娱乐城 12m 高的中庭内有一"风之塔"动雕,形似大风车。每当游客涌入,风车随着音乐声和彩灯闪烁而转动,见图 5-33。

图 5-31 横滨车站内水力雕塑

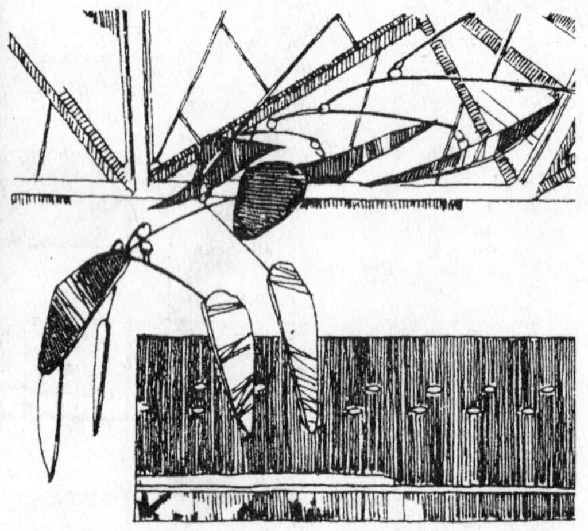

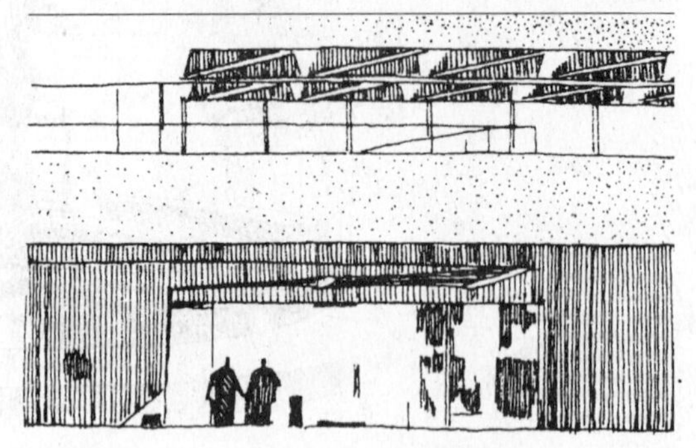

图 5-32 气流推动的雕塑

图 5-33　某娱乐城“风之塔”雕塑

第四节　灯　具

灯光可以使白天不起眼的空间，变成了具有美妙夜景的场所，这就是人工照明的魅力。

人工照明离不开灯具。内庭设置灯具，既为了照明、指引，又是装饰、点缀；既可渲染烘托室内气氛，又可强调某些景观元素如植物、喷泉、雕塑等。

内庭空间常因其功能的综合性，照明灯具也作多方面考虑。大致概括为以下几种：

主要照明　是内庭的基本照明，可采用顶棚照明如发光顶棚、顶棚槽灯等；也可采用控制整体空间的吊灯；或是两者结合。

局部照明　为内庭不同功能区所需，是对主要照明的一种补充。如在服务台、吧台上方加设下射式灯具；在休息空间坐椅附近置立灯、台灯；在重点景物旁用灯具照明加以突出和渲染等。

装饰照明　以灯具形式或以其光影变化来装饰空间。有时主要照明和局部照明也兼具装饰性。

内庭灯具按其设置位置和照明方式的差异分为：吊灯、吸顶灯、顶棚镶嵌灯、壁灯、立灯、座灯、台灯、射灯、光导纤维灯等。

一、吊灯

吊灯是悬挂在室内顶棚上的照明灯具，经常用作大面积范围的主要照明。吊灯在内庭常兼具照明和装饰双重功能，因而十分注重它的美观造型。

吊灯的造型风格众多，品种规格数以千计，有单罩式吊灯，组合吊灯、珠帘式吊灯、枝形吊灯等。

由于吊灯的装饰作用十分明显，因此在选用吊灯时必须考虑两个方面：

(1)吊灯的大小和形状与室内空间相适应。要使吊灯的大小、形状与室内空间适应，必须正确掌握灯具的空域感与净空高度。空域感就是灯具占据空间给人的印象，净空高度即灯具上方离顶棚的距离，两者都要适当、得体。

(2)吊灯的艺术风格与室内整体环境相适应，努力做到灯具与室内布置和谐统一。

美国堪萨斯城某办公楼室内多功能大厅，其顶棚四周设置了荧光灯光檐照明，顶棚上是嵌入式筒灯与吊灯相间布置。恰当的空域感和净空高度，使一排排简洁别致的吊灯在视觉上形成顶棚的第二层面，丰富了空间层次，也使空间尺度更为宜人(图 5-34)。

图 5-34　美国某办公楼多功能大厅

北京中银大厦中庭照明，除了紧贴采光天窗下弦横梁的筒灯和竹林上方的两组灯具外，最引人注目的是营业厅上方的环形吊灯(彩图 37)。其外观像一个轻巧的车轮，环形的造型与其下方的圆形吹拔形成呼应，灯具全部用不锈钢制造，用钢悬索挂在大厅的墙壁上，颇具新意。

用灯具来突出空间特征，增强空间的表现力。如图 5-35，宾馆大厅内珠帘式吊灯依空间轮廓布置，形成优美而华丽的曲线，成为视觉焦点，墙面上的壁灯，既补充了下部空间的照明又是很好的装饰。图 5-36 则是与圆形穹顶相协调的组合吊灯，晶莹闪烁，强调了它的中心位置。

图 5-37 为伸枝展叶的枝形吊灯。

图 5-38 为日航宾馆大厅内笼式吊灯。

图 5-35 珠帘式吊灯

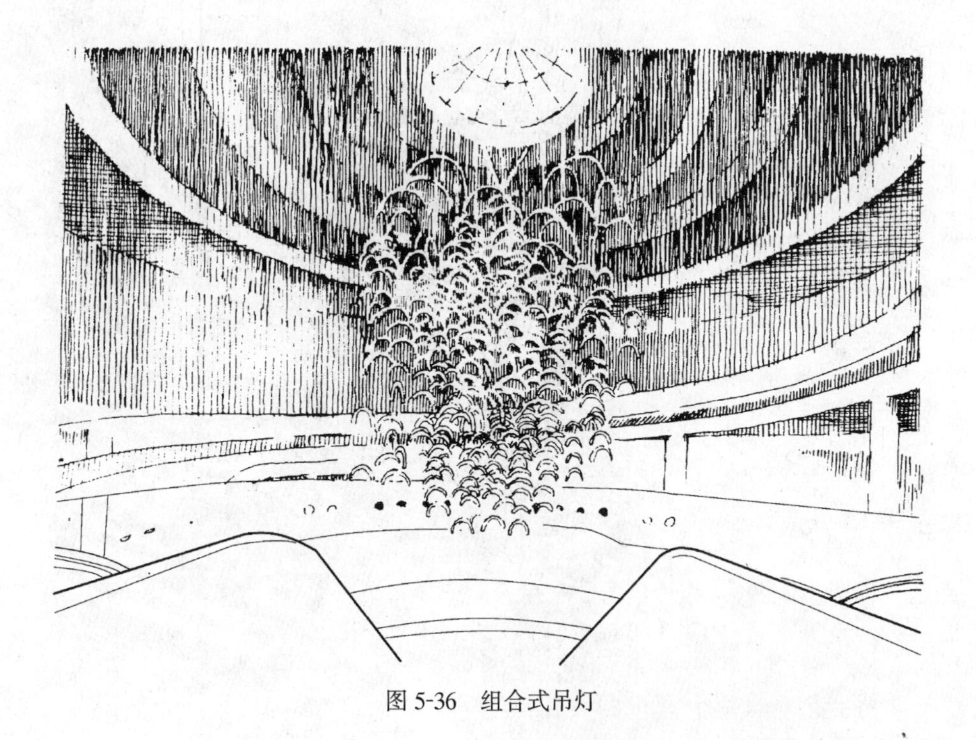

图 5-36 组合式吊灯

图 5-37 枝形吊灯

图 5-38 笼式吊灯

二、吸顶灯

吸顶灯是直接安装在顶棚面上的一种固定式灯具，常作为室内主要照明。吸顶灯又分为一般式吸顶灯、嵌入式吸顶灯和半嵌入式吸顶灯。一般说来，层高不太高或顶棚有振动的室内，安装吸顶灯更适宜。

图 5-39 为一购物中心食庭的吸顶灯照明，黄色太阳花吸顶灯，配以红、蓝、绿三色圆形吸顶，光色亮丽。

嵌入式或半嵌入式顶棚筒灯和牛眼灯运用得也相当普遍。它有较好的下射配光，并随灯具出光口位置改变照明角度也随之改变，从而使光线射向需要的地方。嵌入式吸顶灯可布置成随意型或是图案型；也可与其他类型灯具组合布置，见图 5-34。

图 5-39　日本大阪泉佐野购物中心食庭

三、建筑化照明灯具

建筑化照明是利用建筑装饰构件作为灯具的组成部分，把建筑的艺术性与灯具造型艺术性紧密结合起来，常见有以下几种形式：

发光顶棚　用半透明漫射材料或是金属、塑料格栅做吊顶，在吊顶与建筑结构之间装灯形成发光顶棚，它能提供模拟昼光照明的气氛。

光檐照明　将灯具隐蔽在不透光的檐板内，一种是利用与墙平行的不透光檐板遮挡光源，将墙或壁面装饰照亮，带来戏剧性的光照效果。另一种是将檐板向上开口，使灯光经顶棚反射下来，使顶棚有漂浮感（图 5-40）。光檐照明勾勒室内建筑构件轮廓，会产生意想不到的动人效果。彩图 21 是站在上海金茂大厦凯悦大酒店中庭仰视的情景，层层栏板下的光檐照明像音乐旋律动人心弦。

发光墙　在透光墙板与建筑结构之间装灯，形成发光墙。这种发光墙可用来界定内庭中的小空间，富有装饰性，也可以作为悦目的对景。

图 5-40 日本奈良信贵山医院大厅

四、壁灯

壁灯是一种安装在墙壁、柱子及其他立面上的灯具。壁灯的作用是作为局部照明来补充室内的主要照明,壁灯的形式和制作材料多种多样。

北京中银大厦内庭的壁灯是一菱形内接正方形又内切圆的图形,见内庭实录二。其中圆形的曲面灯罩采用一种称作 Alabaster 的透光石材做成,石材的纹理和光色提供一种接近自然的感觉。壁灯安装保持一致的高度与内庭空间统一又和谐。

结合建筑支柱的壁灯如图 5-41 层层绽放的花瓣绕着圆柱闪烁着彩色灯光,欢快而有活力。

五、立灯

灯座放在地面上的灯具,称为立灯。立灯按其照明功能,大致可分两种:一种是作主要照明用的高杆立灯;另一种是补充主要照明用的矮杆立灯。立灯的灯杆、灯罩有各式各样的造型。

韩国仁川国际机场候机楼室内的高杆立灯作大空间照明之用。立灯波浪状造型与室内常青松枝叶相呼应,成为千年厅象征性标志,见图 5-44。

图 5-43 为上海银都大厦室内,人们登自动扶梯进入大厅,第一眼就看到梯口两侧各立一 4m 高的地灯。三角形的云石柱以大花绿大理石饰面黄铜片嵌线,柱上是大花绿大理石实心球灯座,上置磨砂玻璃浅碗形灯罩,非常精致美观。

美国格林维尔医院中庭圆形水池一侧,两个箭状高杆灯相对而立,加强了中心的景观。在四周休息座近人的位置布置了带灯罩的矮杆灯。在灯具的尺度和形式上,主次分明富有变化(图 5-42)。

有时为了加强空间室外化的特点,设置庭院立灯,如图 5-45 中的立灯增强了室内园林的景观特色。

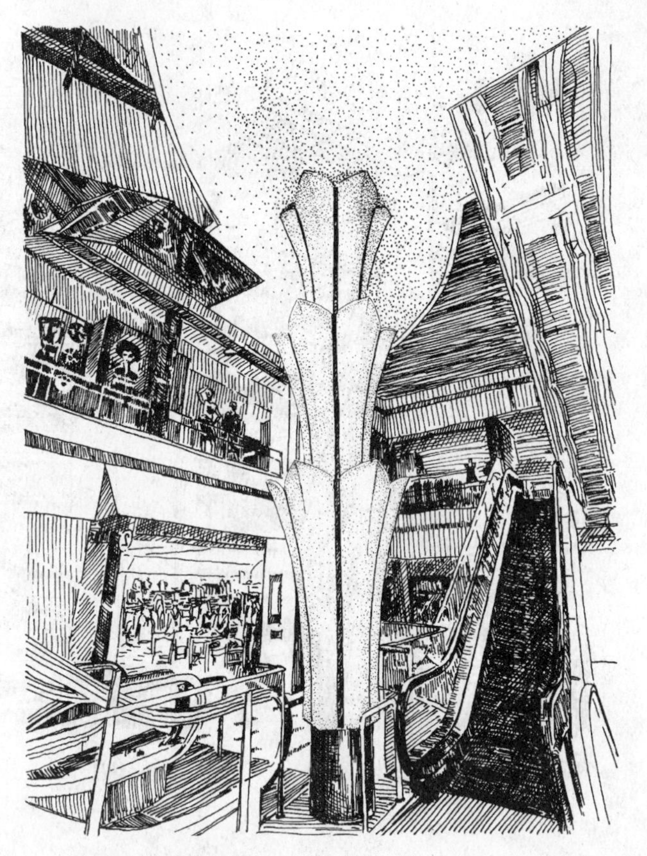

图 5-41　某商业中心室内

图 5-42　美国格林维尔医院中庭

(a)

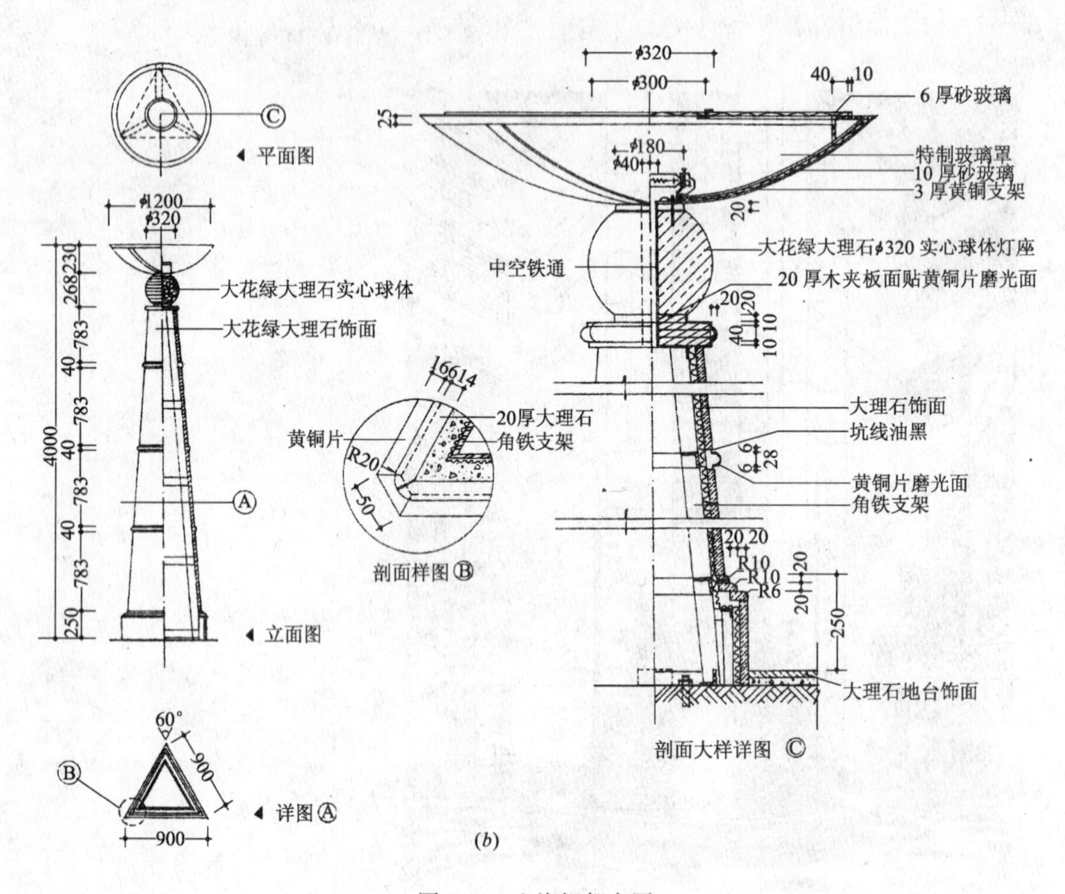

(b)

图5-43 上海银都大厦

(a)大厅内景;(b)地灯详图

图 5-44　韩国仁川国际机场候机楼千年厅

图 5-45　美国加利福尼亚州拉霍亚使馆饭店中庭

六、台灯、座灯

台灯和座灯是一种高度较低，放置在桌、几之上或是地台等处的照明。

台灯的特点是可移动,因而布置灵活方便。在内庭休息区沙发旁的茶几上放一台灯,从灯罩透出的光线不仅增加了局部空间的亮度,而且创造了亲切宜人的环境气氛。台灯多姿多态的造型又不失为富有艺术感的陈设。图 5-46 为北京燕莎中心凯宾斯基饭店大厅内明式高几与灯具结合,别具一格,非常雅致。

座灯则多为固定式灯具,设在台阶一侧或地台上,既可作局部照明也可作艺术照明或绿化景观照明。彩图 23 上海金茂大厦舞池的座灯,是由 21 层透明强化玻璃片均匀排列组成的倒圆锥形灯具,用不锈钢灯脚固定于地台上,蓝色光线经玻璃透射、折射、幽雅美丽。

图 5-47 为各种立灯、座灯、壁灯形式。

七、投射灯

投射灯是一种聚光照明,光线高度集中在选定的方向上以表现某些空间或景物,增强吸引力。

投射灯的布置,首先要确定被照物,选择那些有品质、有特点的表现题材;其次要充分考虑投射方向与角度,以获得最佳的视觉效果。

美国旧金山凯悦大酒店中庭采用 PAR64 聚光灯照亮球形雕塑和簇叶植物,使雕塑玲珑剔透,使植物形色鲜明,见图 5-48。

八、光导纤维灯

光导纤维灯是应用光导技术制成的,它的美妙之处在于输出光沿光纤传导至“尾端”,可以设计成多种灯光形式,如美国休斯敦科斯特沃银行内接待区的顶灯就是用光导纤维灯来显现横跨银河的大熊星座和小熊星座景观,与室内象征波浪起伏的墙面和寓意沙滩的地毯相呼应,传达着 Coastal Bank 的境界。

图 5-49 是瑞典斯德哥尔摩北欧日光酒店的大厅,凹进的小圆顶上垂挂着玻璃吹制的冰凌吊灯。沿光纤传导的光,按设计程序变换着白、紫、绿等不同颜色,而且灯光色彩变换程序随季节而相应变化,唤起人们对斯堪的那维亚气候和有限日光的种种印象。

图 5-50 是北欧某餐饮空间,顶棚上点点灯光就像夜空的星星,神奇而浪漫。

图 5-46　北京燕莎中心凯宾斯基饭店大厅高几灯具

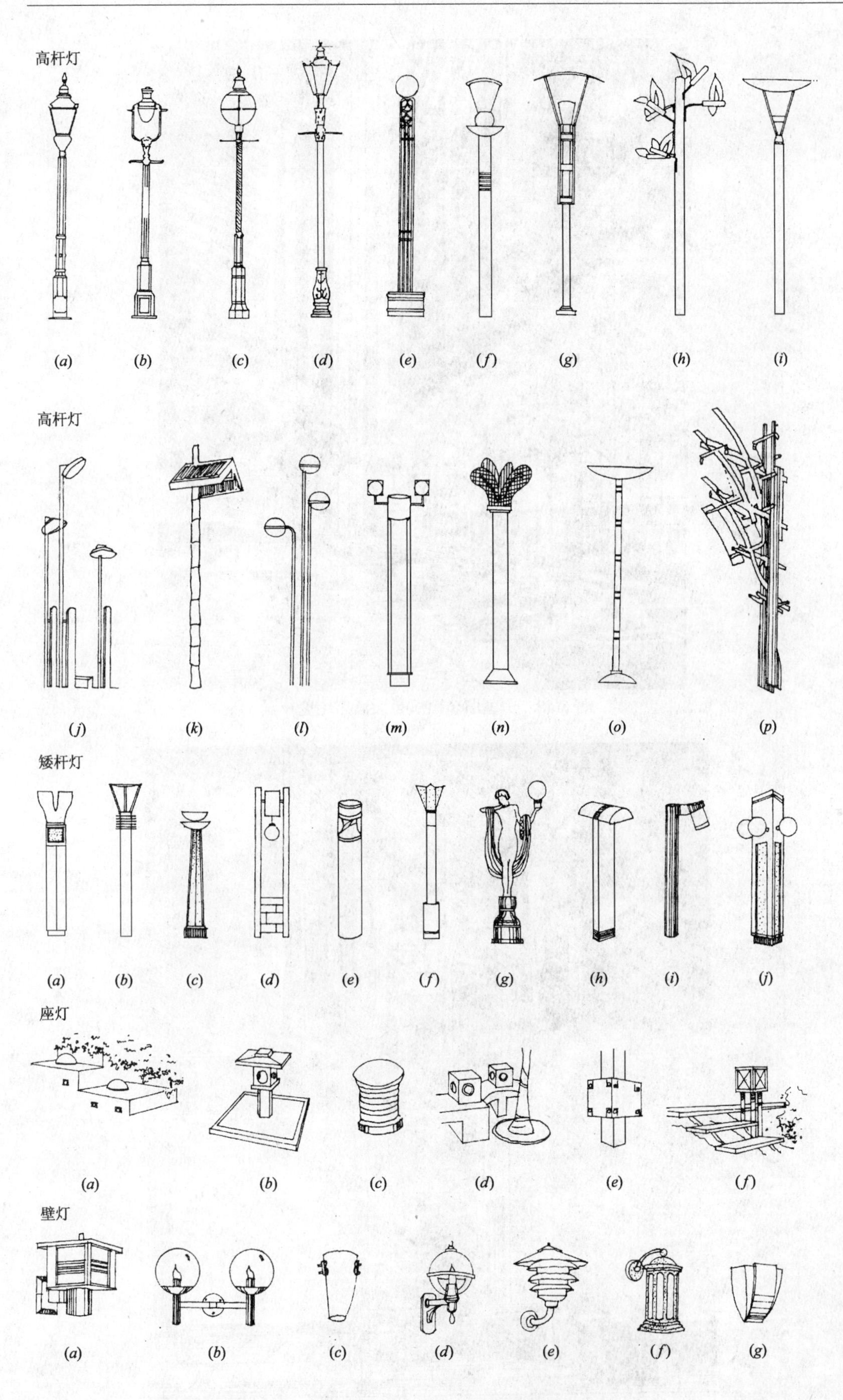

图 5-47　立灯、座灯、壁灯形式

图 5-48 美国旧金山凯悦大酒店中庭夜景

图 5-49 瑞典北欧日光酒店大厅吊灯

图 5-50 北欧某餐饮空间夜景

第五节 种 植 容 器

与室外植物不同,室内植物大多数植于种植容器内,或是固定的花池、花坛、花槽,或是植于活动的花盘内。由于这些种植容器大都暴露于外(除与地齐平的种植穴),因而不仅需要考虑其功能,还需注意其装饰效果。这就要求在绿化设计中,既要考虑种植容器与植物的关系,还要考虑与室内空间环境的关系。

一、种植容器与植物

花池或花盘等种植容器的选择首先必须满足植物生长的需要。如果是直接种植的容器,必须考虑有足够空间供根部生长;如果是装饰用的套盆,就必须便于放进生长盆。容器的大小应与栽植植物相称。一般说来,高植物用较高的容器,低矮柔软植物用浅容器。从整体比例看,高宽比大致相同的容器适合于大多数圆形和竖向型树冠的植物,宽大于高的容器适合于横向树冠的植物,而浅盆类的容器宜栽蔓生性植物和花卉。例如高宽比为 3/4:1 的花盆称杜鹃盆,而高宽比≤1/2:1 的盆称球茎盆。所以,设计者不仅要熟悉种植容器的大小和形状,而且要熟悉植物的形状、高度以及生长习性等特点,否则就会导致容器与植物失调。

二、种植容器与室内环境

容器要与室内环境协调,因为花池、花盆等种植容器本身就是室内陈设,其比例、式样、颜色和质感既要与所植植物相匹配,又要满足装饰内部空间的需要。要与它的搁置面如地面、地毯、台几等相协调,又要与它周围的装饰、陈设相协调,使之互相衬托而增色。如果是成组布置时,还要考虑这些容器本身之间的协调关系。此外,容器的选择还必须考虑其排水问题，在小空间内，可简单地加上一个无孔托盘或垫盆放在生长盆底部即可；对于一些大型公共空间，种植器的排水必须经专门设计，如采用自动灌溉容器或地灌系统（见图 1-5、图 1-6）。

三、种植容器类型

种植容器有各种形式和规格，按制作材料分大致有以下几种：

（一）按制作材料划分的类型

1. 砖、石、混凝土花池

这类容器重量大，常做成固定式，成为室内永久设施。设计中往往与建筑构件结合考虑，如平台、台阶、墙、柱等。也常与水体、休息座、雕塑等组合布置，如图 5-51 台阶式花池，图 1-23 与栏板结合的花池。从与地面关系看有两类，一是凸出于地面，这种形式往往要占据地面较大空间；二是凹入地面，这种类型如室内树，可在基部置承重的铸铁树盖，留出树下空间如图 5-52(1)(*a*)。

图 5-51 室内台阶式花池

此外，随着室内自然景观的流行，采用石材种植容器也渐渐多起来了。这种种植容器一般较大，外饰粗犷，因材料不同而有多种类型，能很好与内庭景观融合。

2. 陶土、陶瓷花盆

陶土花盆通常为土红色，有各种尺寸和形式。土质花盆通气性好，可减少植物由于浇水过多的损害，但易碎和难以清洁。陶瓷花盆除尺寸和形式多样外，还有各种吸引人的色彩、图案，装饰性强。用于各类厅室内部，高雅优美，对于传统空间和现代空间都较适宜，见图 5-52(2)、(3)。

3. 塑料及玻璃纤维花盆

这类花盆最大的优点是轻，不易破碎，有各种颜色，可仿造成各种质感，形式多样，既可搁置也可壁挂、悬吊。

4. 金属花盆

常用铝或铝合金制，轮廓简洁，有亮的光泽，一般适用于有现代感的空间。

(a)
(b)
(c)
(d)
(e)
(f)
(g)
(h)
1. 砖、石、混凝土
(a)
(b)
(c)
(d)
(e)
2. 陶土
(a)
(b)
(c)
(d)
3. 陶瓷
(a)
(b)
(c)
(d)
4. 塑料、玻璃纤维
5. 金属
6. 竹
7. 藤
8. 木
9. 其他

图 5-52 种植容器

5. 其他材料

除了上述种植器外，也可用玻璃、木材、藤、竹等材料做生长容器或套盆。玻璃因其透明性，可植水生植物，不仅可观花叶，也可赏根。此外，利用小口大肚瓶还可形成多趣的瓶中花园。木材、藤和竹盆是自然材料制成，一般都做套盆用，因材料的类型有地区特点，因此有助于增强室内装饰风格。

(二)按浇灌技术划分的类型

1. 普通种植容器

即前面提到的绝大多数类型。这类种植容器采用传统的方式浇水灌溉，最多的是采用一个水托盘，用棉绳或棉带的方式浇灌植物(图 1-5)。显然，这种方式技术含量低，维持的时间也不长，还受棉绳或棉带质量的影响。

2. 自动灌溉容器

前面提到的传统灌溉方式存在土壤周期性的干湿不均匀。浇灌后的最初几天土壤太湿，后几天又太干，使植物经受周期性的生长压力，不利于植物的正常生长。为解决这个问题，人们发明了自动控制种植容器，用于室内大型或重要观赏植物的栽植，其优点是能很好满足植物生长的需求，又节省了管护人员和经费。这对劳动力昂贵的西方国家尤为重要。自动灌溉容器的原理是植物通过生长活动控制其自身的浇水活动。其装置由一个储水空间及相连的土壤干湿敏感(器)探头组成，探头在植物种植时插入根部。随着植物的生命活动变化探头探测植物根部土壤的干湿。当土壤干时，敏感探头使储水空间释放真空，水就从容器的底部出水孔进入容器，通过毛细管现象浇灌植物。当水饱和以后，探头又使真空形成，阻止水进入容器(图 5-53)。

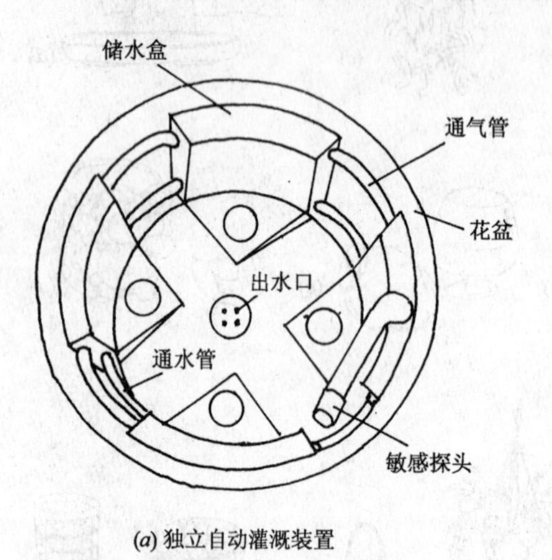

(*a*) 独立自动灌溉装置

敏感探头

(*b*) 内置式自动灌溉种植器

图 5-53 自动灌溉容器

目前该容器有两类，一是分离式，即储水空间和敏感探头等组成独立的装置。储水盒分成几个，中间用两组管子相连，上部管子为空气管，下部为水管。探头和出水口与一个储水盒相连。另一种为内置式，即种植容器为夹层，其内是储水空间，底部有出水口，壁上有注水口和敏感探头。这种容器由于灌溉系统与容器连为一体，因此可以做成各种形状，适用于不同场所(图 5-54、图 1－5*c*)。

四、根护

与种植容器紧密相关的是容器顶部的护根材料。虽然对植物生长没有多大作用，但它在种植与室内环境的协调方面并不亚于种植容器。例如 3m 高的室内树，树冠在树干的1.5m以上，根部的生长基质完全暴露出来，这时用装饰作用的护根材料就能遮住裸土，使种植与环境协调。

根护大多用木屑或树皮，可染色以与周围色彩协调。目前用不同大小、不同色彩的砾石、鹅卵石、花岗石和大理石碎块也越来越多了。

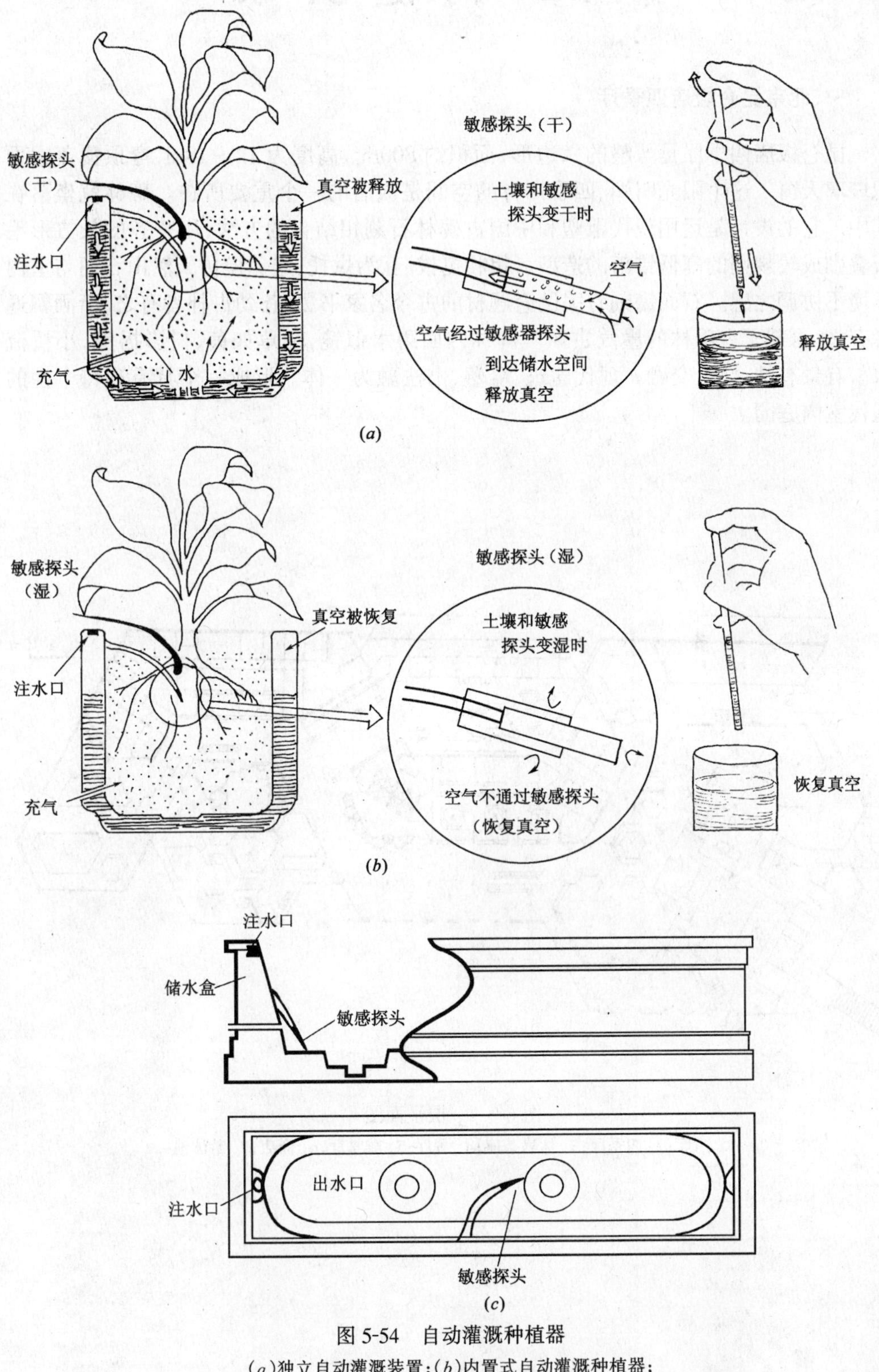

图 5-54 自动灌溉种植器

(*a*)独立自动灌溉装置；(*b*)内置式自动灌溉种植器；

(*c*)内置自动灌溉种植器悬挂式种植槽

第六章　内庭实录

一、北京昆仑饭店四季厅

昆仑饭店四季厅是严整的六边形，面积约 800m^2，高度为 12～18m，穹顶覆盖大面积玻璃天窗。这个阳光明媚、四季常青的空间是饭店的一个重要所在。碑林就坐落在其中。它的设计是运用现代雕塑和中国古碑林石刻相结合的方法，用整齐的长方形毛石叠砌成较规则的高低错落的造型。粗壮挺拔、互为烘托，避免模仿天然山石而与室内环境不协调之感。石面镌刻有关昆仑题材的古今名家书法，苍劲古朴者有之，潇洒飘逸者有之，再现了古碑林的墨气古风。碑林四面碧水似镜，绿草如茵，树影摇曳，小桥流水。有景有情、情景交融。现代建筑、雕塑、书法融为一体。形成一个具有独特个性的现代室内庭园。

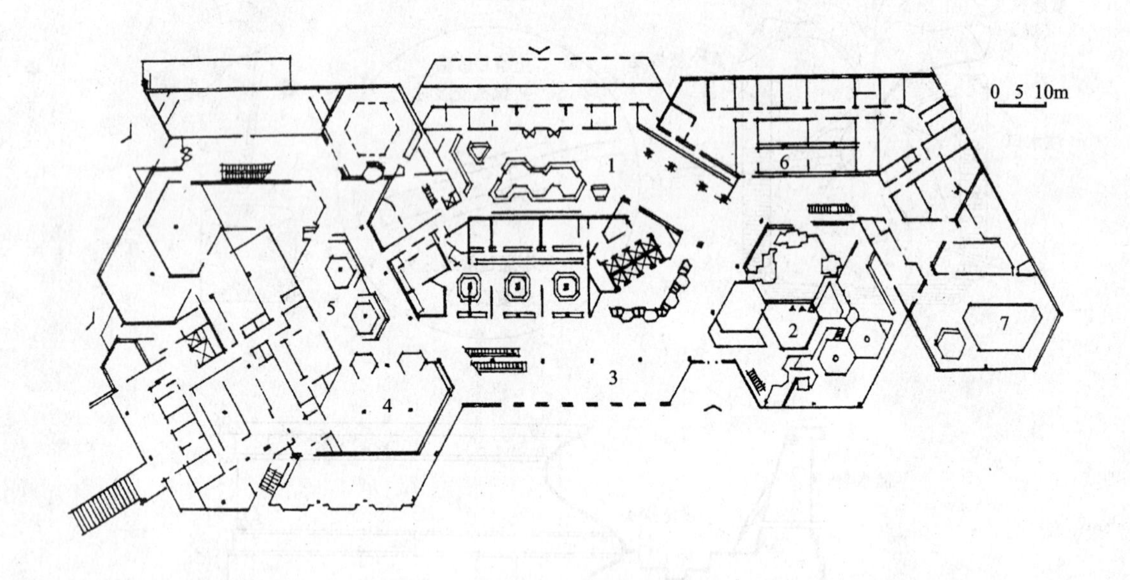

图 6-0　一层平面图

1. 门厅；2. 四季厅；3. 休息茶座；4. 餐厅；5. 咖啡厅；6. 商店；7. 游泳池

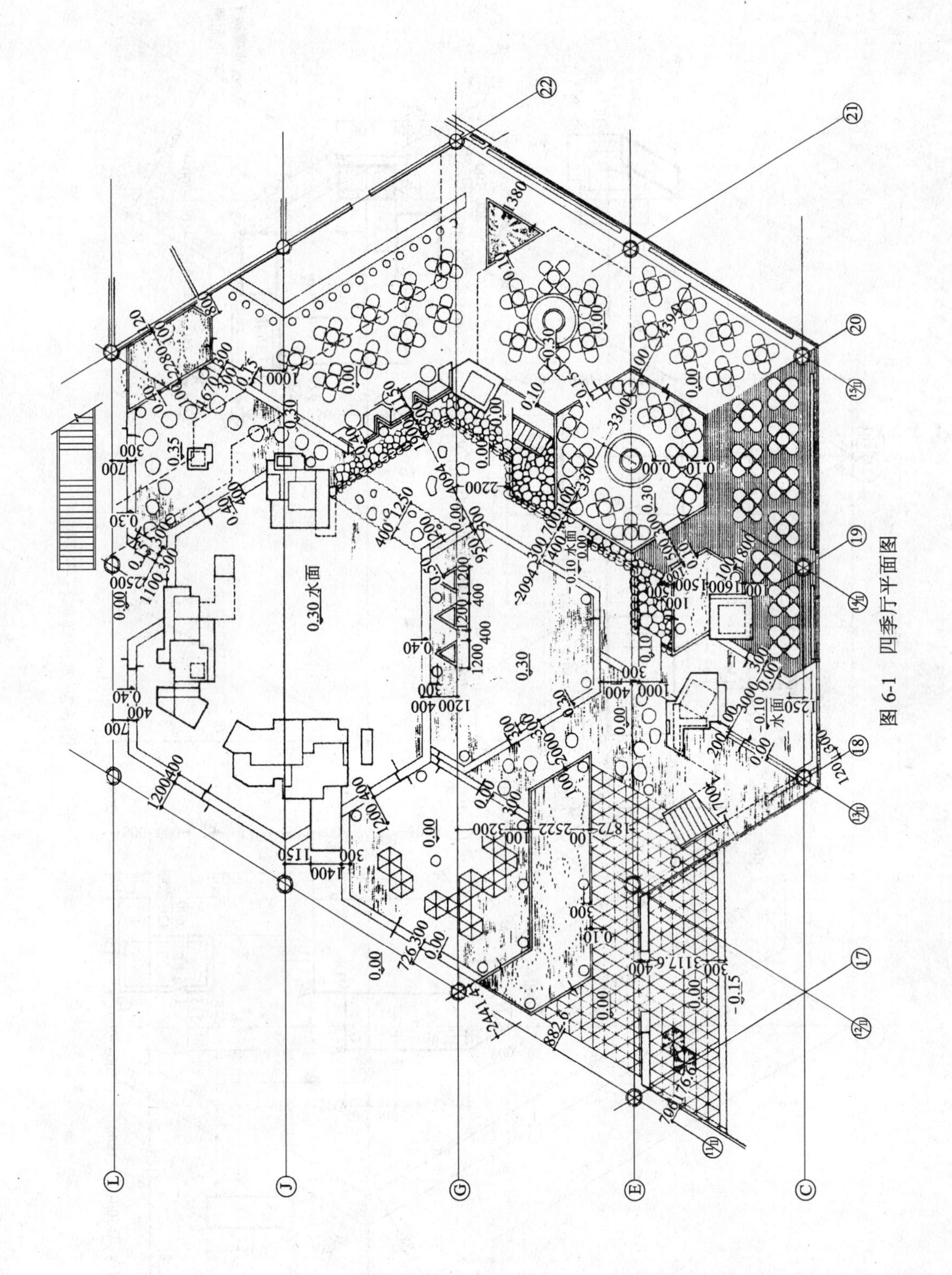

图 6-1　四季厅平面图

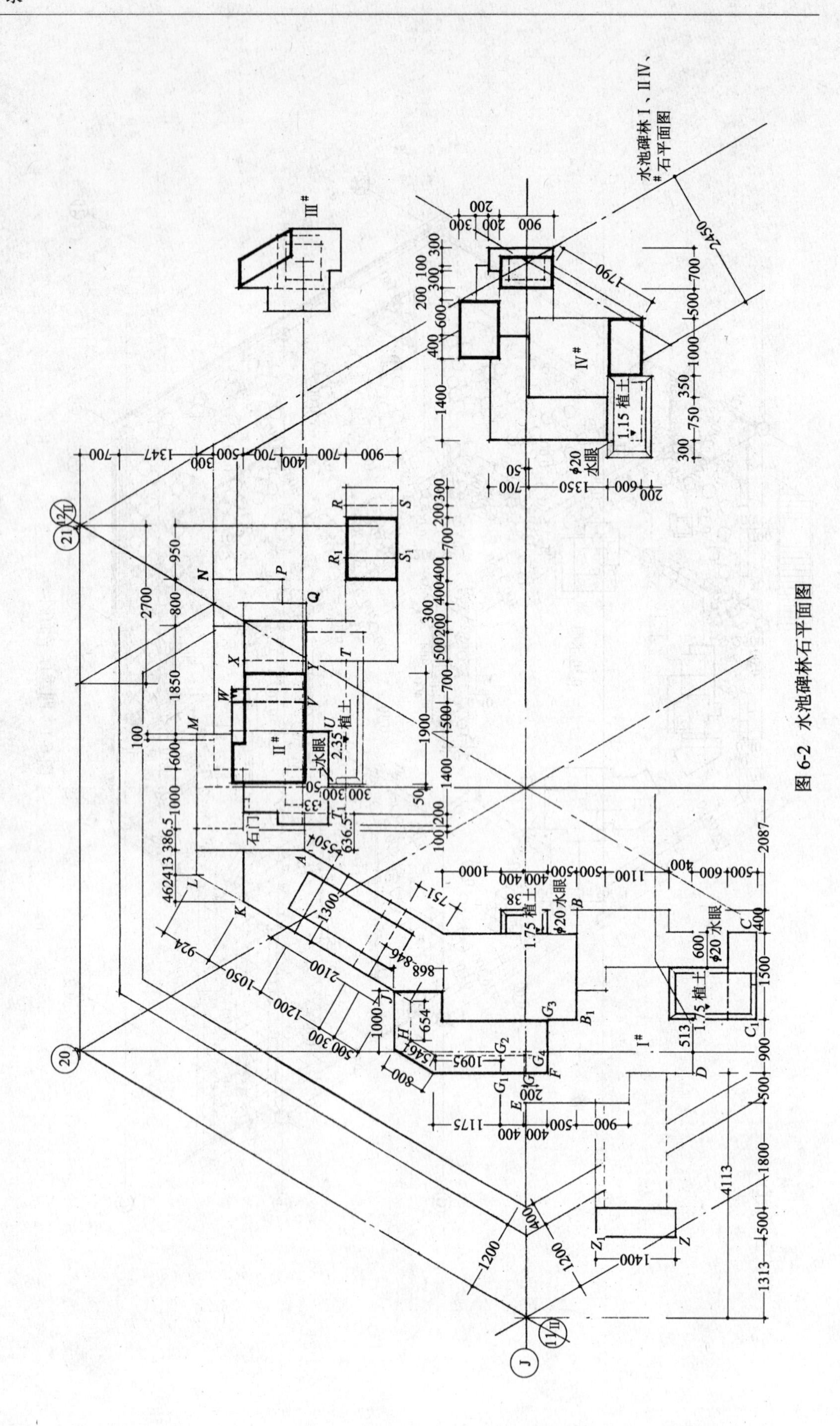

图 6-2 水池碑林石平面图

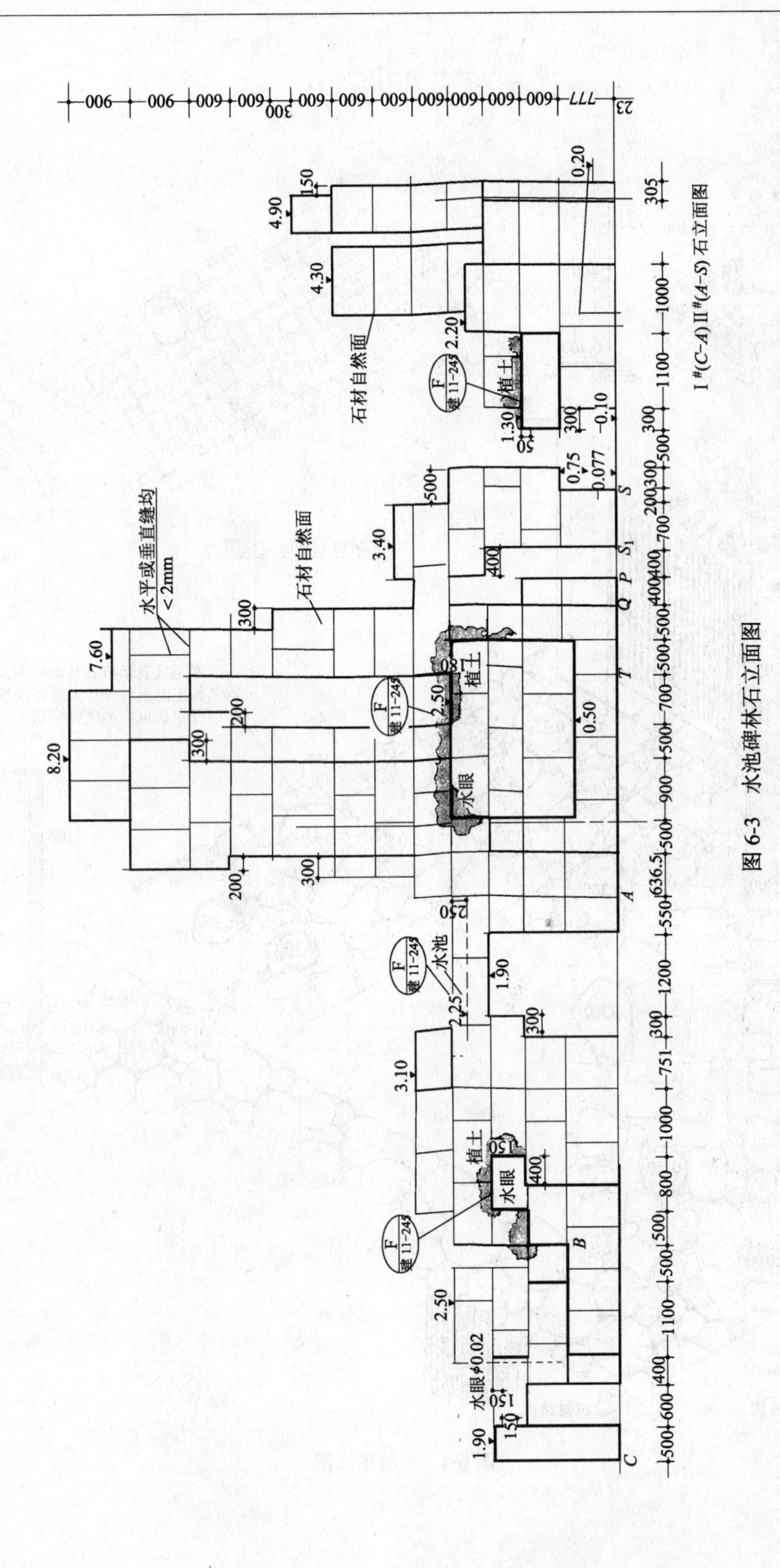

图 6-3　水池碑林石立面图

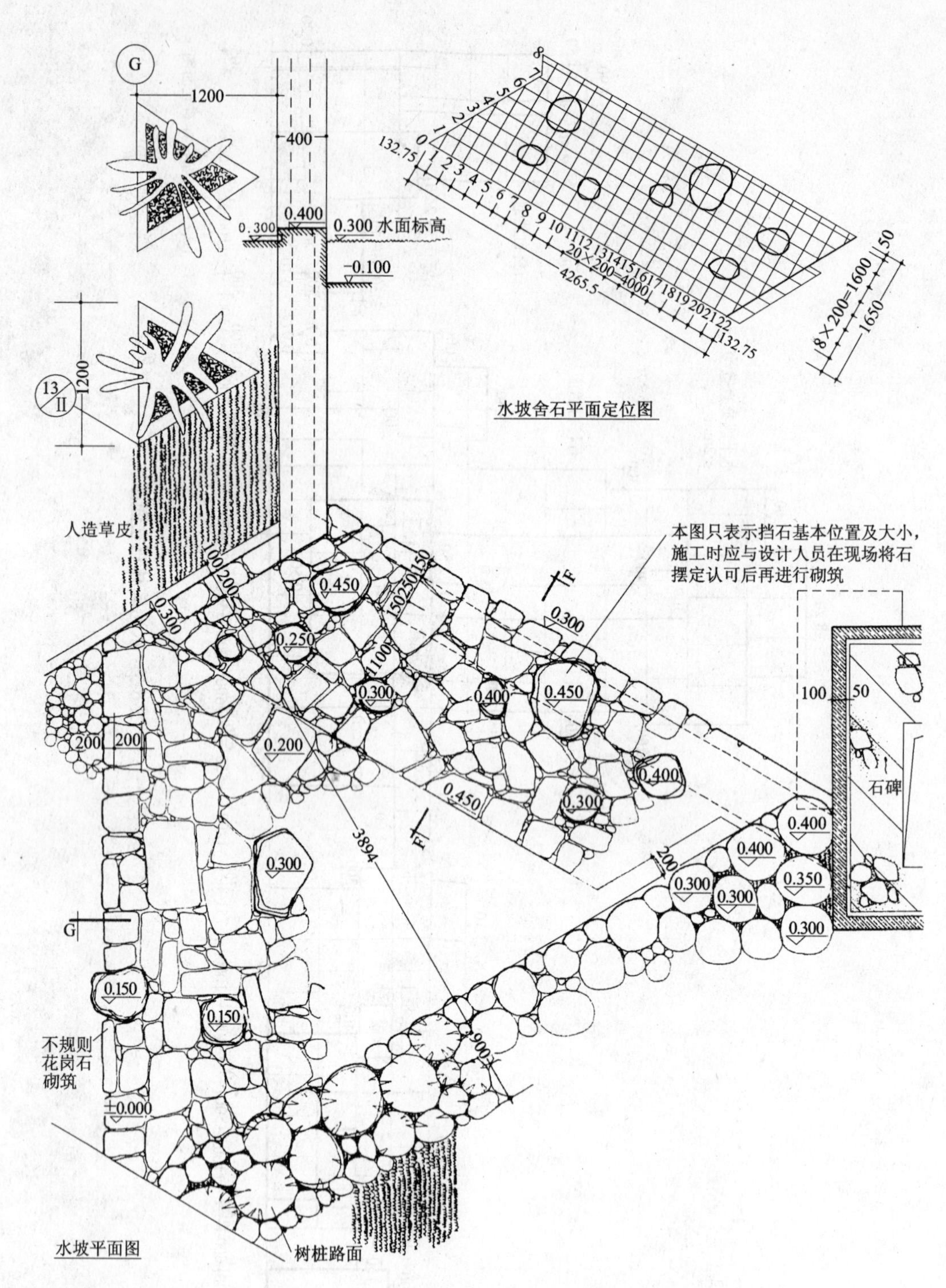
水坡舍石平面定位图
水面标高
人造草皮
本图只表示挡石基本位置及大小，施工时应与设计人员在现场将石摆定认可后再进行砌筑
石碑
不规则花岗石砌筑
水坡平面图
树桩路面

图 6-4 水坡平面图

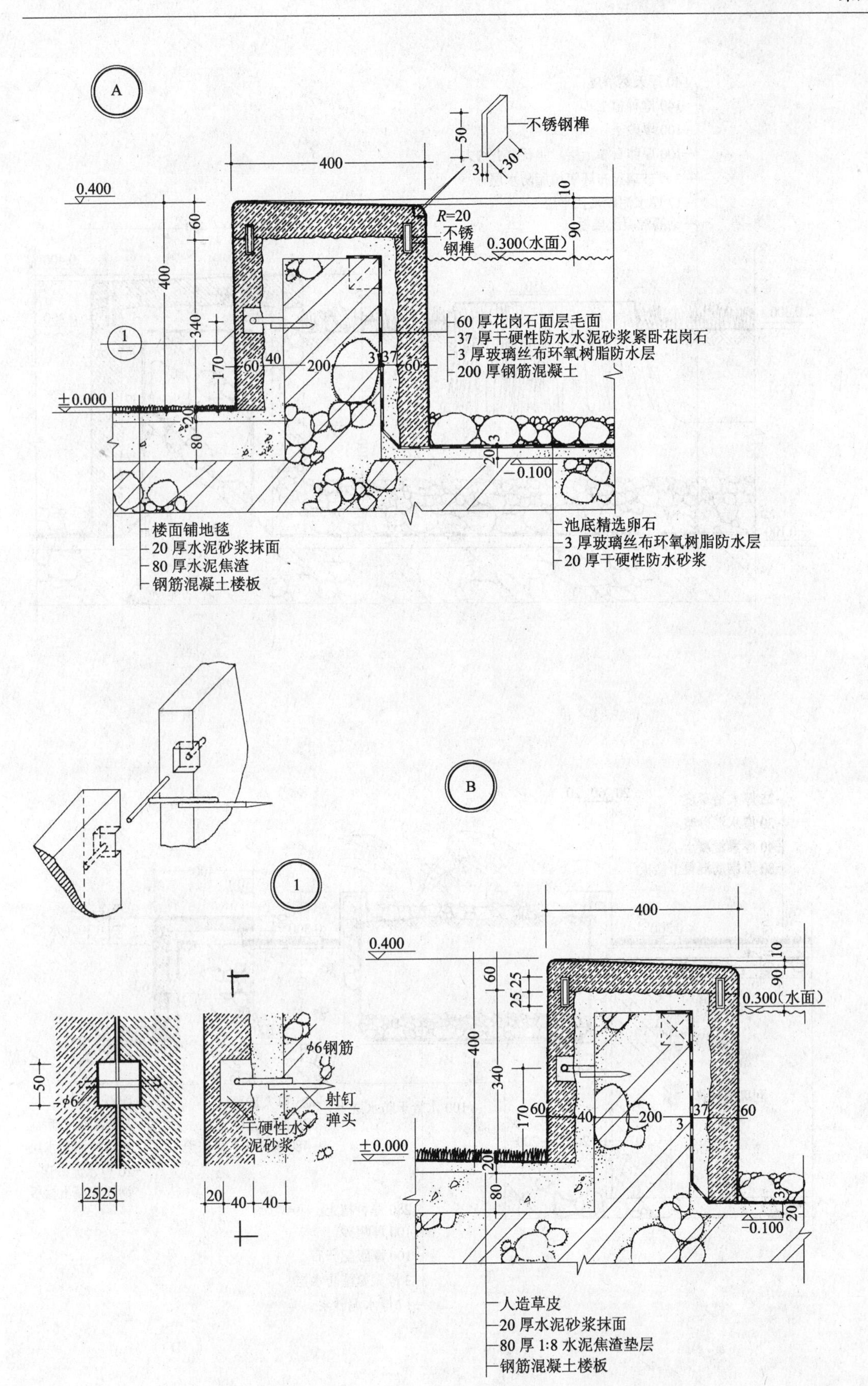
A
不锈钢榫
400
50
3
30
0.400
10
R=20
60
不锈
钢榫
90
0.300(水面)
400
340
60厚花岗石面层毛面
37厚干硬性防水水泥砂浆紧卧花岗石
3厚玻璃丝布环氧树脂防水层
200厚钢筋混凝土
1
170
60
40
200
3
37
60
±0.000
20
80
3
20
-0.100
楼面铺地毯
20厚水泥砂浆抹面
80厚水泥焦渣
钢筋混凝土楼板
池底精选卵石
3厚玻璃丝布环氧树脂防水层
20厚干硬性防水砂浆
B
1
400
0.400
10
60
25
25
90
0.300(水面)
400
340
φ6钢筋
射钉
弹头
干硬性水
泥砂浆
50
φ6
170
60
40
200
3
37
60
±0.000
20
80
3
20
-0.100
25
25
20
40
40
人造草皮
20厚水泥砂浆抹面
80厚1:8水泥焦渣垫层
钢筋混凝土楼板

图6-5 详图一

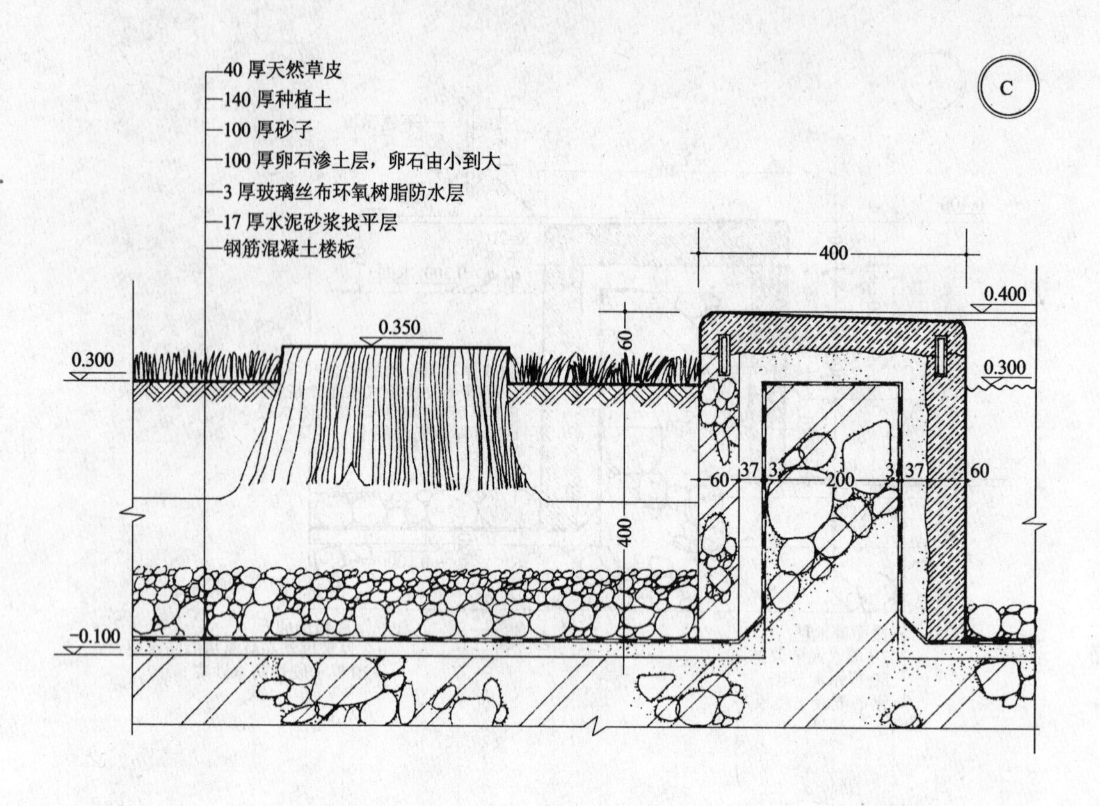
C
40厚天然草皮
140厚种植土
100厚砂子
100厚卵石渗土层，卵石由小到大
3厚玻璃丝布环氧树脂防水层
17厚水泥砂浆找平层
钢筋混凝土楼板
400
0.400
0.350
0.300
0.300
60
60
37
3
200
3
37
60
400
-0.100

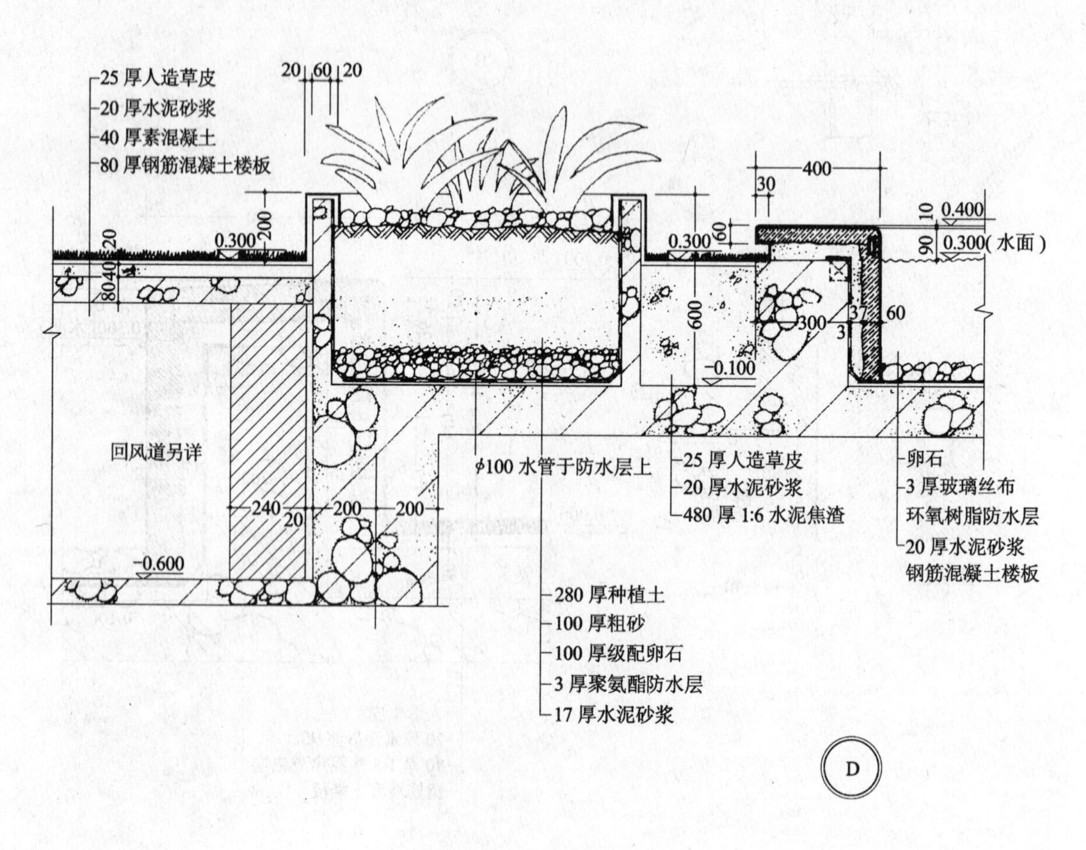
25厚人造草皮
20厚水泥砂浆
40厚素混凝土
80厚钢筋混凝土楼板
20 60 20
400
30
0.400
0.300
0.300
0.300(水面)
回风道另详
ϕ100水管于防水层上
25厚人造草皮
20厚水泥砂浆
480厚1:6水泥焦渣
卵石
3厚玻璃丝布
环氧树脂防水层
20厚水泥砂浆
钢筋混凝土楼板
240
200
200
-0.600
-0.100
600
300
37
60
280厚种植土
100厚粗砂
100厚级配卵石
3厚聚氨酯防水层
17厚水泥砂浆
D

图6-6　详图二

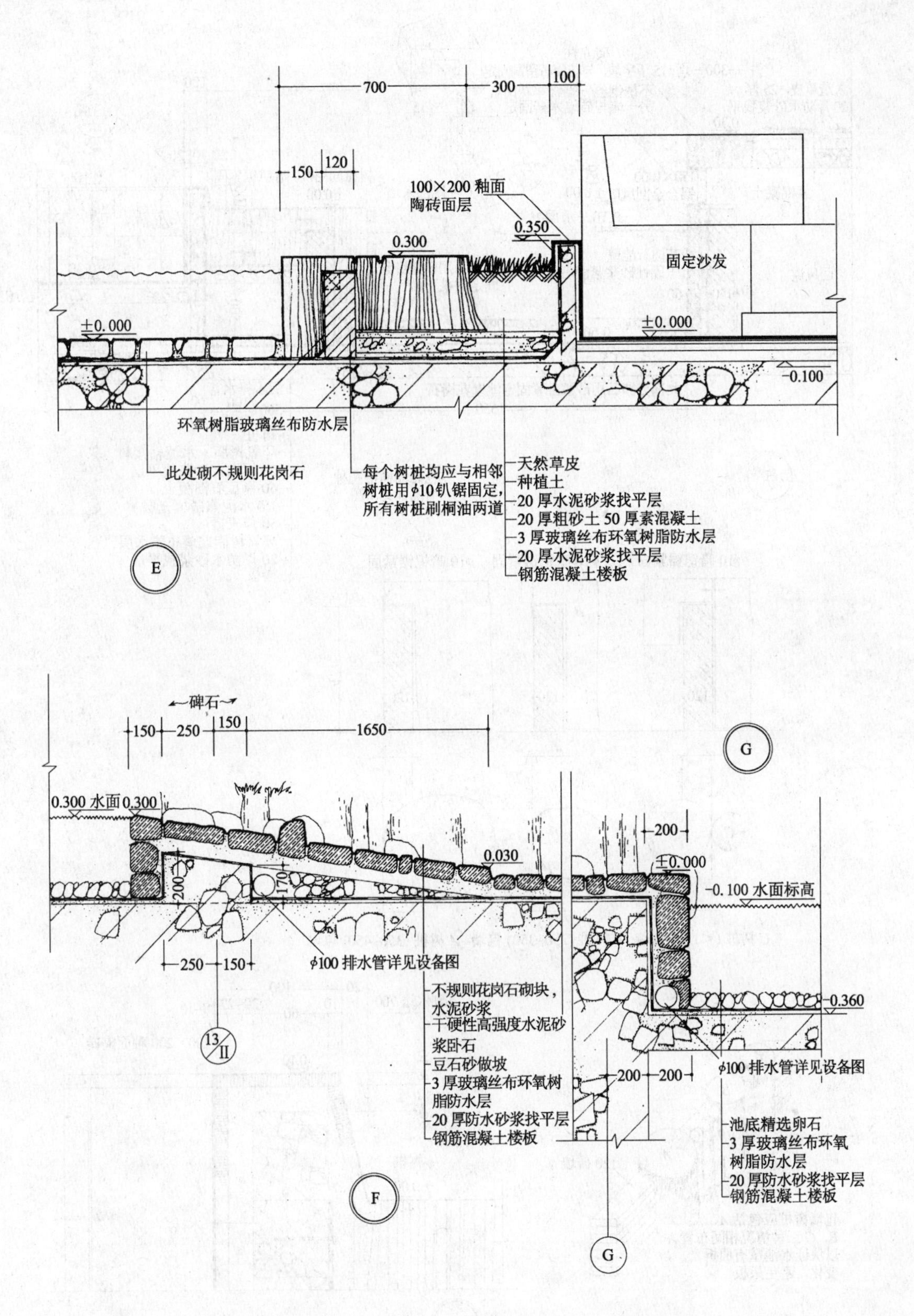
700
300
100
150
120
100×200 釉面
陶砖面层
0.350
0.300
固定沙发
±0.000
±0.000
-0.100
环氧树脂玻璃丝布防水层
此处砌不规则花岗石
每个树桩均应与相邻
树桩用φ10钉锯固定,
所有树桩刷桐油两道
天然草皮
种植土
20 厚水泥砂浆找平层
20 厚粗砂土 50 厚素混凝土
3 厚玻璃丝布环氧树脂防水层
20 厚水泥砂浆找平层
钢筋混凝土楼板
E
碑石
150
250
150
1650
G
0.300 水面
0.300
200
0.030
±0.000
-0.100 水面标高
200
170
250
150
φ100 排水管详见设备图
不规则花岗石砌块,
水泥砂浆
干硬性高强度水泥砂
浆卧石
豆石砂做坡
3 厚玻璃丝布环氧树
脂防水层
20 厚防水砂浆找平层
钢筋混凝土楼板
-0.360
200
200
φ100 排水管详见设备图
池底精选卵石
3 厚玻璃丝布环氧
树脂防水层
20 厚防水砂浆找平层
钢筋混凝土楼板
13
II
F
G

图 6-7 详图三

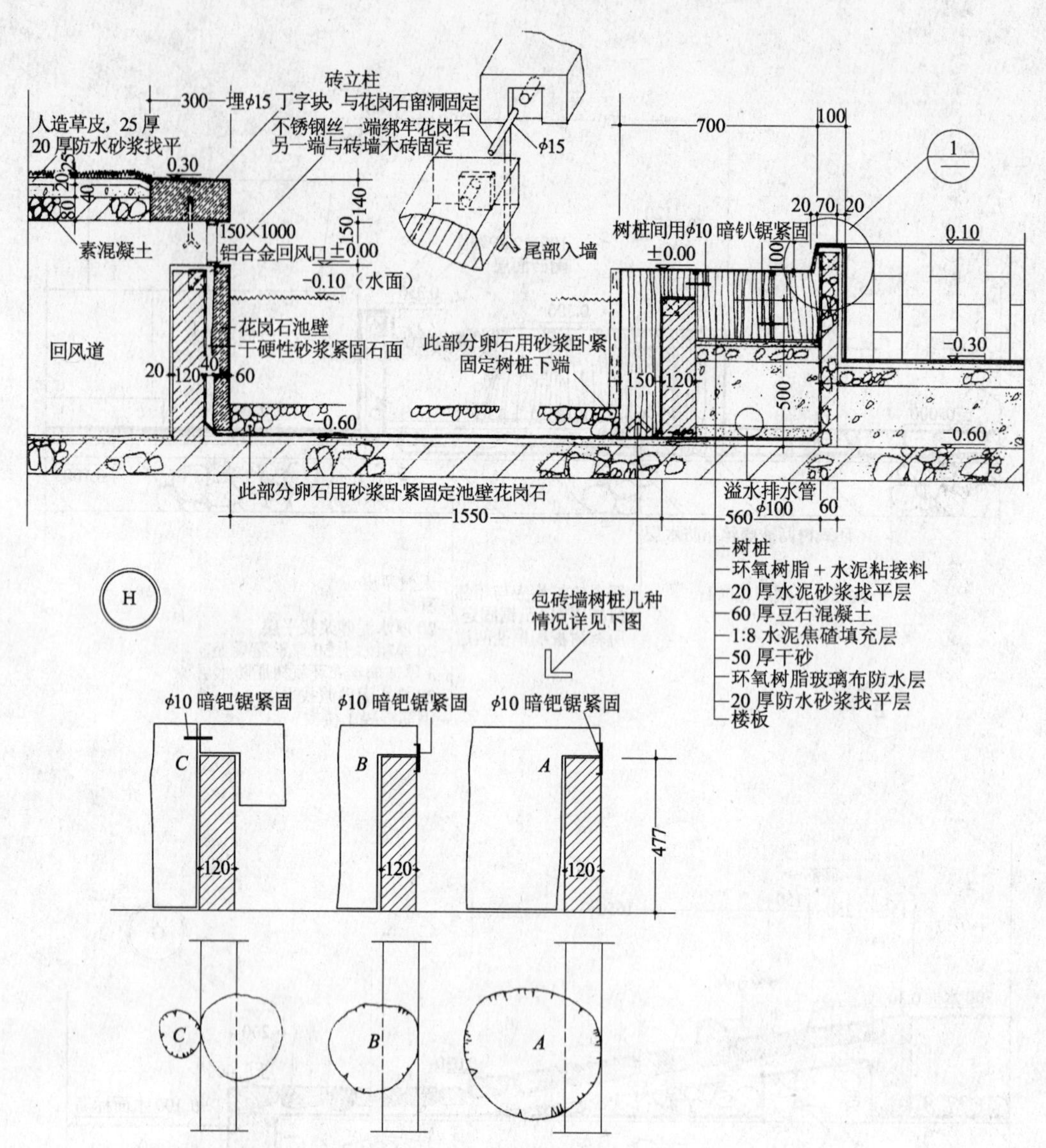
砖立柱
300—埋φ15丁字块，与花岗石留洞固定
人造草皮，25厚
20厚防水砂浆找平
不锈钢丝一端绑牢花岗石
另一端与砖墙木砖固定
φ15
700
100
0.30
素混凝土
150×1000
铝合金回风口±0.00
-0.10（水面）
尾部入墙
树桩间用φ10暗钉锯紧固
±0.00
20 70 20
0.10
回风道
花岗石池壁
干硬性砂浆紧固石面
此部分卵石用砂浆卧紧
固定树桩下端
-0.30
-0.60
-0.60
此部分卵石用砂浆卧紧固定池壁花岗石
1550
溢水排水管
φ100
560
树桩
环氧树脂+水泥粘接料
20厚水泥砂浆找平层
60厚豆石混凝土
1:8水泥焦碴填充层
50厚干砂
环氧树脂玻璃布防水层
20厚防水砂浆找平层
楼板
H
包砖墙树桩几种
情况详见下图
φ10暗钯锯紧固
φ10暗钯锯紧固
φ10暗钯锯紧固
477
120
C树桩（<150）包墙 B树桩（250~350）包墙 A树桩（350~450）包墙

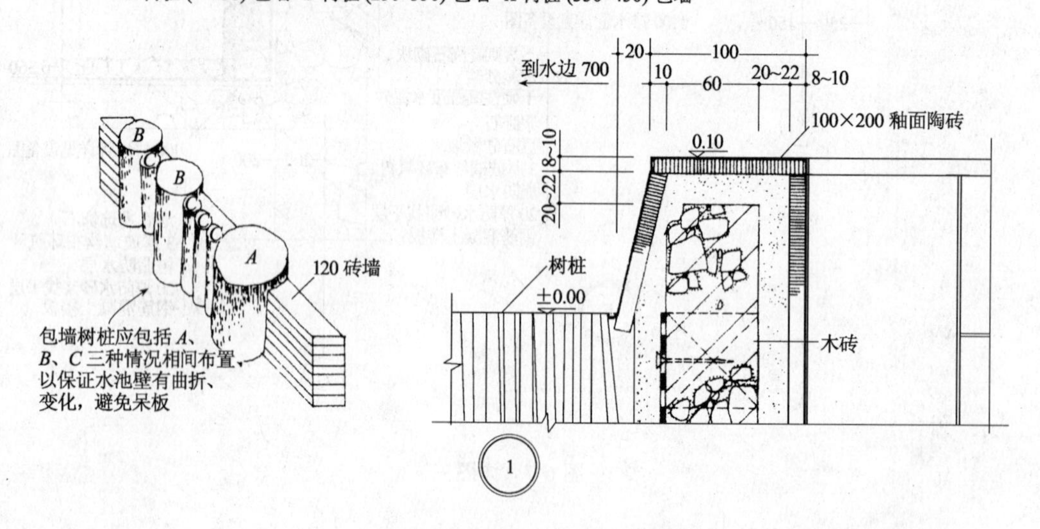
到水边700
20
100
10
60
20~22
8~10
100×200釉面陶砖
0.10
120砖墙
树桩
±0.00
木砖
包墙树桩应包括A、
B、C三种情况相间布置，
以保证水池壁有曲折、
变化，避免呆板
1
釉面陶砖地面凸起部分做法详图

图6-8 详图四

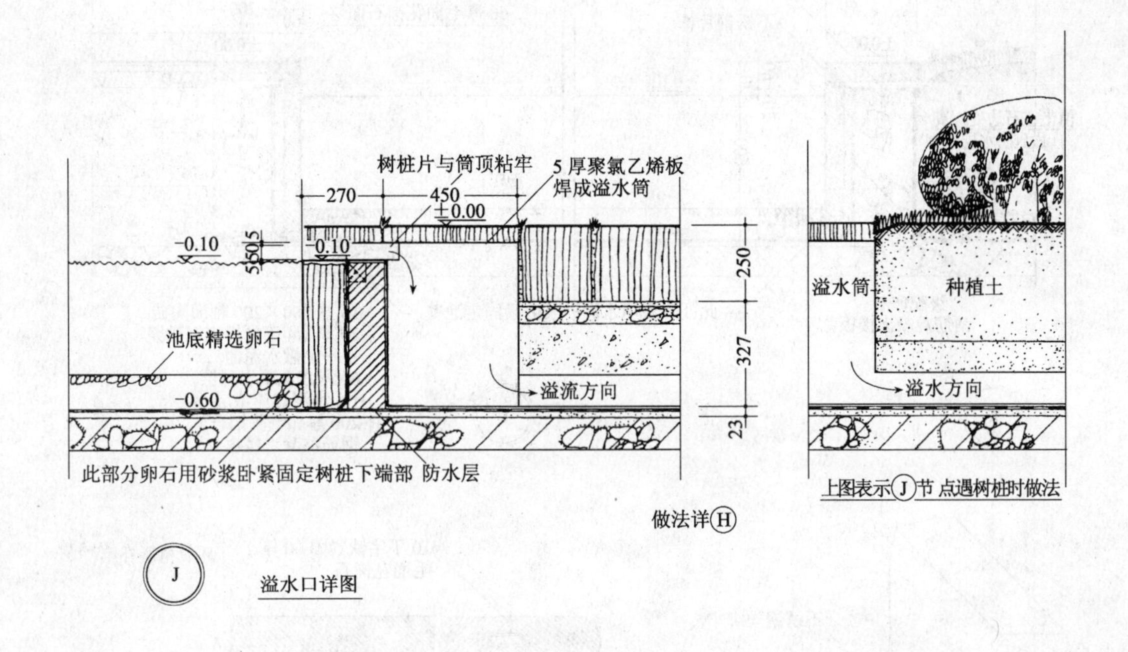

树桩片与筒顶粘牢
5 厚聚氯乙烯板
焊成溢水筒
270
450
±0.00
-0.10
-0.10
50
55
250
327
23
池底精选卵石
-0.60
溢流方向
溢水筒
种植土
溢水方向
此部分卵石用砂浆卧紧固定树桩下端部 防水层
上图表示Ⓙ节 点遇树桩时做法
做法详Ⓗ
J
溢水口详图

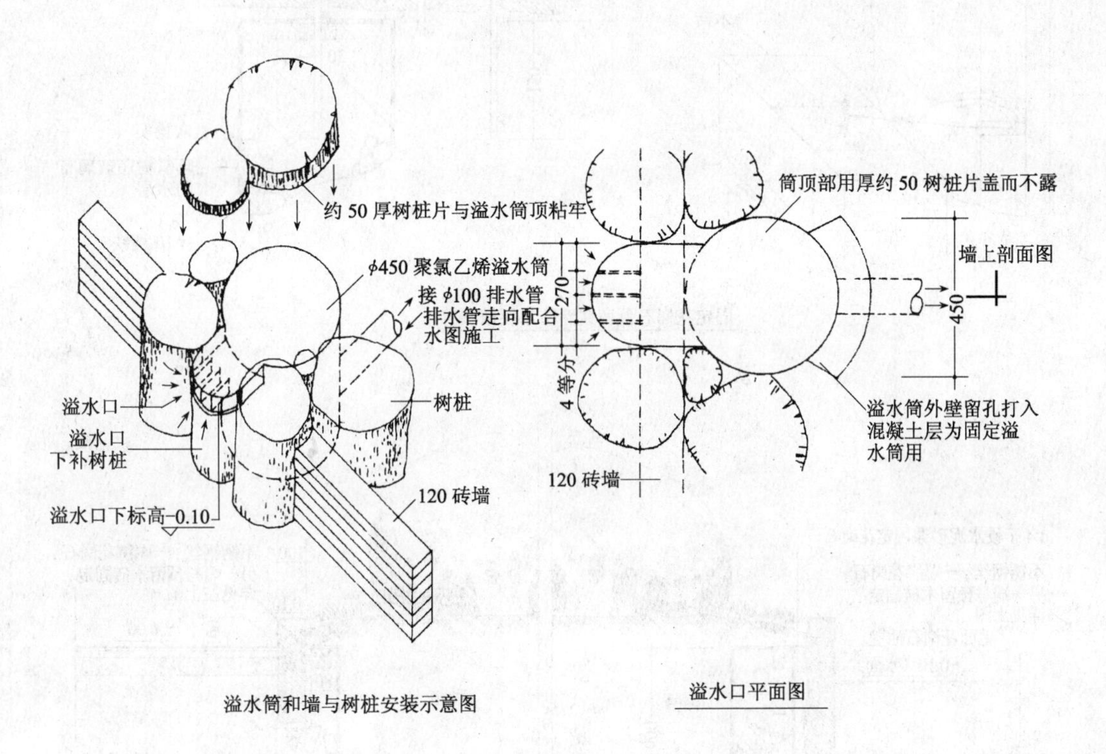

约 50 厚树桩片与溢水筒顶粘牢
ϕ450 聚氯乙烯溢水筒
接 ϕ100 排水管
排水管走向配合
水图施工
树桩
溢水口
溢水口
下补树桩
溢水口下标高-0.10
120 砖墙
溢水筒和墙与树桩安装示意图
筒顶部用厚约 50 树桩片盖而不露
墙上剖面图
270
4 等分
450
溢水筒外壁留孔打入
混凝土层为固定溢
水筒用
120 砖墙
溢水口平面图

图 6-9　详图五

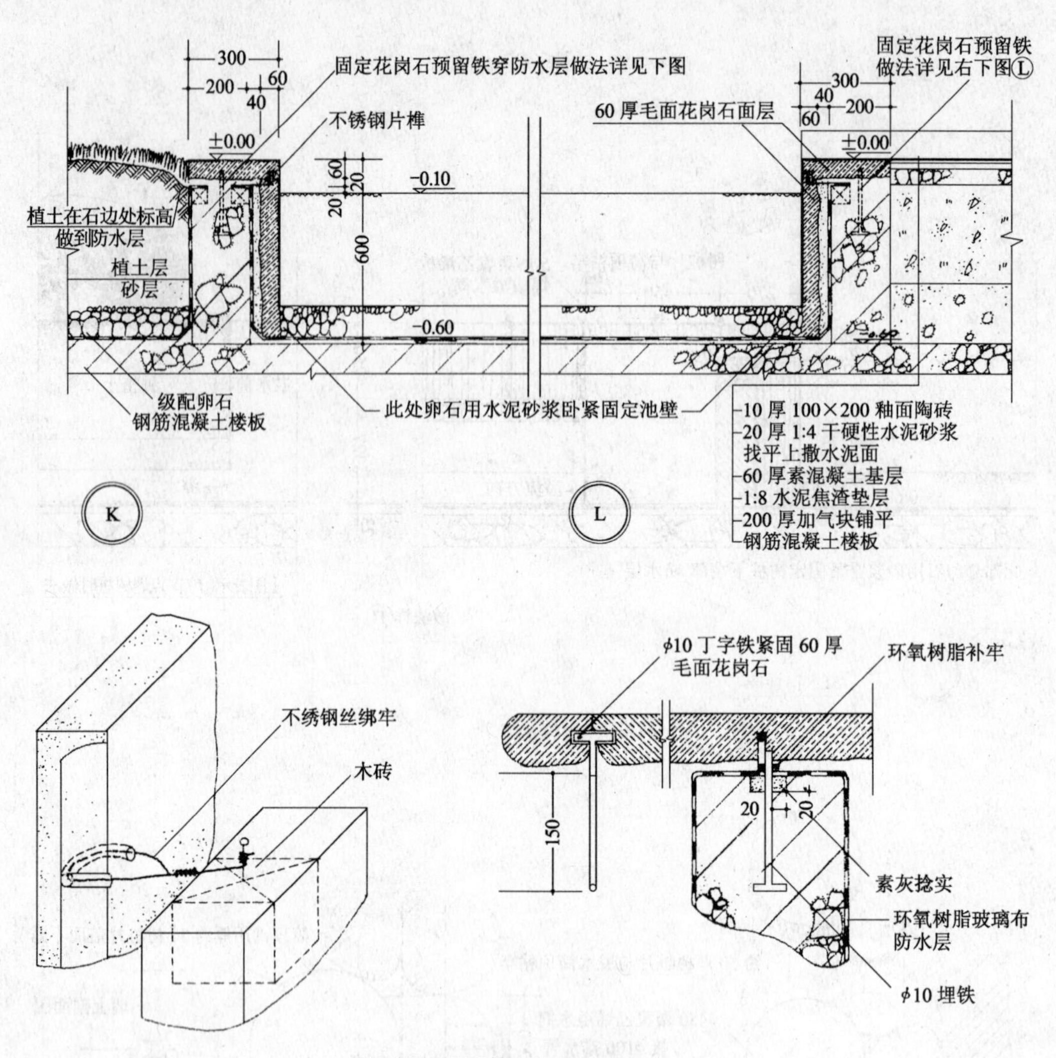

固定花岗石预留铁穿防水层做法

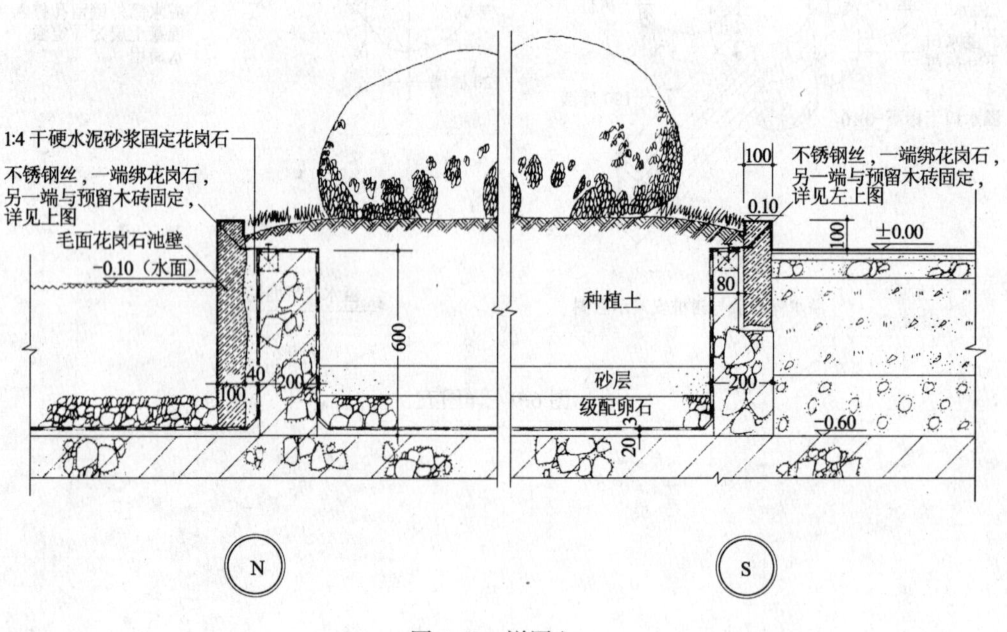

图6-10 详图六

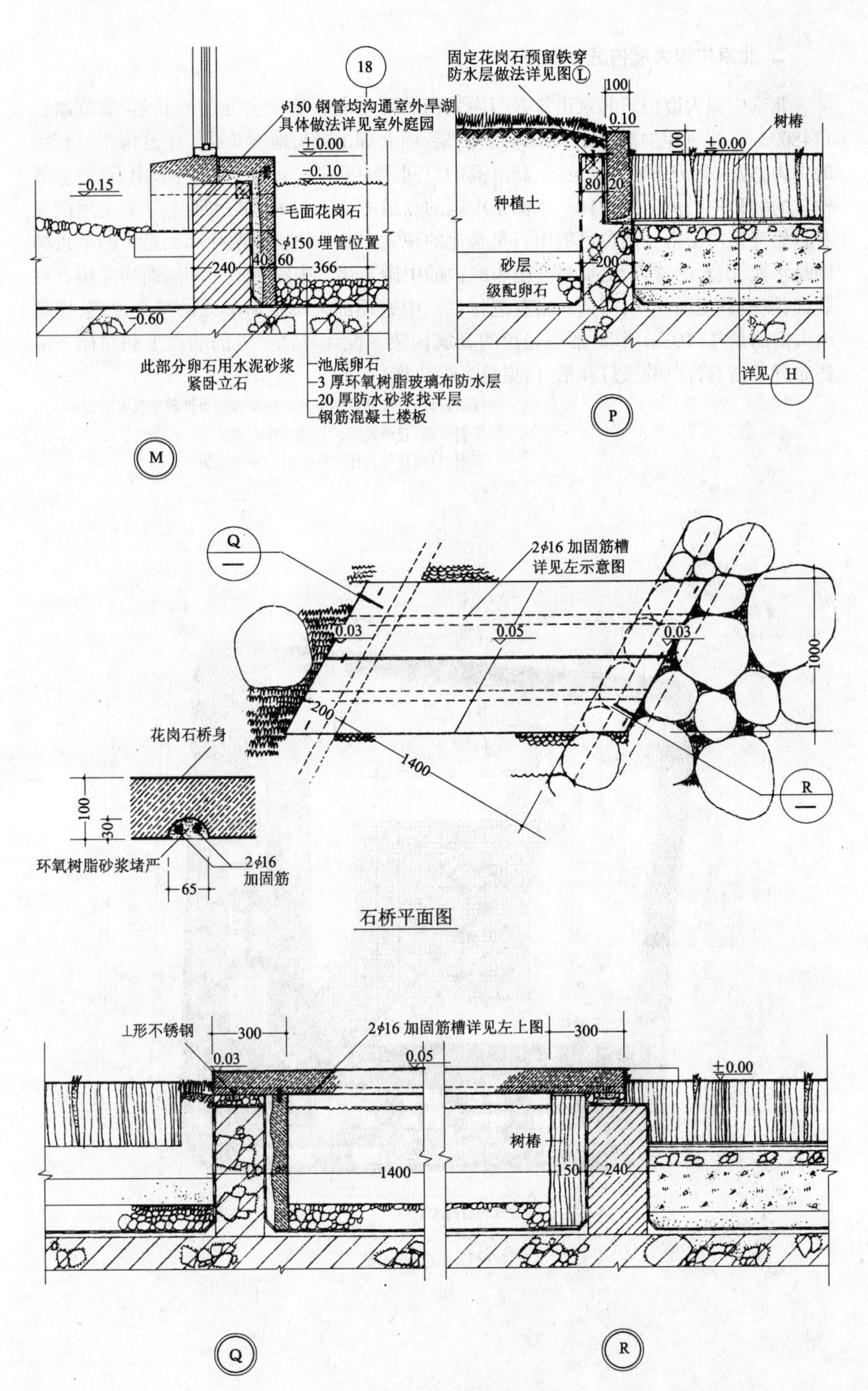

图 6-11 详图七

（本例由北京市建筑设计研究院 熊明 刘力 朱红提供 插图绘制钱桎）

二、北京中银大厦内庭

北京中银大厦位于北京市复兴门内大街和西单北大街交会处的西北角,建筑面积174800m^2。平面呈“口”字形。东南部12层,西北部15层,地下4层。中庭位于“口”字的中央,为一个55m×55m见方、45m高的空间。中庭中央布置了由水池、山石、竹林等构成的极具中国风味的园林。水池是中庭的点睛之笔。在平静的水面上立着七组散发着自然气息的山石。灰黑色的山石是水池的视觉中心。中庭内两片高大挺拔的毛竹林则是水池、山石的背景,更加衬托出中庭内的中国文化。中庭的地面和墙面均采用石材装饰,按模数规则分格,简洁而富有逻辑性。中庭顶部采用锥形单元的采光顶棚,展现给人们的是几何关系明确,形态轻盈的金属构架。设计者在中庭的墙面上和顶棚下部还布置了极具特色的壁灯和吊灯,更显高贵典雅。

建筑设计:贝氏建筑事务所　建研建筑设计研究院有限公司
资料来源:建研建筑设计研究院有限公司
彩图引自《建筑创作》2003.01　陈溯摄影

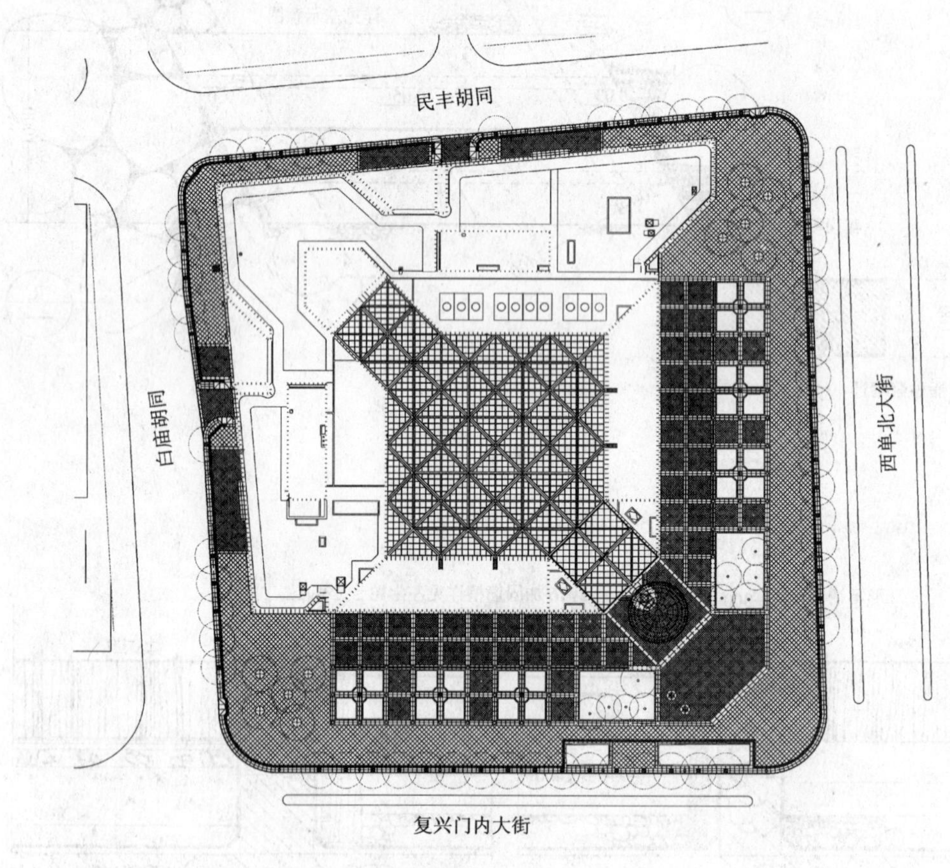

图6-12　总平面图

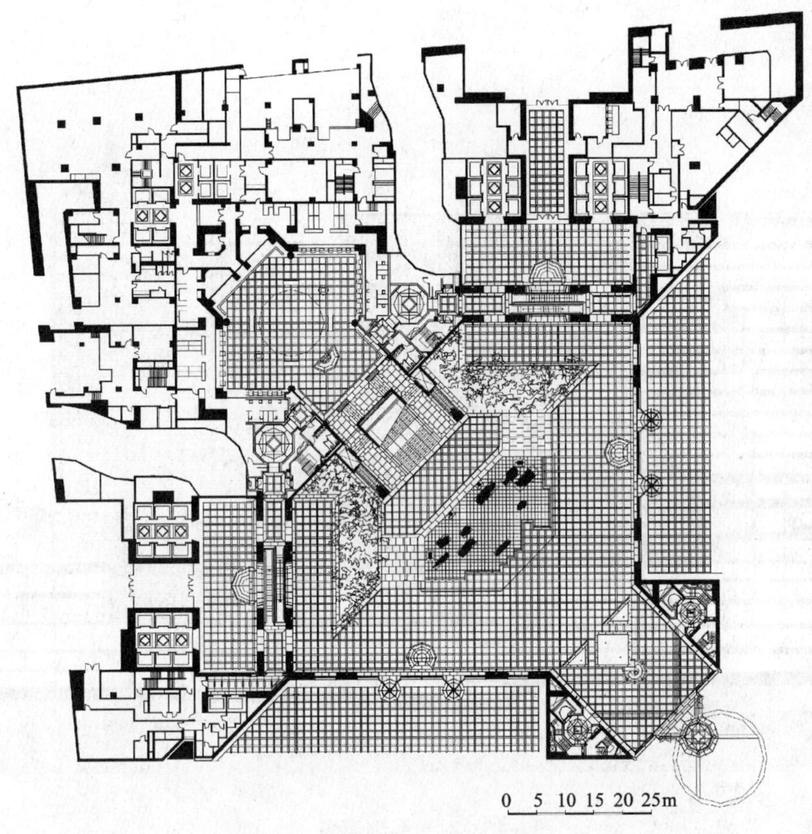

图 6-13 一层平面图

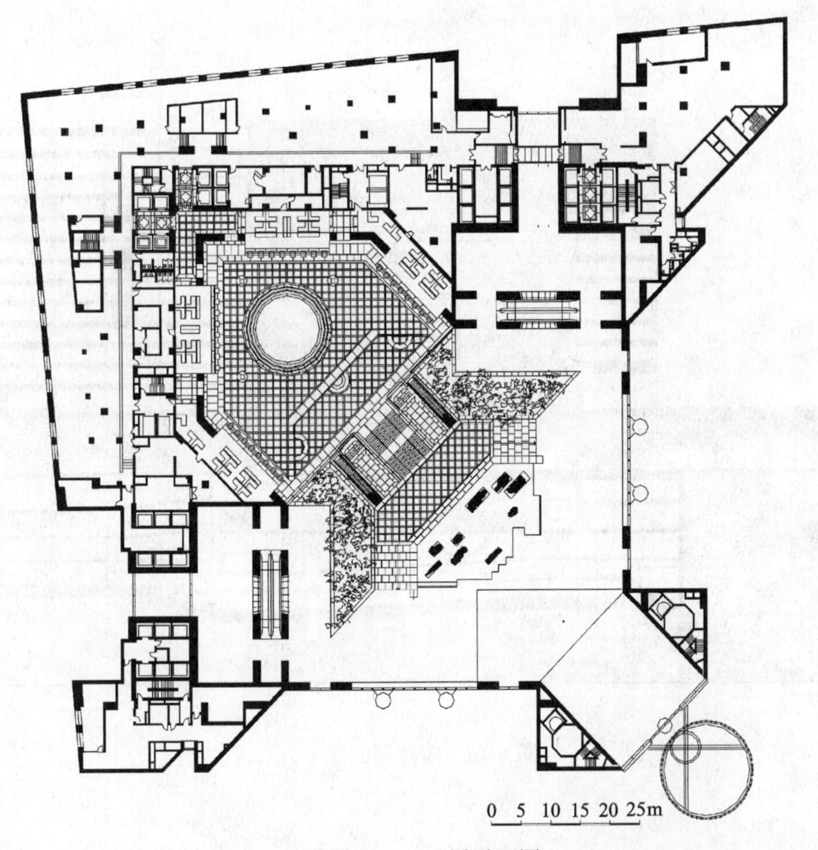

图 6-14 二层平面图

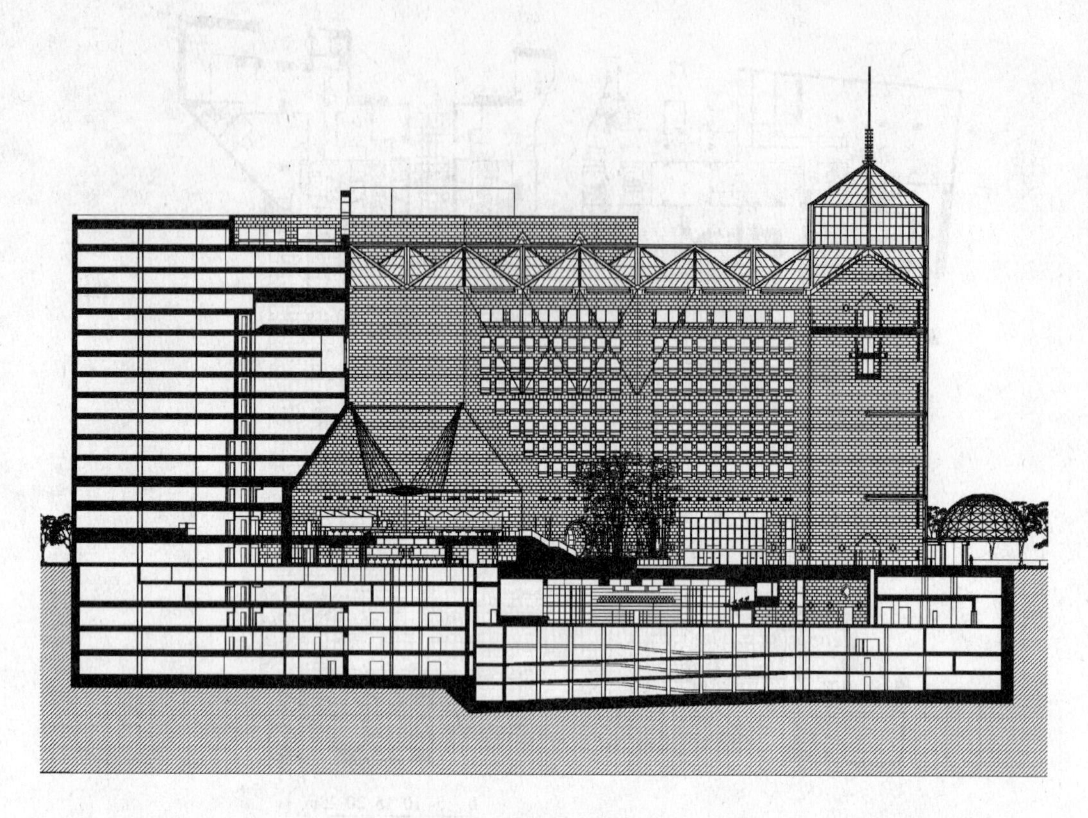

图 6-15 对角线剖面图

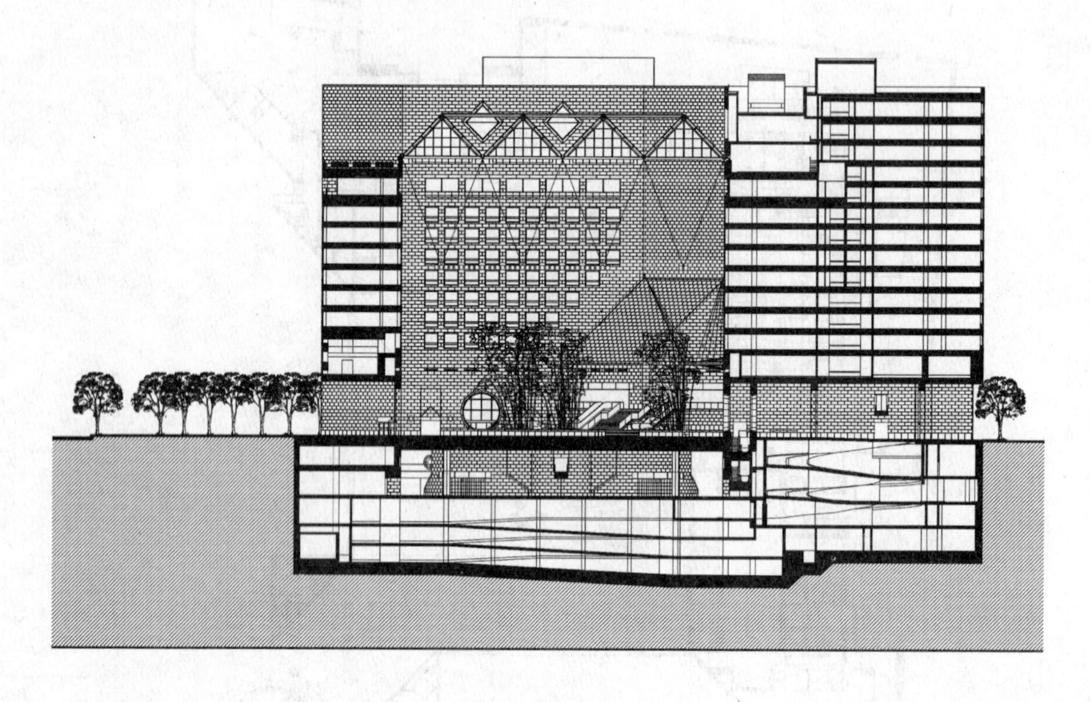

图 6-16 向西剖面图

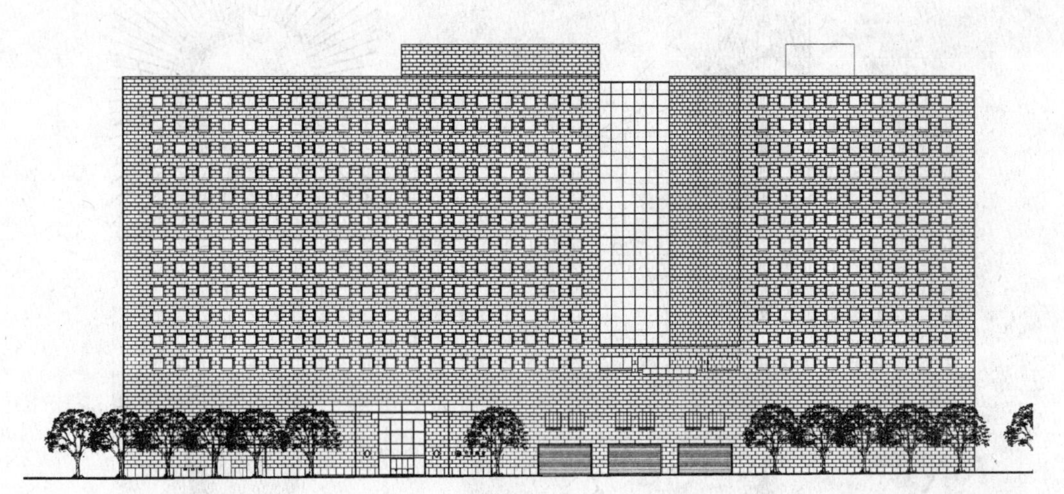

北立面

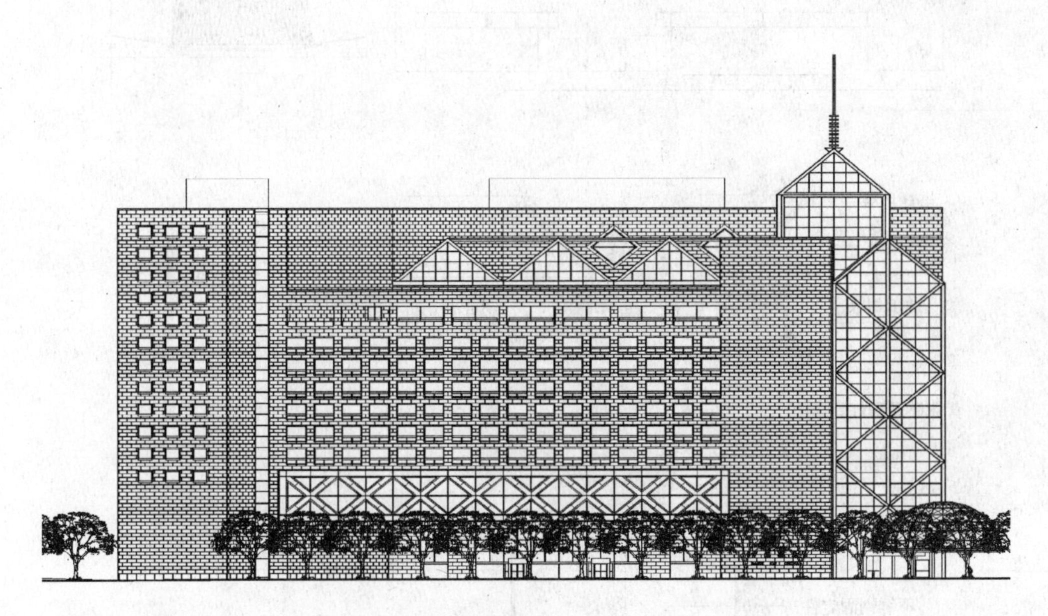

南立面

图 6-17　南北立面图

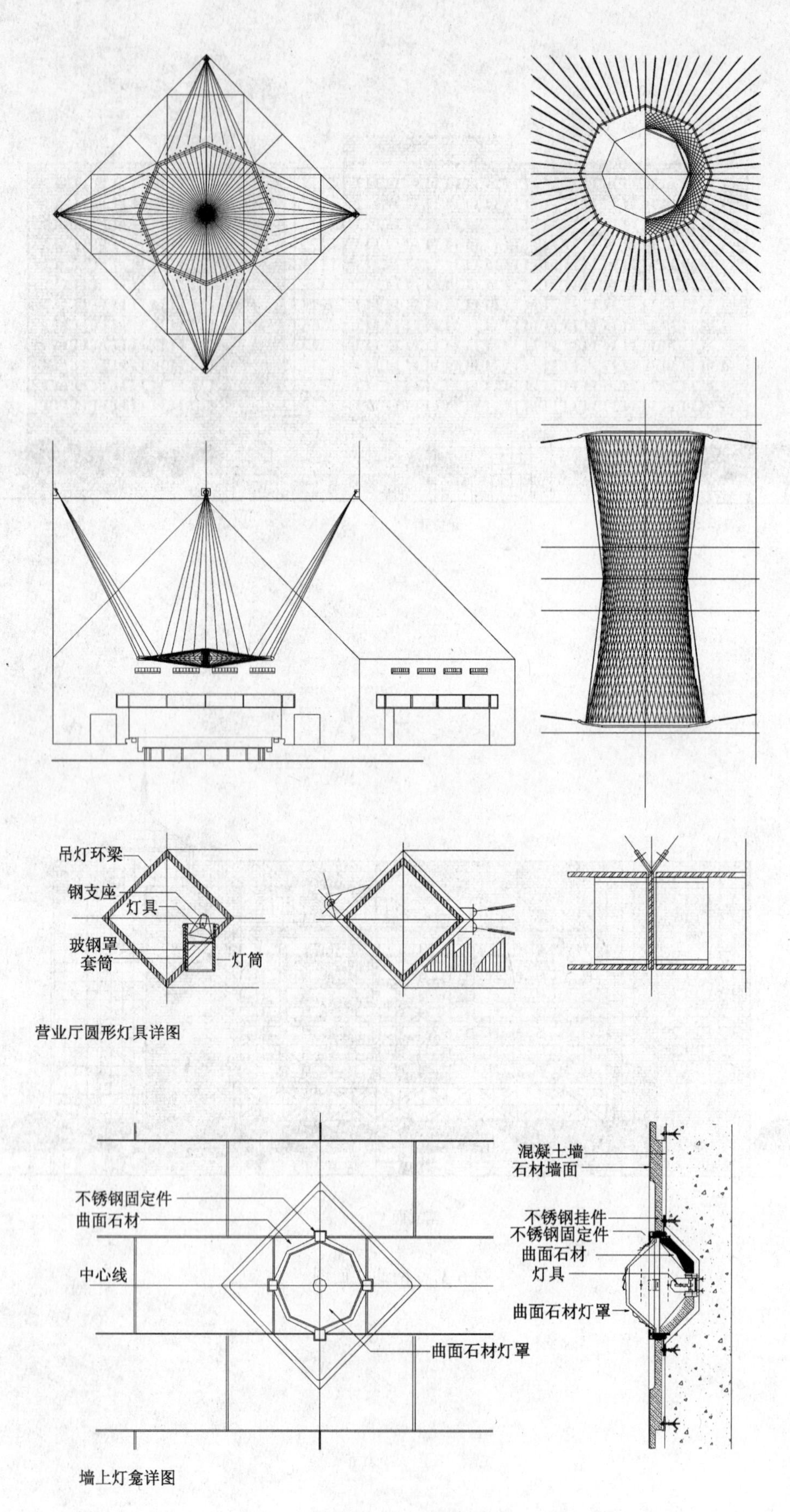
吊灯环梁
钢支座
灯具
玻钢罩
套筒
灯筒
营业厅圆形灯具详图
不锈钢固定件
曲面石材
中心线
曲面石材灯罩
混凝土墙
石材墙面
不锈钢挂件
不锈钢固定件
曲面石材
灯具
曲面石材灯罩
墙上灯龛详图

图 6-18　详图一

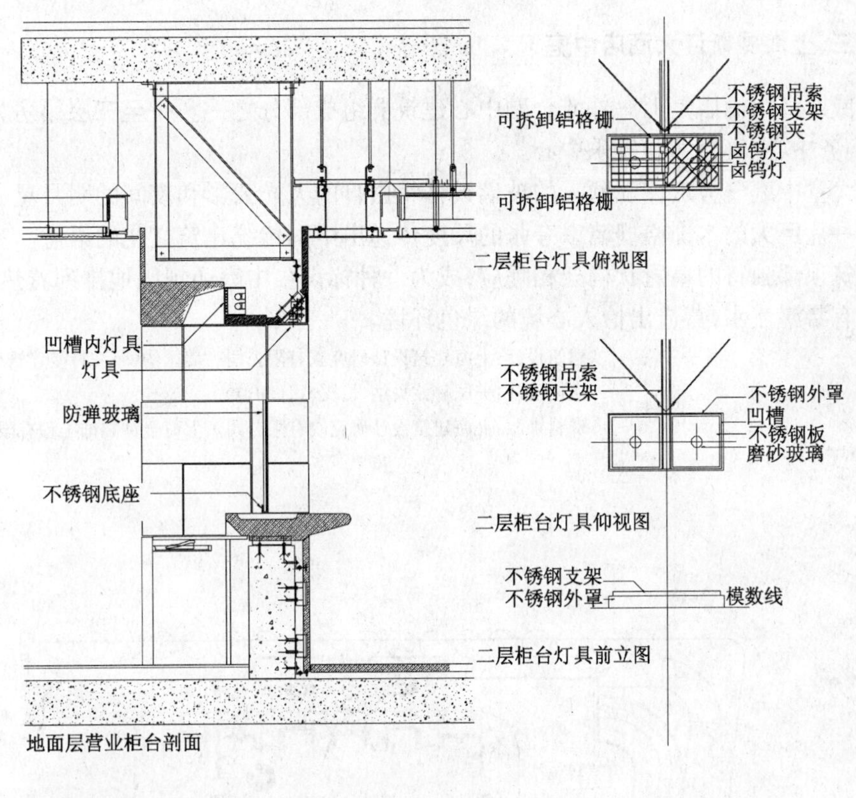

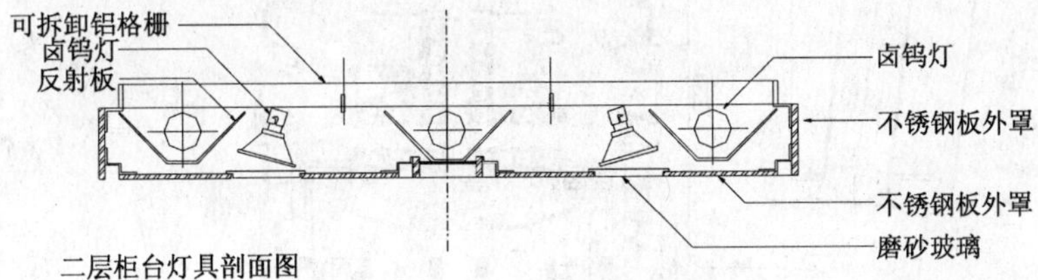

图 6-19 详图二

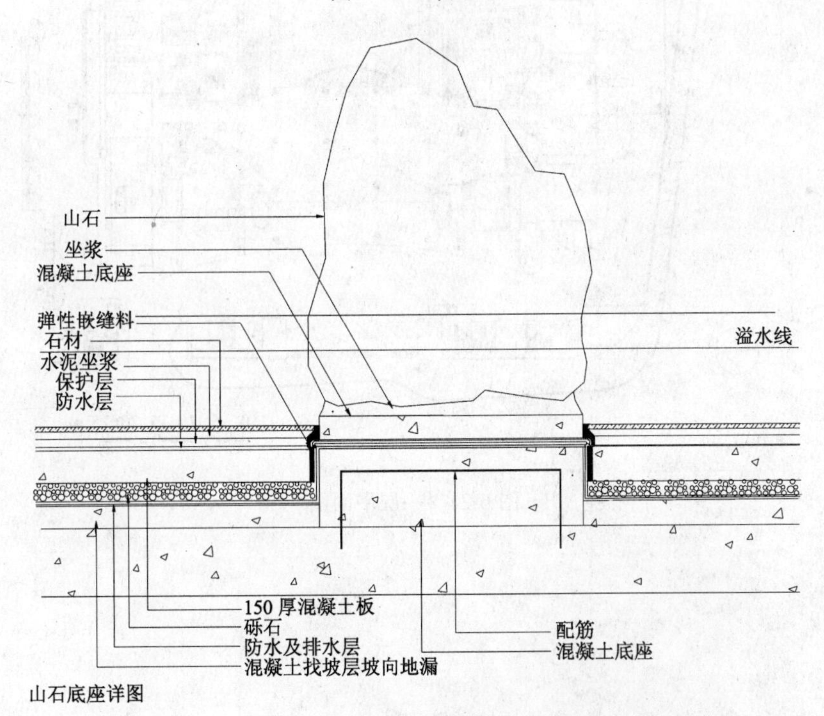

图 6-20 详图三

三、上海威斯汀大酒店中庭

威斯汀大酒店是上海外滩金融中心建筑群组成部分之一。一至三层裙房为酒店大堂、商务中心、宴会厅和娱乐中心。

大堂中庭气势宏伟。硕大的玻璃天幕将白日的天光云影和夜间的明月星辰引入室内。一片巨大的木饰格栅墙以夸张的尺度传递出中国传统建筑文化的语意。室内柱帽与建筑顶部独特的皇冠状构架相呼应,成为一种标识。中庭还规则地排列着热带植物,四周有潺潺流水,营造出怡人心境的绿色环境。

建筑设计:上海建筑设计研究院有限公司　美国约翰·波特曼建筑事务所
室内设计:美国赫兹贝纳设计公司(HBA)
资料来源:上海建筑设计研究院有限公司。上海金钟装饰工程有限公司

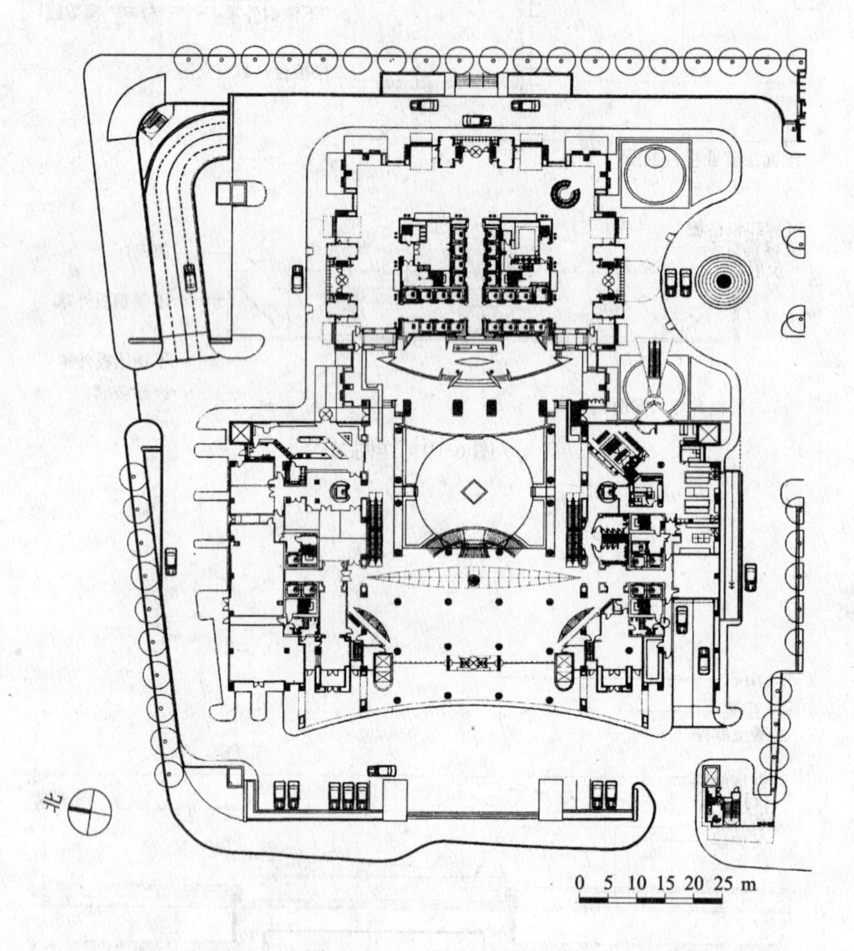

图 6-21　一层平面图

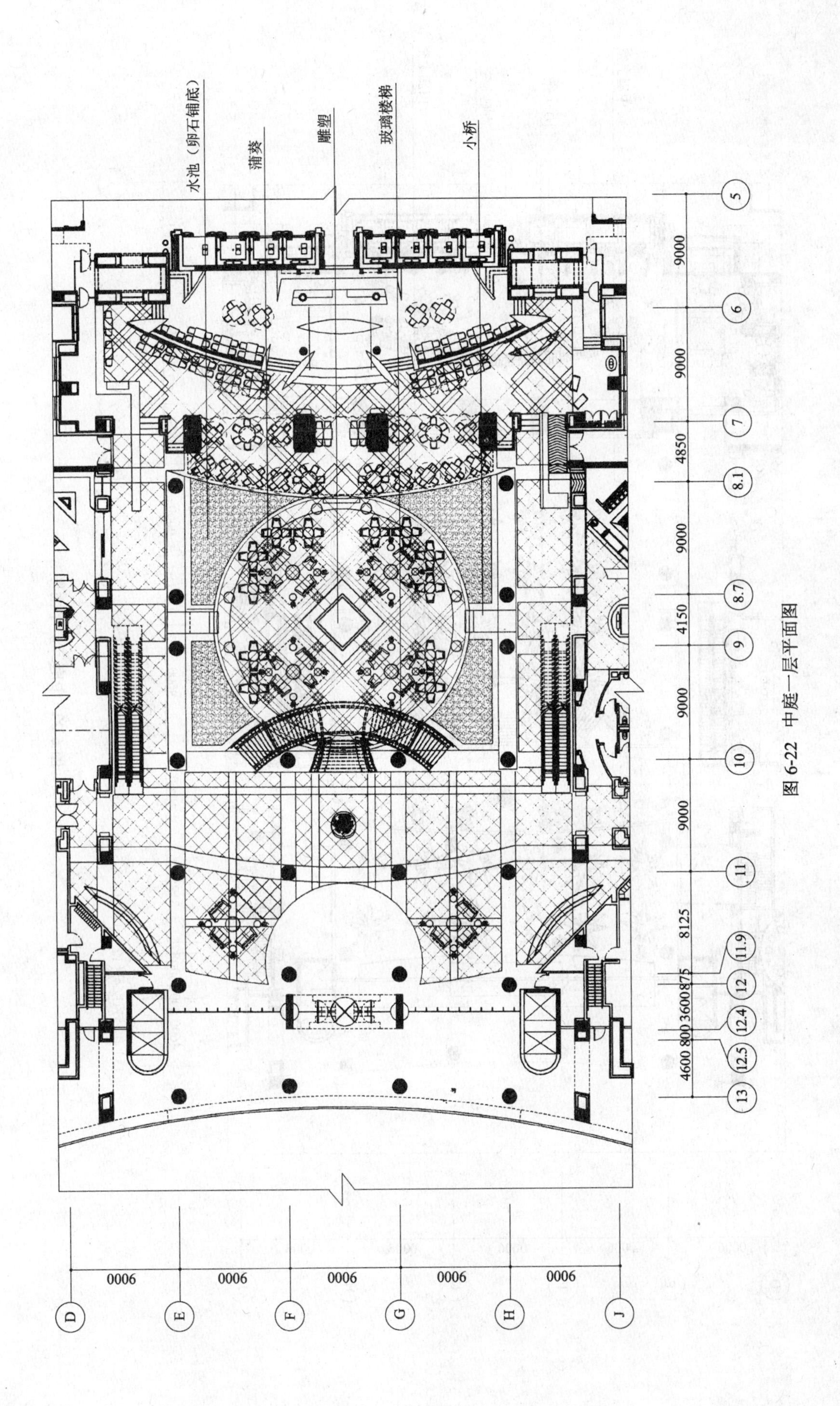

图 6-22　中庭一层平面图

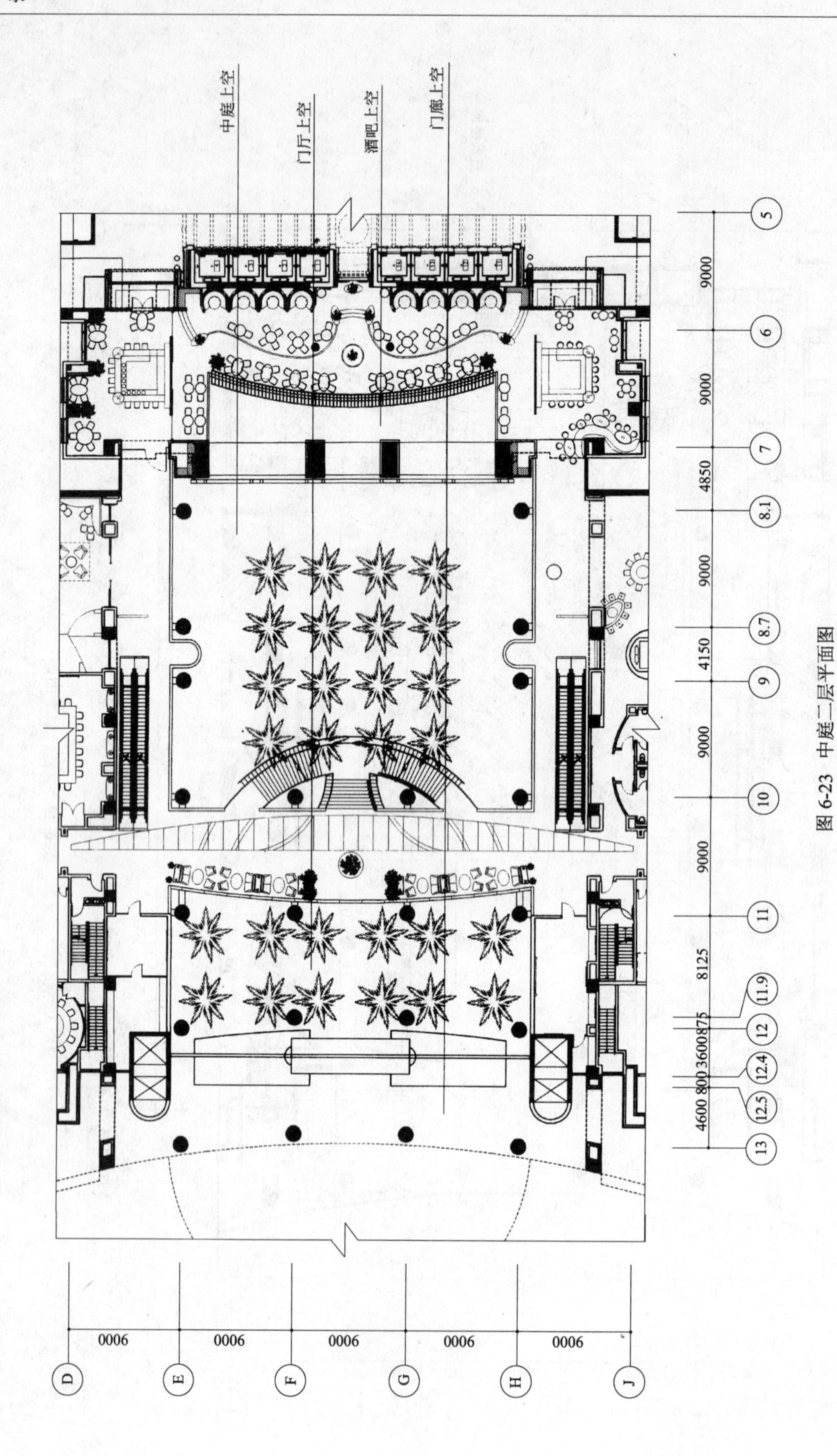

图 6-23 中庭二层平面图

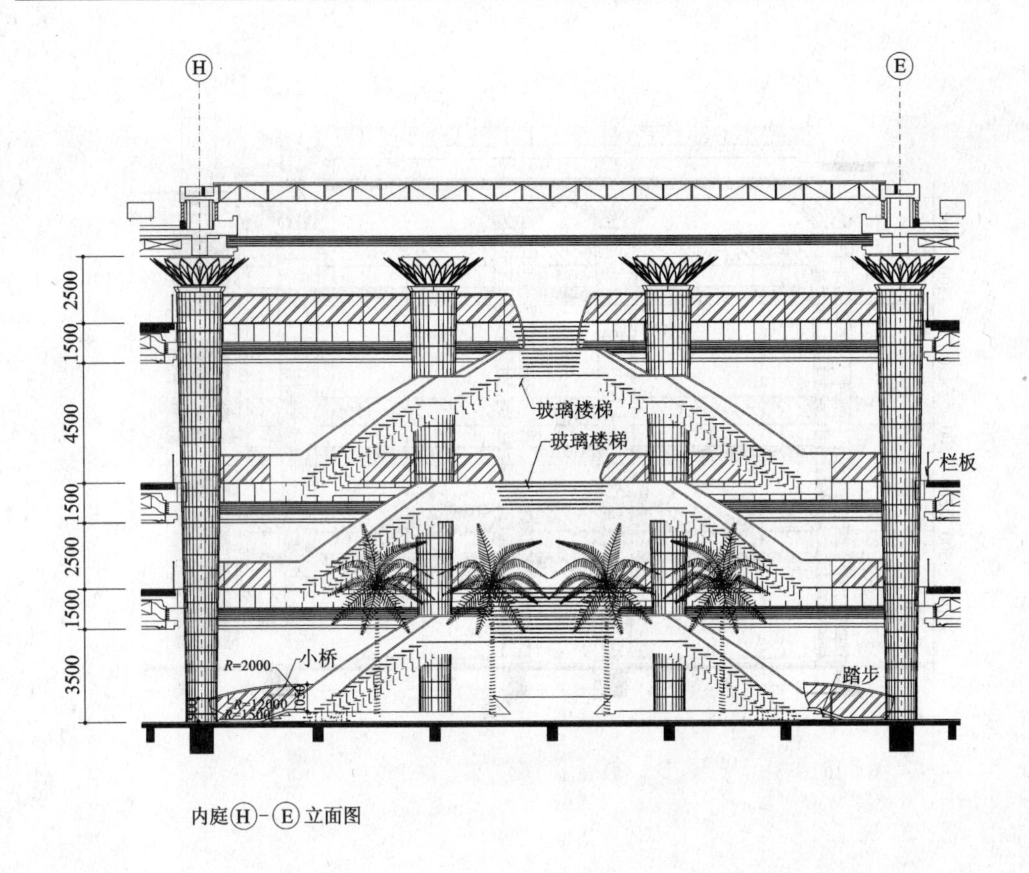

内庭Ⓗ-Ⓔ立面图

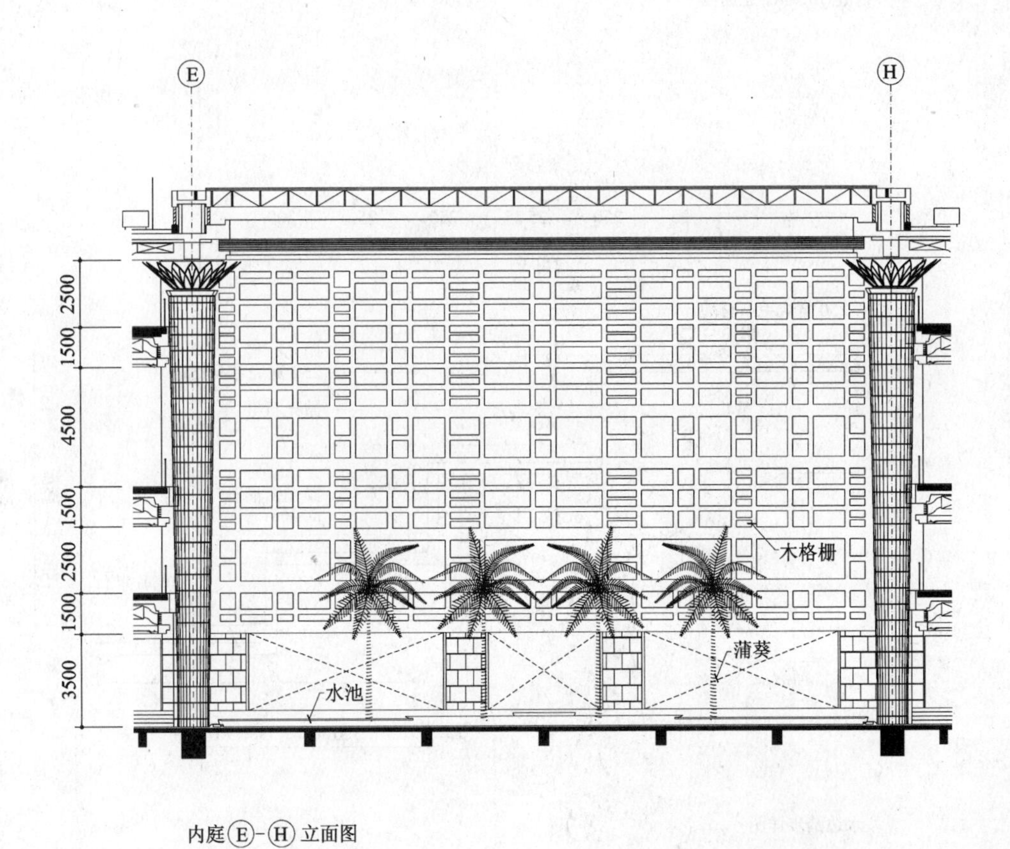

内庭Ⓔ-Ⓗ立面图

图 6-24 内庭立面图

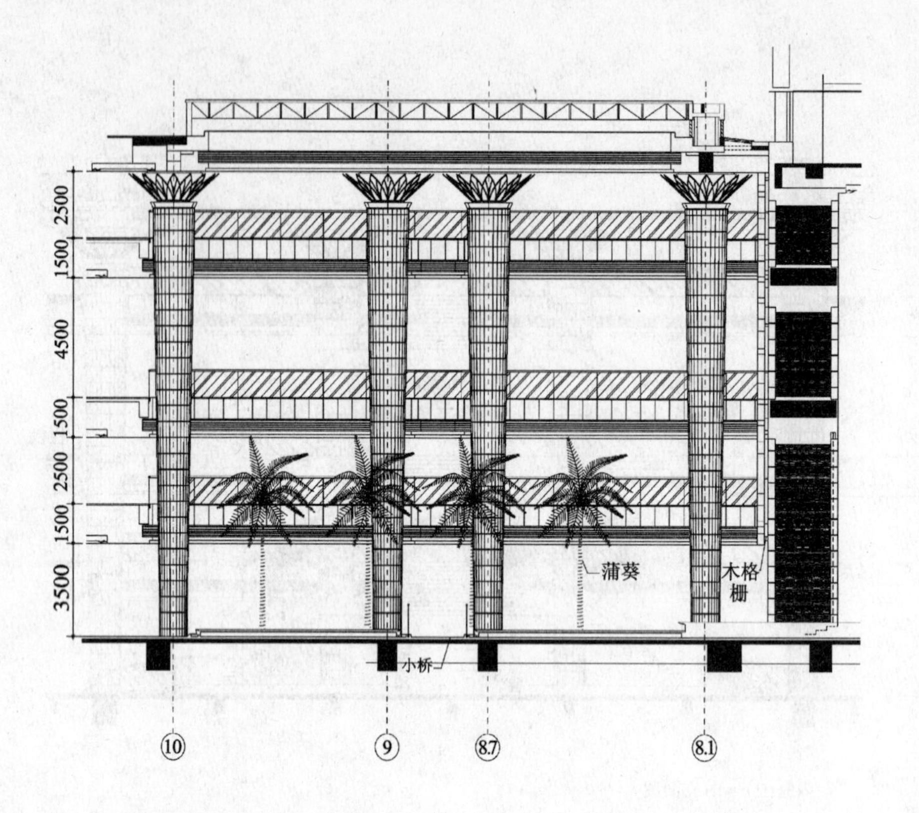

内庭⑩-8.1立面图

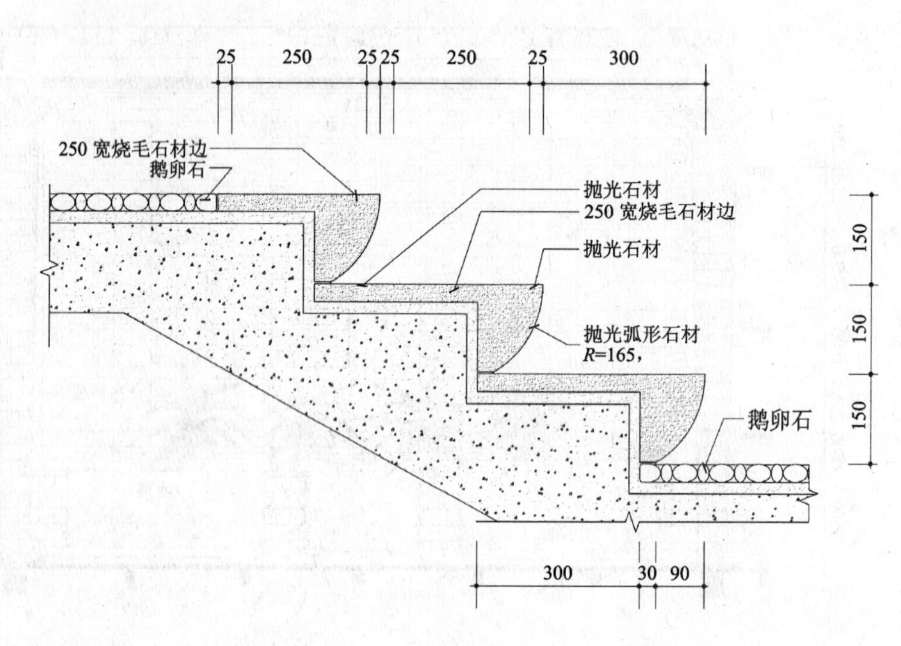

水边踏步详图

图 6-25　内庭立面图及踏步详图

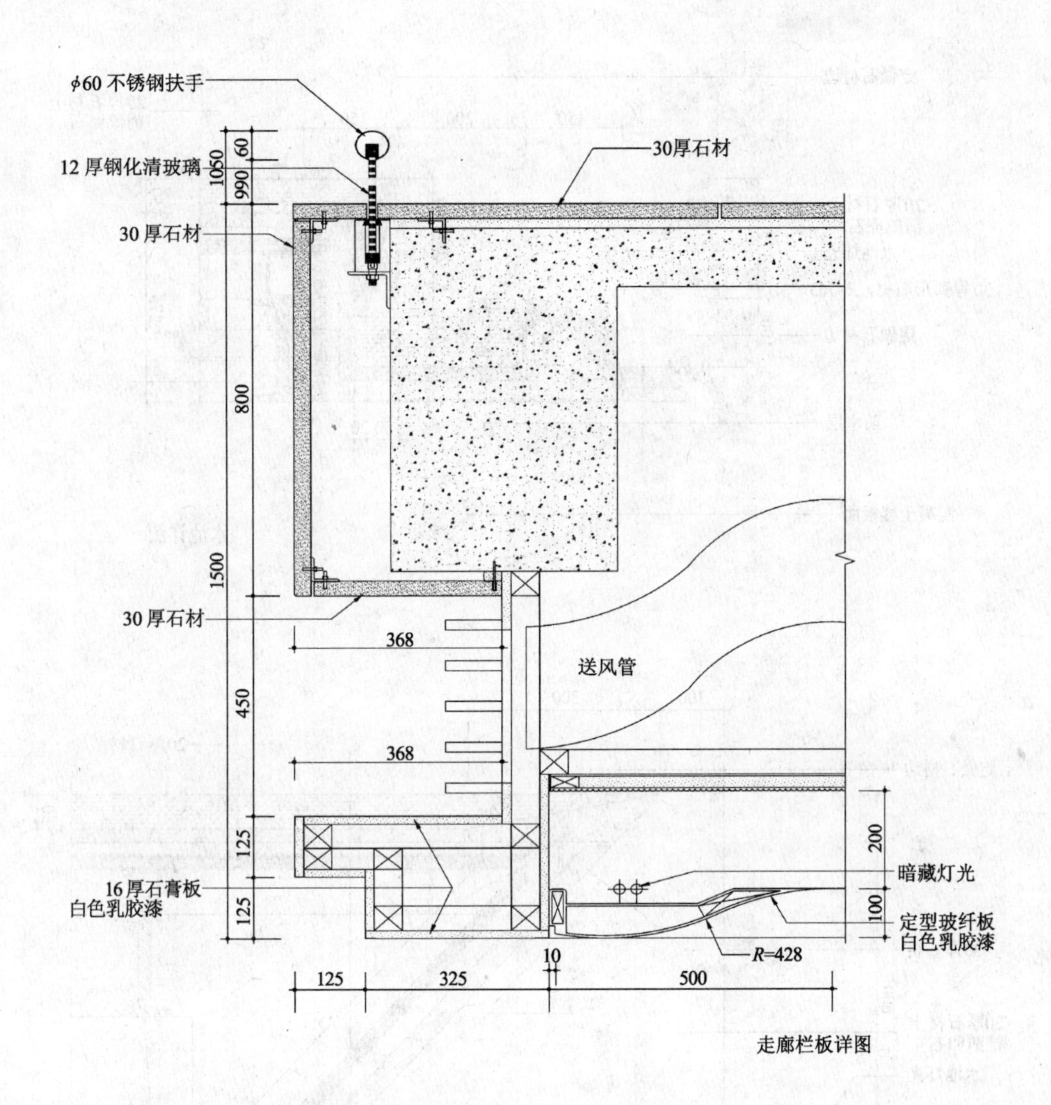
φ60 不锈钢扶手
12 厚钢化清玻璃
30 厚石材
30厚石材
30 厚石材
送风管
368
368
16 厚石膏板
白色乳胶漆
暗藏灯光
定型玻纤板
白色乳胶漆
R=428
1050
60
990
800
1500
450
125
125
200
100
125
325
10
500
走廊栏板详图

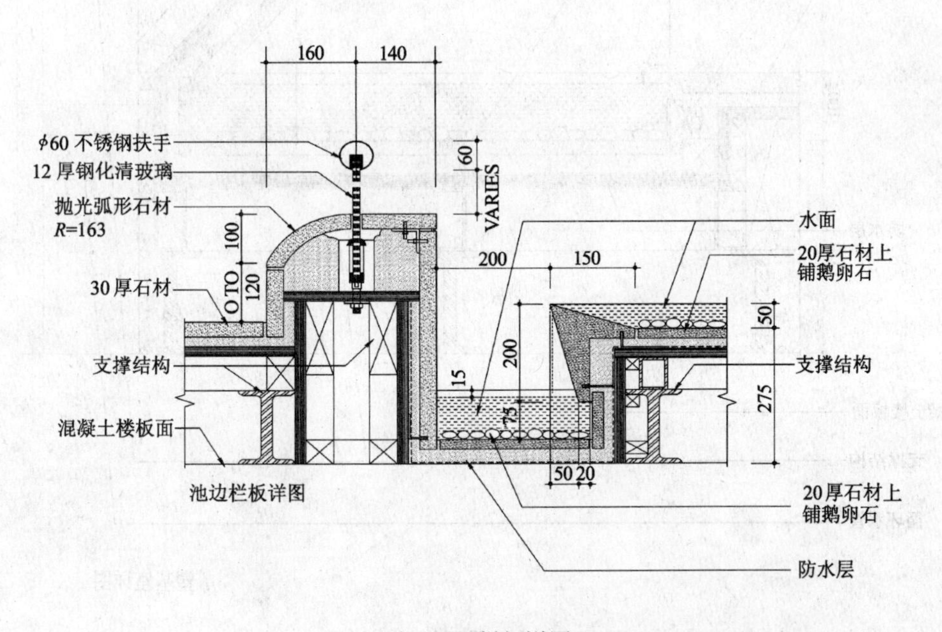
160
140
φ60 不锈钢扶手
12 厚钢化清玻璃
抛光弧形石材
R=163
30 厚石材
支撑结构
混凝土楼板面
60
VARIES
100
120
O TO
200
150
水面
20厚石材上
铺鹅卵石
50
支撑结构
275
200
15
75
50
20
20厚石材上
铺鹅卵石
防水层
池边栏板详图

图 6-26 栏板详图

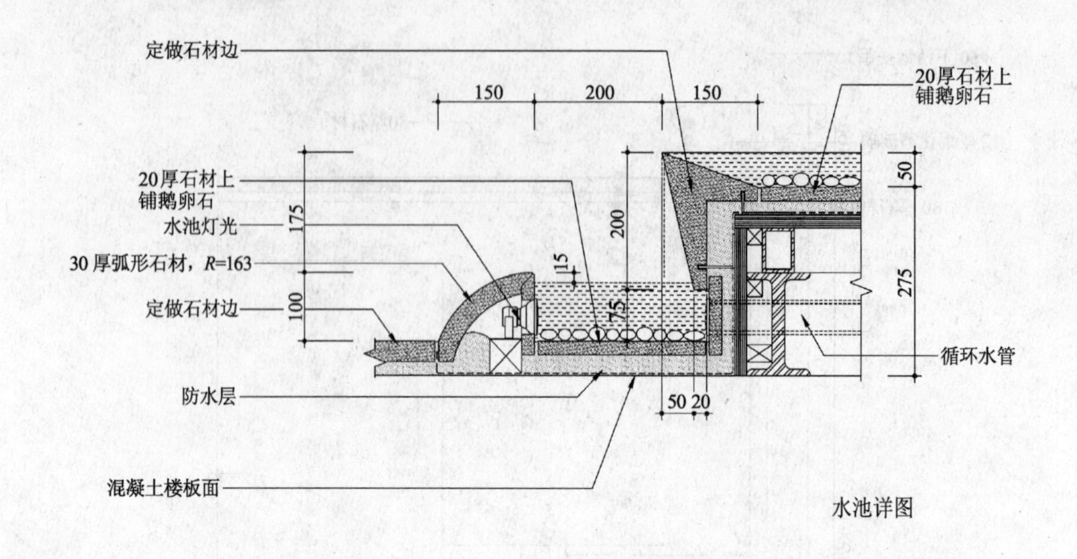

水池详图

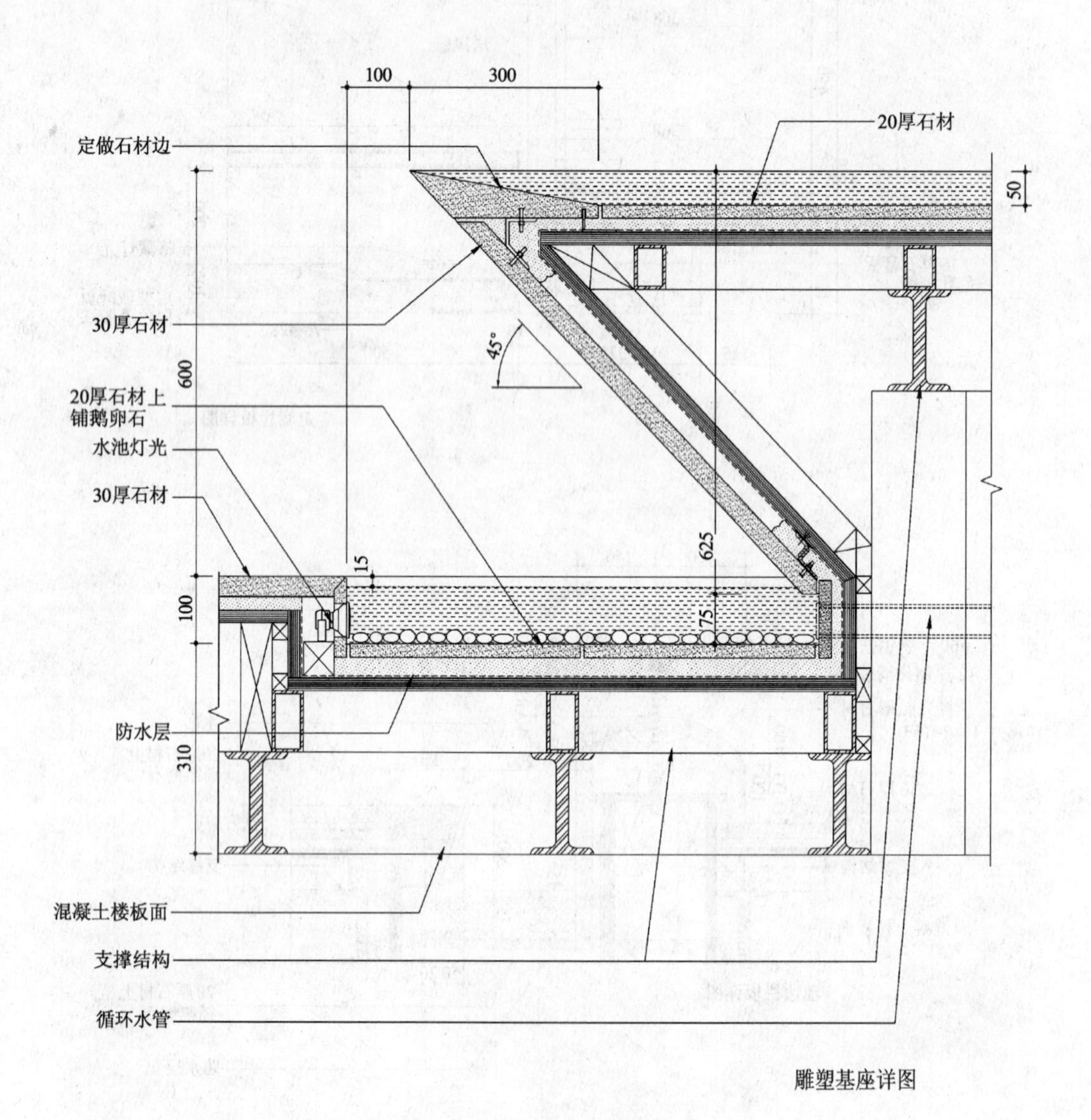

雕塑基座详图

图 6-27 水池及雕塑基座详图

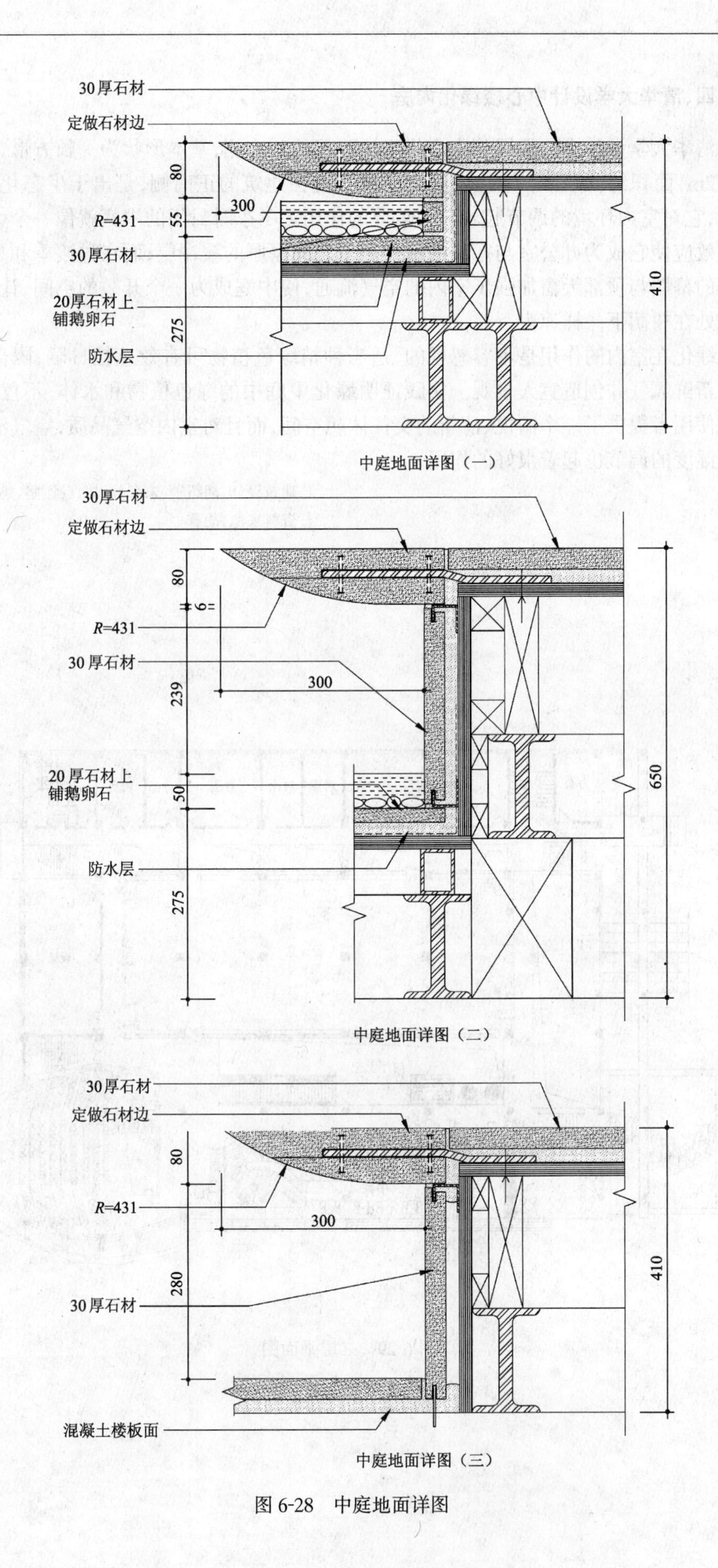
30厚石材
定做石材边
80
55
300
R=431
30厚石材
20厚石材上
铺鹅卵石
275
防水层
410
中庭地面详图（一）
30厚石材
定做石材边
80
6
R=431
30厚石材
300
239
20厚石材上
铺鹅卵石
50
防水层
275
650
中庭地面详图（二）
30厚石材
定做石材边
80
R=431
300
280
30厚石材
混凝土楼板面
410
中庭地面详图（三）

图 6-28　中庭地面详图

四、清华大学设计中心楼绿化内庭

清华大学设计中心楼绿化中庭位于该建筑的正南侧，基本形状为一长方形，高度为8～12m，面积约450m^2。绿化中庭之所以布置在建筑的正南侧，是出于生态化策略的考虑，它对室内环境的调节起着至关重要的作用。冬季时封闭的中庭就像一个大暖房，温室效应使它成为办公室与寒冷的室外环境之间厚厚的缓冲层；而在过渡季和夏季，可开启的幕墙与顶部天窗加强了室内的空气流通，使中庭成为一个开敞的空间，让办公室就像处在树荫下一样凉爽。

绿化在室内的作用是不容忽视的，适当种植绿色植物可有效遮挡日晒，隔离污染，提供新鲜氧气并创造宜人景观。实践证明绿化中庭中的绿色植物和水体，不仅在视觉上为使用者提供了一个愉悦、清新的交往休憩空间，而且对室内空气品质，空气清洁度，空气湿度的调节也起着很好的作用。

建筑设计：胡绍学、宋海林、胡真、谢坚、姚红梅
资料来源：胡真

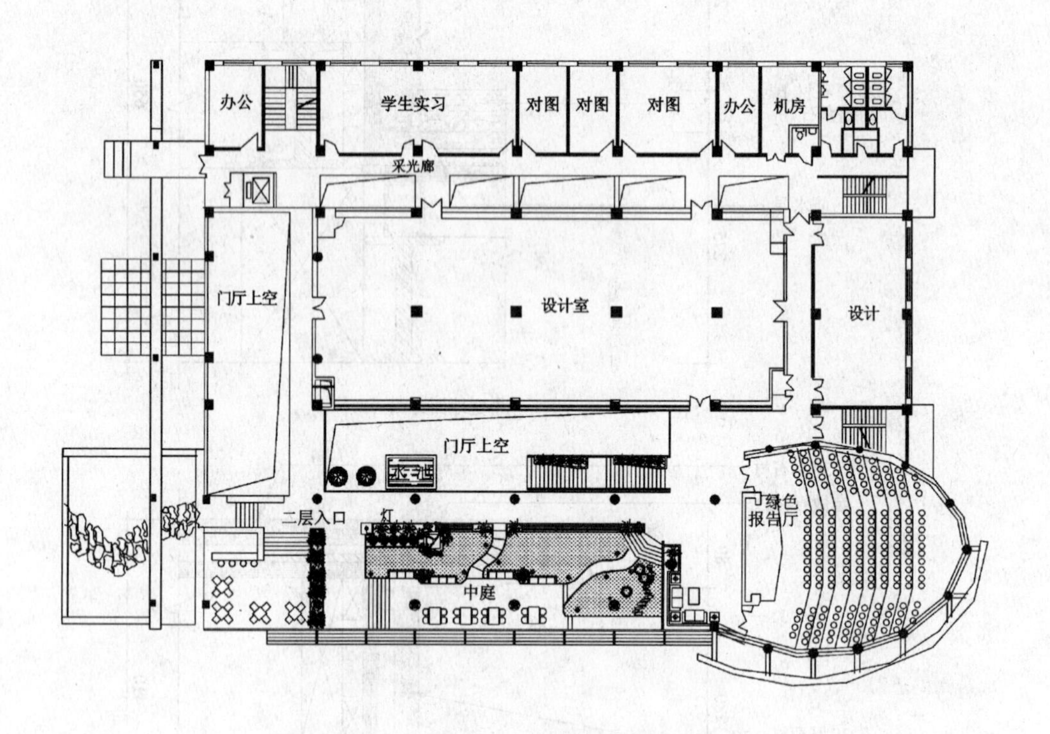

图 6-29　二层平面图

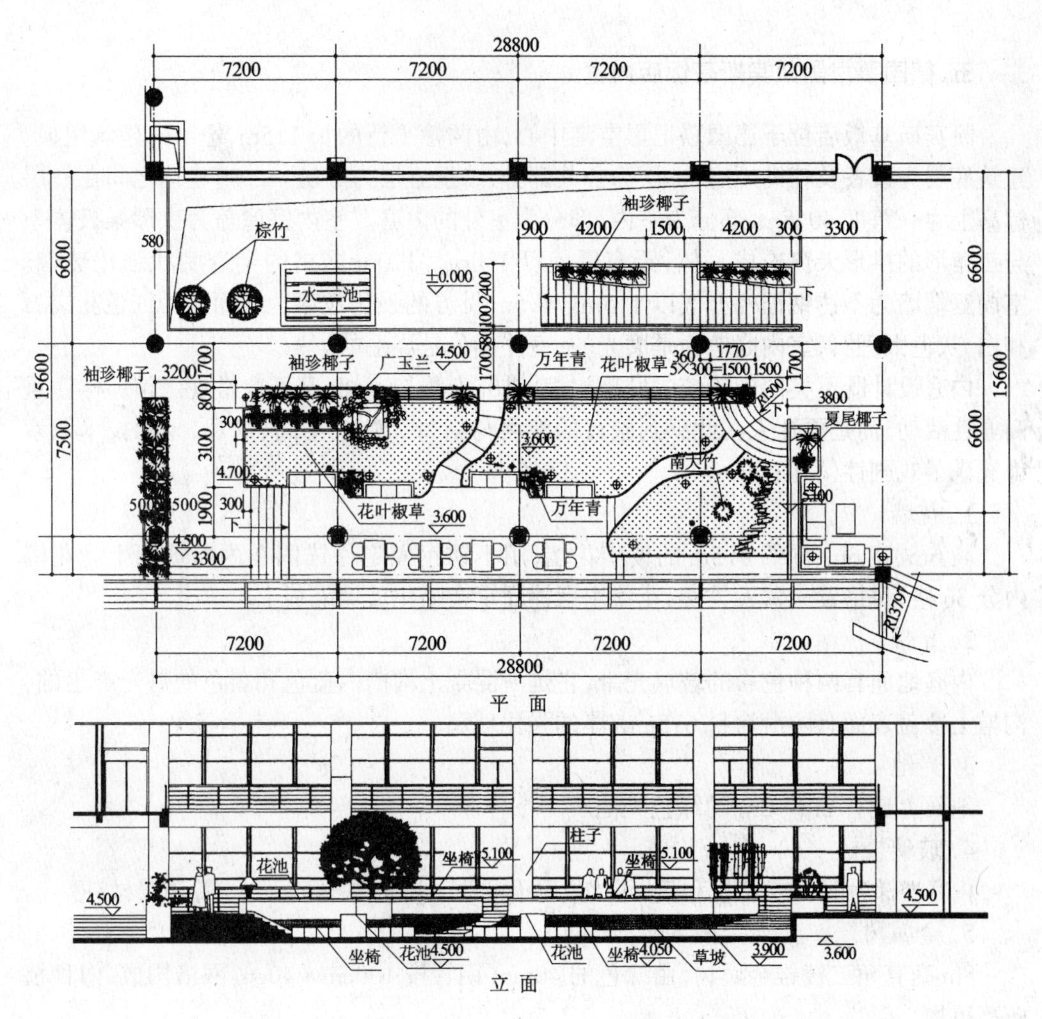

图 6-30 内庭平面立面图

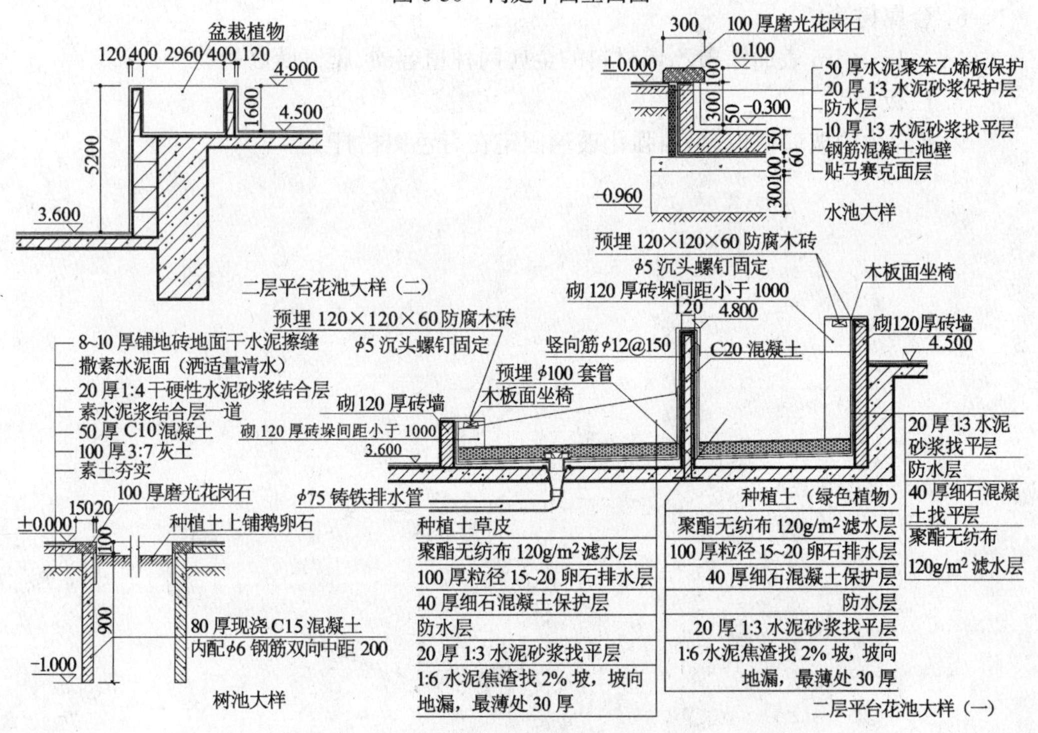

图 6-31 详图

五、德国慕尼黑凯宾斯基饭店内庭

凯宾斯基饭店位于德国慕尼黑空港中心，由两幢平行的长 115m 宽 21m 建筑组成。建筑底层为设备及辅助用房，一层为公共部分，二至五层为客房。二幢建筑之间在一层标高上为一跨度 40.8m，部分为室内，部分为室外的内庭。室内庭屋盖为拱形梁板体系与三角形的拱形天窗连成一体，天窗覆盖以 1.0m×1.0m 网格的半透明状强化玻璃。室内庭端墙为不锈钢框格上嵌以 1.5m×1.5m 见方的强化玻璃。地面采用红色花岗石和白、灰色大理石，室内庭地面是磨光的，室外部分是烧毛的。

内庭设计既不类同于传统的城市旅馆，讲究安静与亲切，又不像常规旅馆那样注重商业性活动，而是要让人在此感到旅行的浪漫与新奇。整个空间、景观、光和技术元素都充满了戏剧性(彩图 46～48)。

1. 花墙

高 6m、宽 6m、深约 0.5m 的玻璃花墙，用不锈钢固定件锚固在内庭地面上。花墙内分 36 格，每格置三盆天竺葵，花盆用螺栓固定在强化玻璃隔板上。

2. 光带

内庭地面有两种色彩的玻璃光带，它是由混凝土沟槽内蓝色和黄色的灯光产生的，沟槽上覆盖表面有防滑涂料 6.5mm 厚的强化玻璃。

3. 光池

地面上还有 2m×2m 的绿色光池。

4. 玻璃楼梯

内庭楼梯为钢楼梯、栏板和踏步板均为强化玻璃。踏板厚约 57mm，上涂防滑材料。

5. 金属树

8m 高直角三棱锥金属树，由绿色的 40mm 钢管按 100cm×40cm 网格构成，内种植藤蔓植物。

6. 金属树篱

1m×1m×1m 表面涂覆乙烯材料的金属网种植容器，爬满藤蔓植物。

7. 栏板

内庭周边的玻璃栏板，是由强化玻璃固定在有色铝栏杆上。

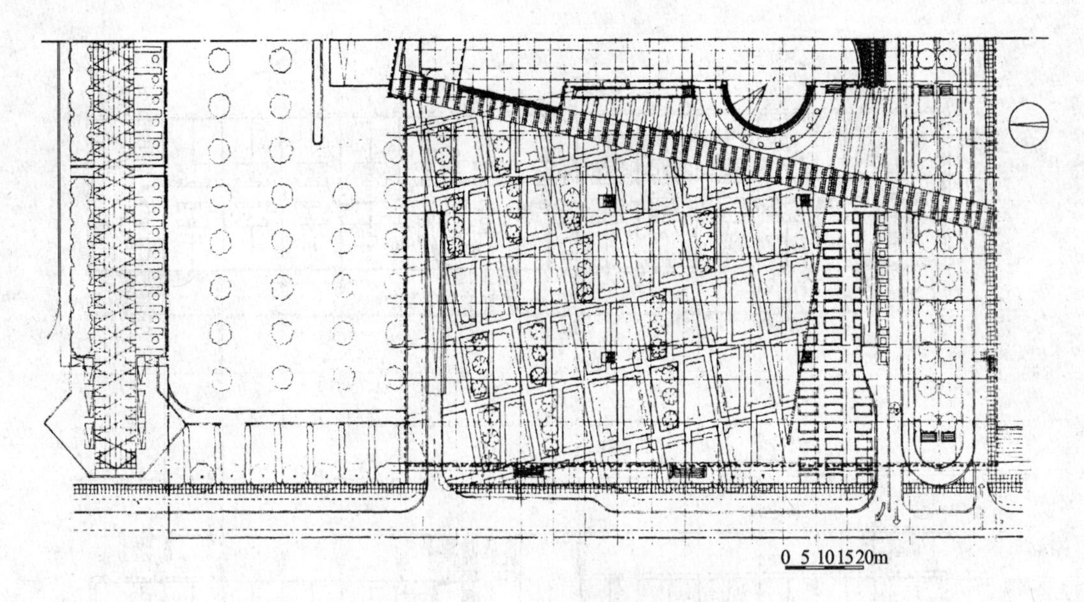

图 6-32 停车场上部室外平面图

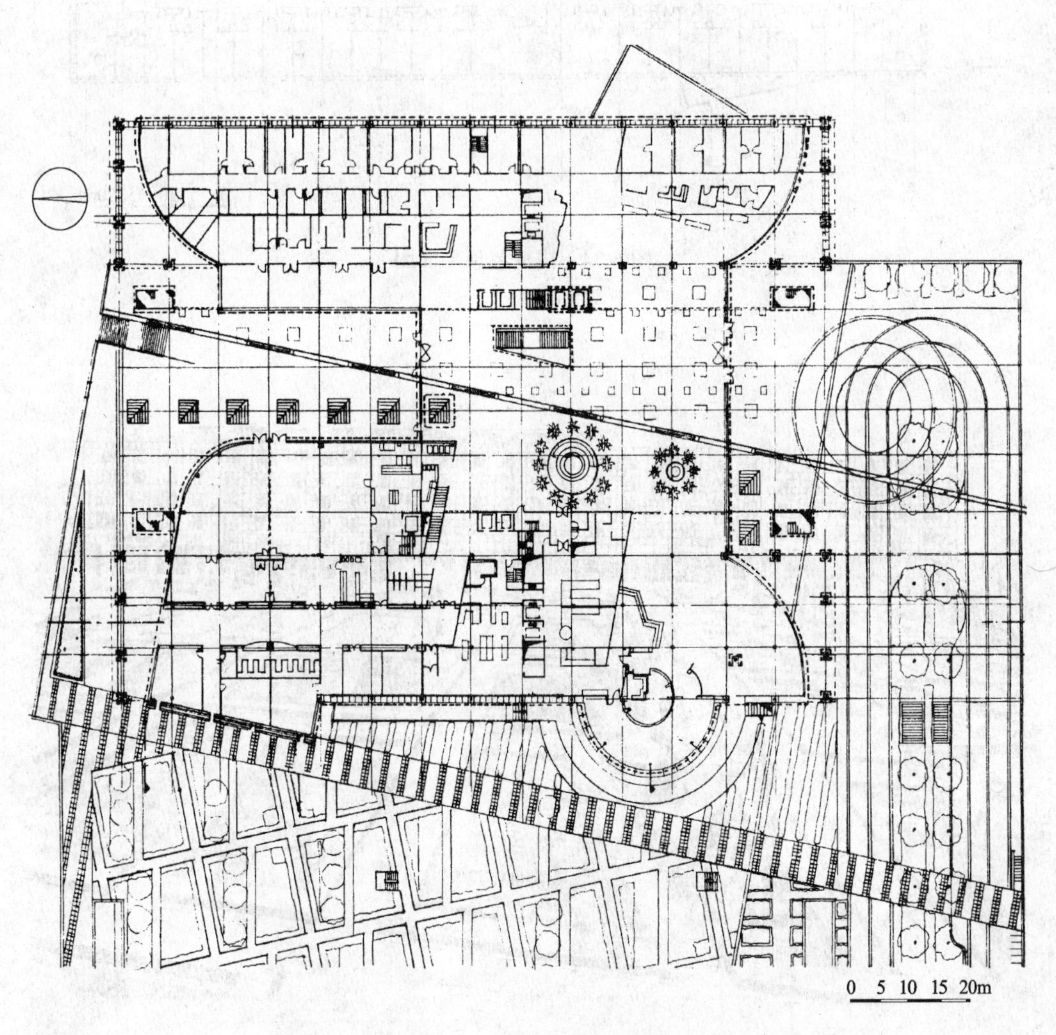

图 6-33 内庭平面图

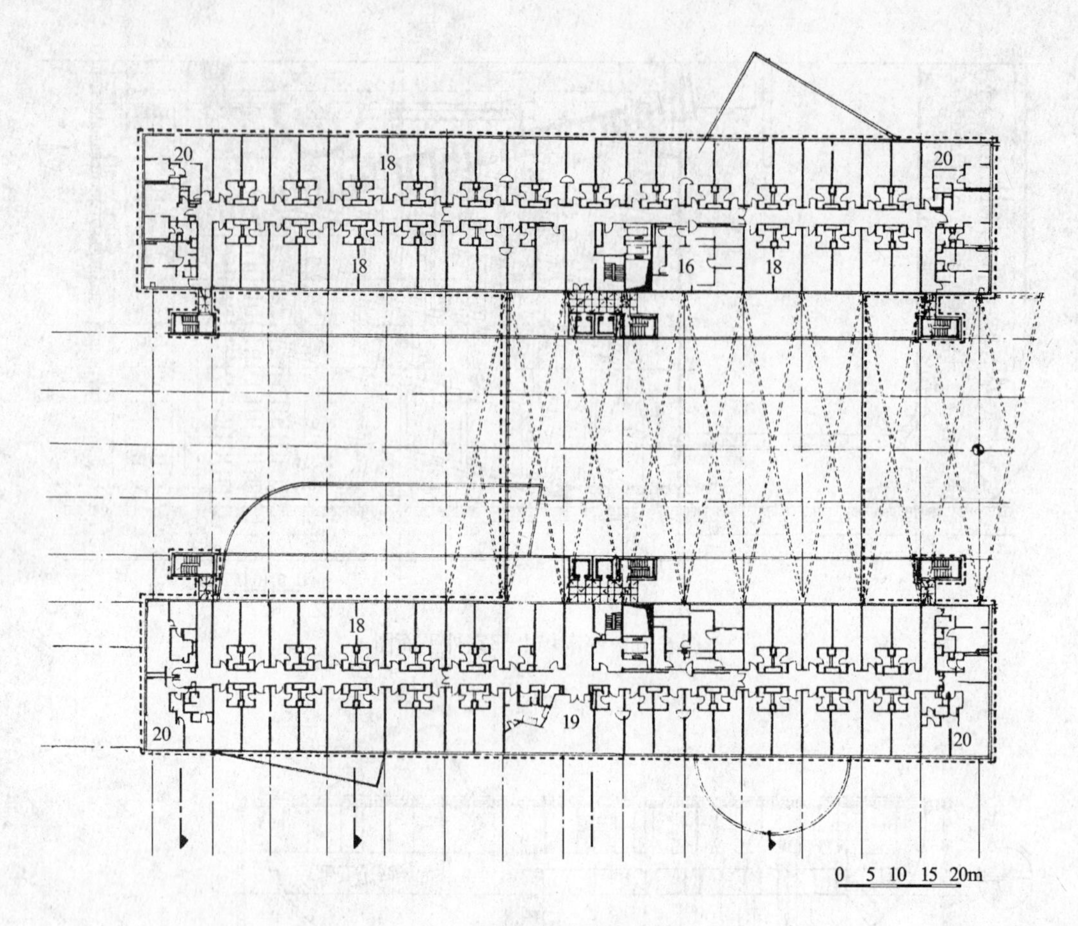

图 6-34 内庭屋顶平面图

图 6-35 西侧外景

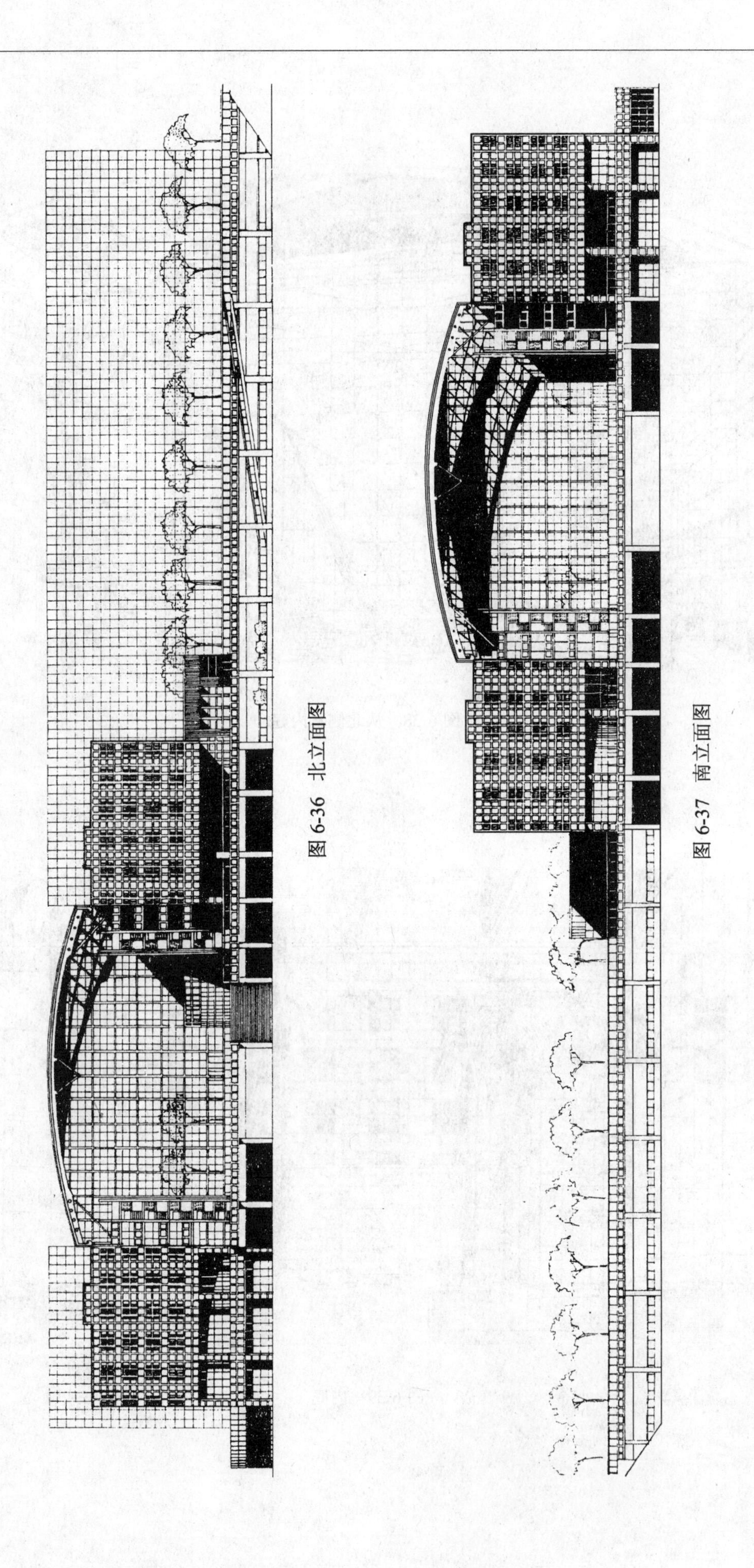

图 6-36　北立面图

图 6-37　南立面图

图 6-38　从北侧看内庭

图 6-39　内庭

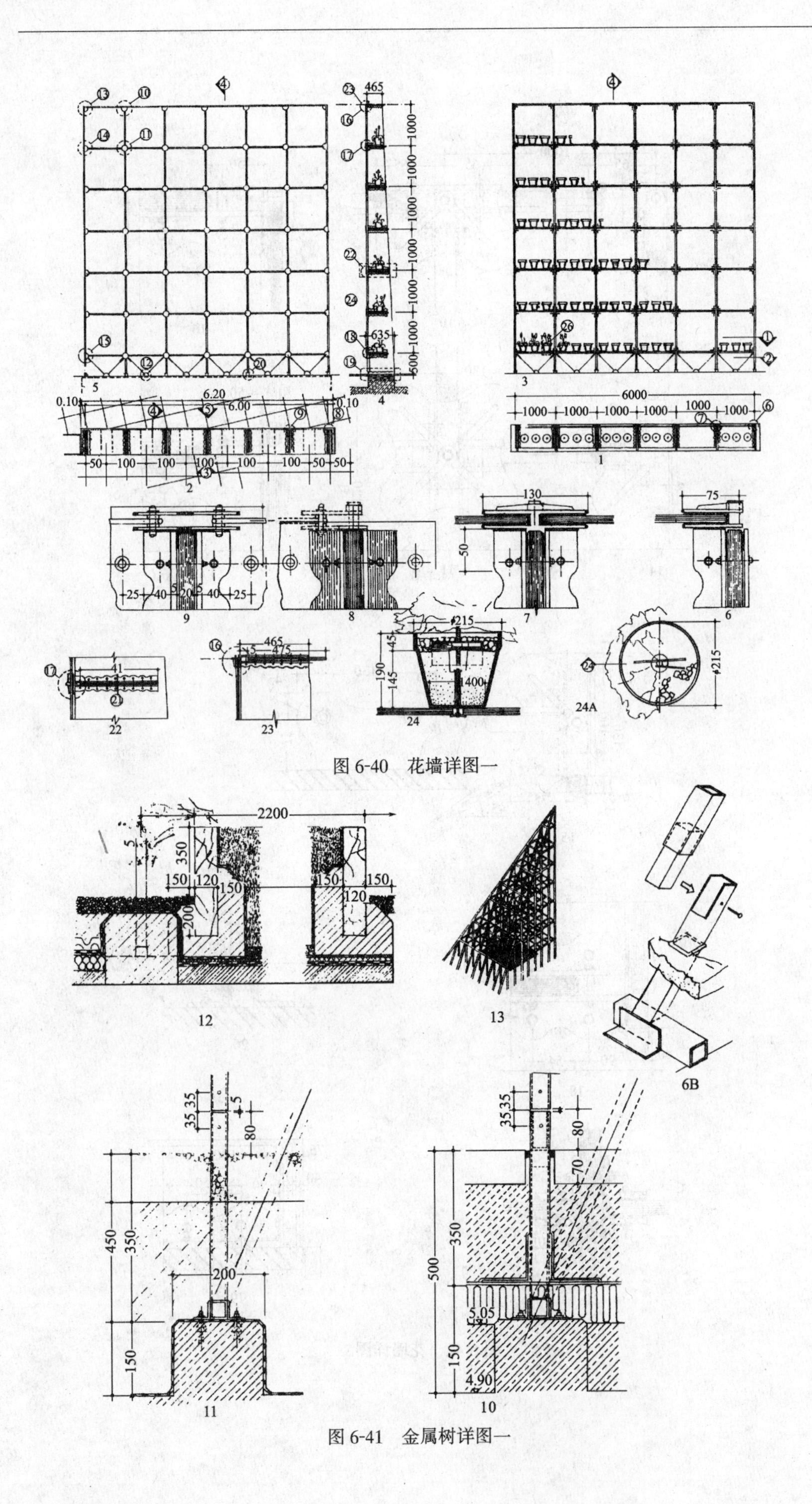

图 6-40 花墙详图一

图 6-41 金属树详图一

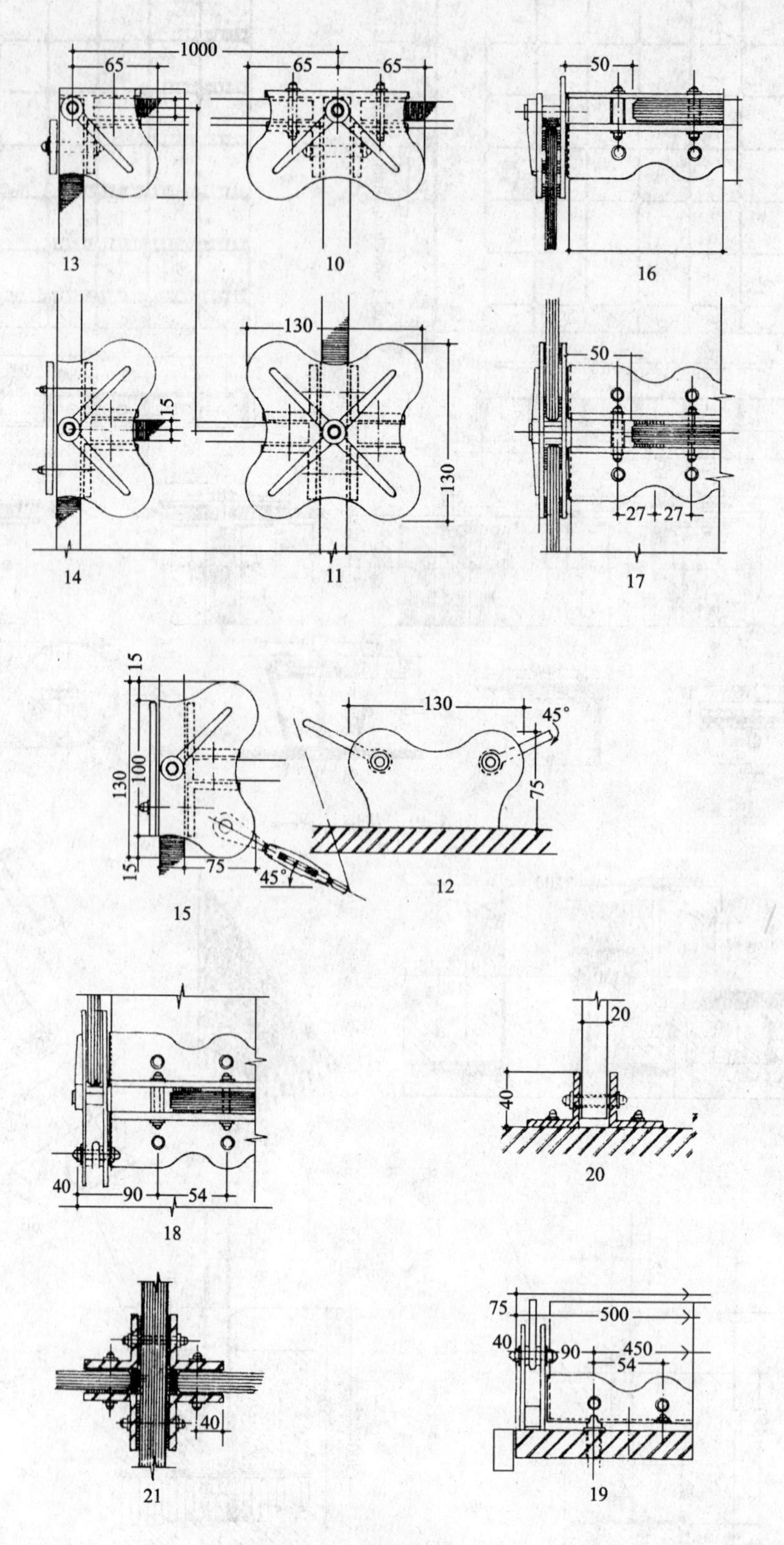
1000
65
65
65
13
10
50
16
130
15
130
14
11
50
27
27
17
15
130
100
15
75
45°
130
45°
75
15
12
40
90
54
18
20
40
20
40
21
75
500
40
90
450
54
19

图 6-42　花墙详图二

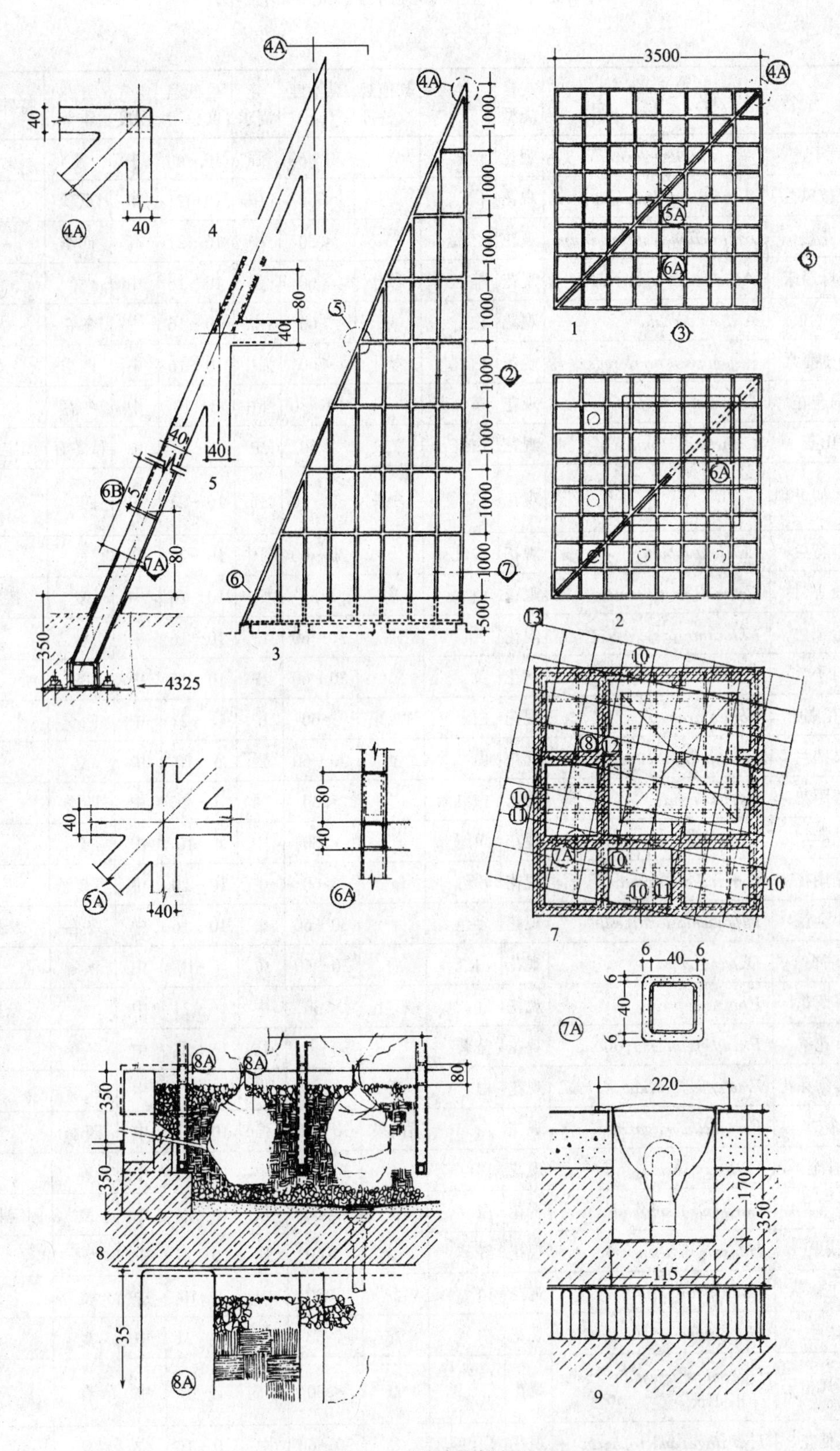
4A
40
40
4A
4
3500
4A
5A
6A
3
1
3
80
40
5
2
6A
40
40
5
6B
7A
80
7
6
350
4325
3
13
10
8
12
10
11
7A
10
10
11
10
7
80
40
40
5A
40
80
40
6A
6
40
6
6
40
6
7A
8A
8A
80
350
350
220
170
350
115
8
35
8A
9

图 6-43　金属树详图二

附表1 室内观花、观果植物

俗 名	科 学 名	观赏类型	花 色	其他观赏特征	高 度（cm）	光需求	最低温度（℃）	空气湿度	开花季节	特殊用途
百子莲	*Agapanthus lobbianus*	观花	蓝紫		30～60	强	10～60	中	夏	
杈枝凤兰	*Angraecum distichum*	观花	白	香	<30	中	10～21	中	夏秋	
花烛	*Anthurium scherzerianum*	观花	红		<30	中	16～21	高	四季	
黄脉爵床	*Aphelandra squarrosa*	观花	橘黄	彩叶	>60	强	10～16	中	春	
朱砂根	*Ardisia crenata*	观花	白	果	>60	中	10～16	中	冬春	
四季海棠	*Begonia semperflorens*	观花	白红	彩叶	<60	强中	10～16	中	四季	
荷包花	*Calceolaria herbeohybrida*	观花	黄红紫		10～30	强中	8～10	中	冬春	
山茶	*Camellia japonica*	观花	白红		>60	中	4～16	中	秋冬春	固定栽植
大果假虎刺	*Carissa macrocarpa* 'Nana compacta'	观花	白	香果	30～60	强	10～21	中	四季	
卡特兰	*Cattleya labiata*	观花	白红蓝		30～60	强中	10～21	高	秋	
夜香树	*Cestrum noctunum*	观花	白	香	>30	强中	10～16	中	夏	攀援
金粟兰	*Chloranthus spicatus*	观花	黄	香	30～60	中	10～16	中	秋	
君子兰	*Clivia miniata*	观花	黄		30～60	中	10～16	中	冬	
小果咖啡	*Coffea arabica*	观花	白	香、果	>60	中	16～21	中	四季	
文殊兰	*Crinum asiaticum*	观花	白	香	30～60	强	5～10	中	夏	
萼距花	*Cuphea ignea*	观花	白红紫		<30	强	10～16	中	四季	
春兰	*Cymbidium goeringii*	观花	黄绿		<30	中	4～10	中	春	
珊瑚花	*Cyrtanthera carnea*	观花	粉红		>60	中	10～20	中	春夏秋	
小金钗	*Dipladenia loddigesii*	观花	多色	香	30～60	中	10～16	中	冬春	悬挂
瑞香	*Daphne odora*	观花	白红	香	30～60	中	4～10	中	秋冬	
喜荫花	*Episcia cupreata*	观花	红	彩叶	<30	中	16～21	中	春	悬挂
喜花草	*Eranthemum nervosum*	观花	蓝紫		30～60	强弱	16～21	中	冬春	
单瓣狗芽花	*Ervatamia divaricata* 'Plena'	观花	白	香	>60	强	16～21	中	四季	
金桔	*Fortunella magarita*	观花	白	香、果	30～60	强	10～16	中	四季	
倒挂金钟	*Fuchsia hybrida*	观花	白红蓝		30～60	中	16～21	中	春	
栀子花	*Gardenia jasminoides*	观花	白	香	>60	强	16～21	中	夏	固定栽植
扶桑	*Hibiscus rosa-sinensis*	观花	红		>60	强	16～21	中	四季	
玉簪	*Hosta plantaginea*	观花	白	香	<30	中	4～10	中	夏	
球兰	*Hoya carnosa*	观花	白	香	>60	强中	16～21	中	夏	
兰帝风信子	*Hyacinthus orientalis* 'King of the Blue'	观花	白红黄蓝紫	香	<30	中弱	4～10	中	春	
八仙花	*Hydrangea macrophylla*	观花	白红蓝		30～60	中	10～16	中	夏	
龙船花	Ixora chinensis	观花	红橙黄		>60	强	4～10	中	夏	
迎春	Jasminum nudiflorum	观花	黄		>30	强中	4～10	中	春	

续表

俗　名	科　学　名	观赏类型	花　色	其他观赏特征	高　度（cm）	光需求	最低温度(℃)	空气湿度	开花季节	特殊用途
多花素馨	*Jasminum polyanthum*	观花	白	香	>60	强	10～16	中	春	
马缨丹	*Lantana camara*	观花	白黄红多色		<30，>60	强	10～16	中	四季	
麝香百合	*Lilium longiforum* 'croft'	观花	白	香	30～60	中	10～16	中	春	
悬铃花	*Malvaviscus arborreus*	观花	红		30～60	强	16～21	中	四季	
含笑	*Michelia figo*	观花	白	香	>60	中	4～10	中	夏秋	固定栽植
水仙	*Narcissus tazetta* var *chinensis*	观花	黄	香	<30	中	4～10	中	冬春	
凤兰	*Neofinetia falcata*	观花	白	香	<30	中	10～21	中	夏	
花烟草	*Nicotiana alata*	观花	橘黄	香	<30	强	10～16	中	冬	
金苞花	*Pachystachys lutea*	观花	黄白		30～50	强	10～16	中	夏	
兜兰	*Paphiopedilum callosum* 'Ballnese Dancer'	观花	多色	彩叶	30～60	强	10～16	高	冬春	
天竺葵	*Pelargonium hortorum*	观花	白红	香	30～60	强	4～10	中	四季	
碧冬茄	*Petunia hybrid*	观花	白红黄蓝杂色		<30	强	10～16	中	冬	
报春花	*Primula malacoides*	观花	白红		<30	中	4～10	中	冬秋	
月季石榴	*Punica granatum* var. *nana*	观花	红	果	30～60	强	10～16	中	四季	固定栽植
杜鹃	*Rhododendron simsii*	观花	白红多色		30～60	强中	4～16	中	冬春	
小月季花	*Rosa chinensis* 'minima'	观花	白黄红多色	香	<30	强	10～21	中	四季	
爆仗竹	*Russelia equisetiformis*	观花	红		>60	强	10～16	中	夏	
非洲紫罗兰	*Saintpaulia ionantha*	观花	白红蓝多色		<30	中	16～21	中	四季	
瓜叶菊	*Senecio x hybridus*	观花	白红蓝多色		<30	强	8～10	中	四季	
大岩桐	*Sinningia speciosa*	观花	白红蓝多色		<30	中	16～21	中	夏秋	
珊瑚樱	*Solanum pseudocapsicum*	观花	白	果	<30	强	4～16	中	夏秋	
鹤望兰	*Strelitzia reginae*	观花	多色		>60	强	10～16	中	夏秋	
通脱木	*Tetrapana* × *papyriferum*	观花	白		>60	强	4～13	中	冬	固定栽植
白花紫露草	*Tradescantia fluminensis*	观花	白		>20	中	4～13	高	夏秋	夏秋
旱金莲	*Tropaeolum tigrinum*	观花	白红黄多色		>30	强中	4～16	中	夏秋	悬挂
香蒲	*Typha angustata*	观花			>60	强	4～10	中		湿性盆栽
马蹄莲	*Zantedesehia aethiopica*	观花	白		50～70	强中	10～21	中	冬春	湿性盆栽
黄花马蹄莲	*Zantedesehia ellitottiana*	观花	黄	彩叶	30～60	强中	10～21	中	夏秋	湿性盆栽

附表2 室内观叶植物

俗 名	科 学 名	观赏类型	花 色	其他观赏特征	高 度 (cm)	光需求	最低温度(℃)	空气湿度	开花季节	特殊用途
红桑	*Acalypha wilkesiana*	观叶			>60	强	10~16	中		固定栽植
铁线蕨	*Adiantum capillus-veneris*	观叶			<60	弱	4~10	中		温室
美光叶凤梨	*Aechmea fasciata*	观叶	淡蓝	彩叶	<60	中	12~15	中	冬春	
狭叶龙舌兰	*Agave angustifolia* var. *marginata*	观叶			<30	强	4~10	低		
广东万年青	*Aglaonema modestum*	观叶			>60	弱	16~21	中		湿性盆栽
海芋	*Alocasia macrorrhiza*	观叶			>60	弱	16~21	中		
龟甲芋	*Alocasia × mortefontanensis*	观叶			>60	弱	16~21	中		
艳凤梨	*Ananas comosus* var. *variegata*	观叶	蓝紫	香,彩叶,果	>60	强	16~21	中	四季	
鼠尾掌	*Aporocactus flagellitormis*	观叶	红		>60	强	4~10	低	春	悬挂
一叶兰	*Aspidistra elatior*	观叶			>60	弱	4~10	低		
铁角蕨	*Asplenium bulbiferum*	观叶			30~60	弱	4~10	中		温室
秋海棠类	*Begonia* spp.	观叶			30~60	中	10~16	中		
斑叶水塔花	*Billbergia* ×'fgntasis'	观叶	红蓝	彩叶	30~60	中	16~21	中	夏	
水塔花	*Billbergia pyramidalis*	观叶	红		30~60	中	10~16	中	冬春	
花叶芋	*Caladium bicolor*	观叶		彩叶	30~60	中	16~21	高		
孔雀竹芋	*Calathea makoyana*	观叶			30~60	中	16~21	高		
斑纹竹芋	*Calathea zebrina*	观叶			30~60	弱	16~21	高		
朱蕉	*Cordyline fruticosa*	观叶			>60	中	10~16	中		
紫叶朱蕉	*Cordyline terminalis*	观叶			>30	强	16~21	中		湿性盆栽
姬凤梨	*Cryptanthus acaulis*	观叶			<30	中	16~21	中		瓶栽
大王黛粉叶	*Dieffenbachia amoena* 'Tropic Sonw'	观叶			>60	中	16~21	中		固定栽植
花叶万年青	*Dieffenbachia picta*	观叶			>60	中	10~16	中		固定栽植
孔雀木	*Dizygotheca elegantissima*	观叶			>60	中	16~21	中		固定栽植
富贵竹	*Dracaena sanderiana*	观叶			>60	中弱	18~21	高		
绒毛掌	*Echeveria pulvinata*	观叶			<30	中	4~10	低		盆景
昙花	*Epiphyllum oxypetalum*	观叶	白	香	>60	强中	16~21	低	夏	
铁海棠	*Euphorbia milii*	观叶	红		30~60	强	10~16	低	秋冬	
一品红*	*euphorbia pulcherrima*	观叶	红		30~60	强	10~16	中	秋冬	
红背桂	*Excoecaria cochinchinensis*	观叶			>60	中	10~16	中		
八角金盘	*Fatsia japonica*	观叶			>60	强	4~10	中		固定栽植
白花网纹草	*Fittonia verschaffeltii*	观叶			<30	弱	16~21	高		温室
锦叶凤梨	*Guzmznia insignis*	观叶	红	彩叶	<30	中	16~21	中	春	悬挂
紫鹅绒	*gynura aurantacea*	观叶			30~60	强	16~21	中		悬挂
矮生伽篮菜	*Kalanchoe blossfeldiana* 'Valcan'	观叶	红		<30	强	10~16	低	冬	

续表

俗　名	科　学　名	观赏类型	花　色	其他观赏特征	高　度(cm)	光需求	最低温度(℃)	空气湿度	开花季节	特殊用途
花叶川莲	*Kalanchoe marmorata*	观叶		彩叶	<60	强	4～13	低		盆景
佛肚树	*Jatropha podagrica*	观叶	红		>60	强	13～21	中	四季	固定栽植
黄丽球	*Lobivia aurea*	观叶	黄		<30	强	4～21	低	夏	盆景
十大功劳	*Mahonia fortunei*	观叶	黄	香	<60	中	4～10	中	春	
豹纹竹竽	*Maranta bicolor*	观叶			<30	中	16～21	高		
皱纹竹竽	*Maranta leuconeura*	观叶			<30	中	16～21	高		
南天竺	*Nandina domestica*	观叶	黄	果	>30	中	4～10	中	秋	
彩叶凤梨	*Neoreglia corolinae*	观叶		彩叶	<30	中	16～21	中		悬挂
鸟巢蕨	*Neottopteris nidus*	观叶			<60	弱	16～21	高		悬挂温室
肾蕨	*Nephrolepis auriculata*	观叶			30～60	中	10～16	中		温室
波斯顿蕨	*Nephrolepis exaltata* cv. Bostoniensis	观叶			>30	强	4～10	高		温室
巢凤梨	*Nidularium innocentii*	观叶	白	彩叶	<30	中弱	16～21	中		悬挂
红小玎	*Notocactus scopa*	观叶	黄		<30	强	4～13	低	夏	盆景
虎眼万年青*	*Ornithogalum caudatum*	观叶	白	香	>60	强	10～16	中	冬	
小露兜	*Pandanus gressitii*	观叶			>60	中	16～21	中		
皱叶椒草	*Pepromia caperata*	观叶			<30	中	16～21	中		
豆瓣绿	*Pepromia tetrophylla*	观叶			<30	中	16～21	中		
春羽	*Philodendron selloum*	观叶			<60	中	16～21	高		攀援
花叶荨麻	*Pilea cadierei*	观叶			<30	中	16～21	中		
透明草	*Pilea muscosa*	观叶			<30	中	16～21	中		
海桐	*Pittosporum tobira*	观叶			>60	强	4～10	中		
鹿角蕨	*Platycerium bifurcatum*	观叶			>60	中	4～10	高		悬挂温室
圣诞耳蕨	*Polysticum tsus-simense*	观叶			<30	弱	4～10	中		温室
大叶井口边草	*Pteris cretica*	观叶			<30	弱	4～10	中		悬挂温室
剑叶凤尾蕨	*Pteris ensiformis* 'Victoriae'	观叶			<30	弱	4～10	中		悬挂温室
石韦	*Pyrrosia lingna*	观叶			<30	弱	10～16	中		悬挂
紫背万年青	*Rhoeo discolor*	观叶		香、果	<30	中	10～16	中		
万年青	*Rohdea japonica*	观叶	白	果	30～60	弱中	4～10	中	夏	
虎尾兰	*Sansevieria trifasciata*	观叶	白	香	<30、>60	弱-强	16～21	低	春夏	
金边虎尾兰	*Sansevieria trifasciata* 'Laurentii'	观叶	白	香、彩叶	<30、>60	弱-强	16～21	低	春夏	
三色虎耳草	*Saxifraga stolonifera* 'Tricolor'	观叶	白	彩叶	30～60	弱	4～16	中	夏	
鸭脚木	*Schefflera actinophylla*	观叶			>60	强	16～21	中		固定栽植
鹅掌柴	*Schefflera octophylla*	观叶			30～80	中	<5	中		固定栽植
玉景天	*Sedum morgganianum*	观叶			30～60	强	4～10	低		悬挂
紫叶草	*Setcreasea purpurea*	观叶			30～60	强	10～16	中		悬挂
苞叶芋属	*Spathiphyllum* spp.	观叶	白、绿		<30	中弱	16～21	高		

续表

俗 名	科 学 名	观赏类型	花 色	其他观赏特征	高 度(cm)	光需求	最低温度(℃)	空气湿度	开花季节	特殊用途
长柄合果芋	*Syngonium podophillum*	观叶			＜60	中	16～21	高		攀援悬挂
紫花凤梨	*Tillandsia cyanea*	观叶	多色	香	＜30	中	16～21	中	春	
白花紫露草	*Tradescantia fluminensis* 'Variegata'	观叶			＜30	中	4～10	中		悬挂
毛鞭柱	*Trichocereus pachanii*	观叶	白	香	＞30	中	4～13	低	夏	盆景
丝兰	*Yucca aloifolia*	观叶	白		＞60	强	4～10	低	夏	
吊竹梅	*Zebrina pendula*	观叶			＞10	中	13～18	中		悬挂
蟹爪兰	*Zygocactus truncatus*	观叶	白、红		＜30	中	10～21	低	秋冬	悬挂

附表3 室内树木植物

俗 名	科 学 名	观赏类型	花 色	其他观赏特征	高度(枝下高*)(m)	光需求	最低温度(℃)	空气湿度	开花季节	特殊用途
南洋杉	*Araucaria heterophylla*	树木			1～5(中)	中	4～13	中		固定栽植
山葵	*Arecastrum romanzoffianum* var. *australe*	树木			2～10(长)	强中	10～18	高中		固定栽植
佛肚竹	*Banbusa ventricosa*	树木			2～5(中)	中	4～13	中		固定栽植
短穗鱼尾葵	*Caryota mitis*	树木			5～8(长)	中	18～21	高		固定栽植
袖珍椰子	*Chamaedorea elegans*	树木			1～3(中)	中	13～18	高		固定栽植
散尾葵	*Chrysalidocarpus lutescens*	树木			3～8(长)	中	18～21	高		固定栽植
变叶木	*Codiaeum variegatum*	树木			1～2(中)	强	18～21	中		固定栽植
桫椤	*Cyathea spinulosa*	树木			1～3(长)	中弱	18～21	高		固定栽植
篦齿苏铁	*Cycas pectinata*	树木			1～3(中)	中	4～13	中		固定栽植
苏铁	*Cycas revoluta*	树木			1～3(中)	中	4～13	中		固定栽植
刺叶苏铁	*Cycas rumphii*	树木			1～3(中)	中	4～13	中		固定栽植
白边铁树	*Dracaena deremensis*	树木			1～2(中)	中	18～21	中		固定栽植
龙血树	*Dracaena droco*	树木			1～2(中)	中	18～21	中		固定栽植
巴西铁树	*Dracaena fragrans*	树木			1～2(中)	中	18～21	中		固定栽植
星龙血树	*Dracaena gadseffiana*	树木			1～2(中)	中	18～21	中		固定栽植
垂叶榕	*Ficus benjamina*	树木			3～10(长)	中	18～21	中		固定栽植
橡皮树	*Ficus elastica*	树木			3～10(长)	中	13～21	中		固定栽植
琴叶榕	*Ficus lyrata*	树木			3～10(长)	中	18～21	中		地面盆某
茸茸椰子	*Howeia forsterana*	树木			3～5(长)	中	13～16	高		地面盆某
枸骨	*Ilex cornuta*	树木	黄	果	1～3(中)	中	4～10	中	秋	固定栽植
月桂	*Laurus nobilis*	树木	黄		1～3(长)	强	4～13	中	春	固定栽植
蒲葵	*Livistona chinensis*	树木			2～5(长)	中	10～16	中		固定栽植
白兰花	*Michelia alba*	树木			2～10(长)	中	10～16	中	夏	固定栽植
桂花	*Osmanthus fragrans*	树木	白黄	香	1～3(长)	强中弱	4～13	中	秋	固定栽植

续表

俗名	科学名	观赏类型	花色	其他观赏特征	高度(枝下高*)(m)	光需求	最低温度(℃)	空气湿度	开花季节	特殊用途
刺桂	*Osmanthus heterophyllus*	树木	白		1~3(中)	强	4~13	中	秋	固定栽植
软叶刺葵	*Phoenix roebelenii*	树木			1~3(中)	强	4~13	高		地面盆某
紫竹	*Phyllostachys nigra*	树木			3~5(中)	中	0~4	中		固定栽植
罗汉松	*Podocarpus macrophyllus*	树木			1~3(中)	强	4~13	中		地面盆某
棕竹	*Rhapis excelsa*	树木			2~3(中)	中	4~10	中		固定栽植
矮棕竹	*Rhapis humilis*	树木			1~2(中)	中	4~10	中		地面盆某
龙柏	*Sabina chinensis* 'Kaizuka'	树木			1~3(短)	强中	4~13	中		固定栽植
塔柏	*Sabina chinensis* 'Pyramindis'	树木			1~3(短)	强中	4~13	中		固定栽植

* 枝下高指树的第一次分枝离地面的高度,枝下高长,离地面高度高,空间就大,相反则小。

附表4 室内藤蔓植物

俗名	科学名	观赏类型	花色	其他观赏特征	茎长(cm)	光需求	最低温度(℃)	空气湿度	开花季节	特殊用途
文竹	*Asparagus plumosa*	藤蔓			30~60	中	4~10	高		攀援
天门冬	*Asparagus sprengeri*	藤蔓			30~60	中	4~10	中		攀援悬挂
吊金钱	*Ceropegia woodii*	藤蔓			>60	中	4~13	中		攀援
宽叶吊兰	*Chlorophytum capense*	藤蔓			30~60	中	4~13	中		悬挂
窄叶吊兰	*Chlorophytum comosum*	藤蔓			30~60	中	4~13	中		悬挂
龙吐珠	*Clerodendrom thomsonas*	藤蔓	白		>60	中	16~21	中	春夏冬	攀援
南极白粉藤	*Cissus antarctica*	藤蔓			30~60	中	4~13	中		悬挂
紫青葛	*Cissus discolor*	藤蔓			<60	中	16~21	中		攀援悬挂
菱叶白粉藤	*Cissus rhombifolia*	藤蔓			30~60	中	4~13	中		攀援悬挂
金鱼花	*Columnea gloriosa*	滕蔓	红、粉		<60	中弱	16~21	中	冬	攀援悬挂
常春藤类	*Hedera* spp.	藤蔓			<20	强中	4~13	中		攀援悬挂
龟背竹	*Monstera deliciosa*	藤蔓			>60	中	16~21	高		攀援
安德喜林竽	*Philodendron andreanum*	藤蔓			<20	中	16~21	高		攀援
琴叶喜林芋	*Philodendron panduraeforme*	藤蔓			<20	中	16~21	高		攀援
小叶喜林芋	*Philodendron scandens*	藤蔓			<20	中	16~21	高		攀援
绿萝	*Scindapsus aureus*	藤蔓			<20	中	16~21	高		悬挂攀援
彩叶绿萝	*Scindapsus pictus*	藤蔓			>20	中	16~21	高		攀援悬挂
银星绿萝	*Scindapsus pictus* 'Argyraeus'	藤蔓			>20	中	16~21	中		攀援悬挂
胡椒	*Piper nigrum*	藤蔓			>60	强	18~21	中		攀援
软枝黄蝉	*Allamanda cathartica* 'Williamsii'	藤蔓	黄		>60	强	16~21	中	夏	攀援
嘉兰	*Gloriosa superba*	藤蔓	红黄		>60	中	5~10	中	夏	攀援
宽瓣嘉兰	*Cloriosa rothschildian*	藤蔓	多色		>60	强	16~21	中	四季	攀援
花叶薜荔	*Ficus pumila* var. *variegata*	藤蔓		彩叶	>60	中	4~10	中		悬挂攀援

附表5 室内水生植物

俗名	科学名	观赏类型	花色	其他观赏特征	高度(cm)	光需求	最低温度(℃)	空气湿度	开花季节	室内用途
旱伞草	*Cyperus alternifolius*	观叶			>60	强	4～10	中		注水盆栽
慈菇	*Sagittaria sagittifolia*	观叶	白		>60	强	4～10	中	夏	湿性盆栽
香蒲	*Typha angustata*	观叶			>60	强	4～10	中		湿性盆栽
水葱	*Scirpus tabernaemontani*	观叶			>30	强	4～10	中		湿性盆栽
凤眼莲	*Eichhornia crassipes*	观花	蓝紫		30～60	强	4～10	中	夏	水面栽植
日本玉簪	*Hosta lancifolia*	观花	蓝紫	香	<30	中	4～10	中	夏	湿性盆栽
波状玉簪	*Hosta undulata*	观花	蓝紫	彩叶	<30	中	4～10	中	夏	湿性盆栽
花菖蒲	*Iris kaempferi*	观花	黄白 红紫		>15	强	4～10	中	夏	湿性盆栽
睡莲	*Nymbaea tetragona*	观花	红		30～60	强	4～10	中	夏	水性盆栽

主要参考书目

1. 汤羽扬译. 张俊清校. 世界建筑空间设计. 室内空间 1. 北京:中国建筑工业出版社,南昌:江西科学技术出版社,1999
2. 许红译. 陈建平校. 世界建筑空间设计. 室内空间 2. 北京:中国建筑工业出版社,南昌:江西科学技术出版社,1999
3. 纳尔逊·哈默编著. 杨海燕译. 室内园林. 北京:中国轻工业出版社,2001
4. 陈晋略主编. 酒店. 沈阳:辽宁科学技术出版社,2002
5. 陈晋略主编. 商业建筑. 沈阳:辽宁科学技术出版社,2002
6. 朱钧珍著. 园林理水艺术. 北京:中国林业出版社,1998
7. MURPHY/JAHN Six Works:The Images Publishing Group Pty Ltd,2001
8. SKIDMORE. OWINGS & MERRILL LLP 1995—2000:The Images Publishing Group Pty Ltd
9. KISHO KOROKAWA Architect and Associates:The Images Publishing Group Pty Ltd,2000
10. FENTRESS BRADBURN:The Images Publishing Group Pty Ltd,1998
11. HARRY SEIDLER:The Images Publishing Group Pty Ltd,1997
12. RTKL ASSOCIATES INC:The Images Publishing Group Pty Ltd,1996
13. WATER SPACES OF THE WORLD VOLUME 1:The Images Publishing Group Pty Ltd,1997
14. WATER SPACES OF THE WORLD VOLUME 2:The Images Publishing Group Pty Ltd,1999
15. WATER SPACES OF THE WORLD VOLUME 3:The Images Publishing Group Pty Ltd,2001
16. 世界建筑. 清华大学. 1999 年. 2002 年. 北京:世界建筑杂志社,1999～2002
17. 世界建筑导报. 深圳大学. 2001 年. 2002 年. 深圳:世界建筑导报杂志社,2001～2002
18. 建筑创作 2003 年　首都规划建设委员会办公室主管,北京市建筑设计研究院主办
19. 室内设计与装修. 南京:江苏《室内》杂志社,2003
20. 建筑技术及设计. 北京:中国建筑设计研究院(北京)《建筑技术及设计》编辑部,2001
21. 商店建筑(日). 商店建筑出版社,1996～2002
22. 近代建筑(日). 近代建筑出版社,1997～2002
23. THE ARCHITECTURAL REVIEW. Tower Publishing London, England, 1999～2002
24. ARCHITECTURAL RECORD. MCGraw-Hill Companies, New York, U. S. A, 1998～2002
25. ARCHITECTURAL DESIGN. Publications Expediting Services Inc. New York, U. S. A, 1999～2002